프로그래머의 길을 생각한다

프로그래머 그 다음 이야기

임백준 | 오병곤 | 이춘식 | 이주연 | 박재성 | 신재용 지음

프로그래머 그 다음 이야기

지은이 임백준, 오병곤, 이춘식, 이주연, 박재성, 신재용
1판 1쇄 발행일 2011년 7월 8일
1판 3쇄 발행일 2012년 11월 30일

펴낸이 장미경
펴낸곳 로드북
편집 임성춘
디자인 이호용(표지), 박진희(본문)

주소 서울시 관악구 신림동 1451-15호 101호
출판 등록 제 2011-21호(2011년 3월 22일)
전화 02)874-7883
팩스 02)02-6280-6901
정가 14,800원
ISBN 978-89-966598-1-5 93560

이메일 chief@roadbook.co.kr
블로그 www.roadbook.co.kr

이 땅의 프로그래머,

당신을 응원합니다.

프롤로그_

프로그래머의 길은 다양하다. 다 같이 프로그래머라는 넓은 의미의 범주에 속하는 사람이라도 사용하는 언어에 따라서, 수행하는 역할에 따라서, 전문적인 기술에 따라서 큰 차이를 가진다. 예컨대 데이터베이스 전문가와 사용자인터페이스 전문가는 똑같이 프로그래머라고 해도 문제에 접근하는 방식이나 해결책이 같을 리 없다. C언어를 사용하는 사람과 자바 혹은 루비를 사용하는 사람의 생각이 서로 다르고, 하드웨어에 내장된 임베디드 시스템을 개발하는 사람과 HTML이나 자바스크립트를 이용한 웹페이지를 개발하는 사람이 생각하는 것이 다르다. 그렇지만 이런 사람들은 모두 프로그래머라는 큰 개념 안에서 하나의 공통점을 가진다. 그 공통점이란 바로 직장생활을 하다가 하나의 중요한 분기점이 되는 30대 중반의 나이에 이르게 되었을 때, 프로그래머로서 앞으로의 진로에 대해서 고민하는 것이다.

10대 후반이나 20대에 프로그래밍을 시작해서 나날이 늘어가는 프로그래밍 실력에 기쁨을 맛보는 초보 프로그래머는 물론, 회사나 프로젝트 내부에서 수행하는 역할이 조금씩 더 비중 있는 것으로 변해갈 때마다 더 많은 책임감과 성취감을 느끼는 중견 프로그래머에 이르기까지, 시간이 지나서 나이가 30대 중반쯤에 이르면 프로그래머는 모두 앞으로 자신이 무엇을 하면서 살아가게 될 것인가를 고민하게 된다. 나이를 먹더라도 계속 프로그래밍을 수행해 나가고 싶은 사람도 있을 것이고, 자신의 경험을 살려서 프로젝트 관리 분야에서 전문가가 되고 싶은 사람도 있을 것이다. 30대 이후에 프로그래머로서 할 수 있는 일 중에 어떤 것들이 있는지 알지 못해서 막막해하는 사람도 있을 것이고, 자신이 처해있는 환경이 열악해서 새로운 직장이나 직종으로 이동을 꿈꾸는 사람도 있을 것이다. 이 책은 그렇게 프로그래머라면 피해 갈 수 없는 공통적인 고민을 이미 하고 있거나 앞으로 하게 될 것 같은 사람들을 위한 책이다.

2004년에 한빛미디어에서 출간되었던 〈나는 프로그래머다〉(2004)도 이 책과 비슷한 내용으로 구성되었다. 하지만 그 책에서 저자들이 독자로 상정한 사람은 앞으로 프로그래머가 되기 위해서 꿈을 꾸고 있거나 이제 막 사회생활로 첫발을 내디딘 20대 초반의 젊은 사람들이었다. 그에 비해서 이 책은 이미 프로그래머로서의 삶을 사는 사람들을 독자로 상정하고 있다. 물론 프로그래밍을 하고 있는 사람만 이 책을 읽으라는 법은 없다. 프로그래밍에 관심이 있는 사람이라면 누구라도 이 책을 읽을 수 있을 것이다. 말하자면 〈나는 프로그래머다〉의 후편에 속하는 이 책에서는 프로그래밍 세계에서 다양한 배경과 경험을 가진 저자들이 자기의 분야에 대해서, 자신의 삶에 대해서 차 한 잔을 앞에 두고 후배 프로그래머들과 대화를 나누듯 편안하고 진솔하게 이야기를 풀어놓았다.

나는 미국에 있기 때문에 이 책을 만들기 위한 프로젝트에 참가한 다른 저자들과 직접 만날 기회가 없었다. 하지만 프로젝트 동안 주고받은 이메일과 그들이 최종적으로 탈고한 원고를 통해서 프로그래밍에 대한 그들의 열정과 자기 분야에서 이루어낸 성취에 대한 높은 자부심을 느낄 수 있었다. 많은 후배 프로그래머들이 그들의 이야기를 읽으면서 장차 자신의 진로에 대한 진지한 고민을 진행해 나가는 데 있어서 많은 도움을 얻게 되리라 믿는다. 〈나는 프로그래머다〉에 참여해서 글을 쓸 때 나는 프로그래머로서 이제 막 날개를 달기 시작하던 시점에 서서 과거를 반추했다. 그 자리에 서 있기까지 나에게 중요한 길목에서 멘토의 역할을 해 주었던 사람들을 기억하고 그들에 대해서 글을 쓰며 즐거워했다. 그때로부터 7년이 지난 지금 시점에서 다시 비슷한 글을 쓰며 나는 어느덧 내가 후배들에게 멘토의 역할을 해야 하는 나이가 되었음을 깨닫게 되었다. 나의 멘토에 대해서 이야기하면서 즐거워하는 것으로 충분한 것이 아니라, 이제는 내가 누군가의 멘토가 될 수도 있는 시점이 된 것이다. 그렇기 때문인지 이번에 글을 쓸 때 나는 7년 전보다 심정이 조금 더 무거워진 것을 느꼈다. 다른 저자들도 마찬가지였으리라.

〈위대한 탄생〉이라는 TV 프로그램에서 김태원은 후배들과 진심으로 교감하며 그들을 돕는 멘토로서 인기를 끌었다. 이 책을 읽는 사람은 여러 명의 저자가 쓴 다채로운 글 속에서 가장 자신의 마음에 드는 멘토를 정하고, 그와 진심으로 교감하면서 자신의 미래를 설계해 나가는 유익한 경험을 할 수 있을 것이다. 이 책에 참여한 모든 저자가 김태원 멘토처럼 후배 프로그래머들과 진심으로 교감하기 위해서 정성을 다해 글을 썼기 때문이다. 나는 꼭 이 책이 아니더라도 이처럼 각 분야의 선배들이 후배들과 경험을 나누고 진심을 교감하는 책들이 더 많아져야 한다고 믿는다. 반드시 해당 분야의 사람이 아니더라도 읽을 수 있는, 읽으면서 전혀 새로운 세상을 간접적으로 경험할 수 있는 그런 책이 많아지면 우리 사회가 누릴 수 있는 경험의 총량이 늘어나고, 경험이 늘어나는 만큼 우리 사회의 문화수준이 성숙해지기 때문이다.

이 책이 나오기까지 많은 수고를 아끼지 않은 다른 모든 저자분들에게 동료로서 감사의 마음을 전하고, 책의 최초 기획에서 원고에 대한 꼼꼼한 리뷰에 이르기까지 가장 많은 고생을 한 로드북의 임성춘 편집장에게도 고마움을 표한다. 그가 아니었으면 이 책은 나올 수 없었다. 또한, 이 책의 디자인을 맡아서 아름다운 표지를 만들어준 이호용 형에게도 고마움을 전한다. 마지막으로 이 책을 읽으려고 손에 집어든 당신에게 고마움을 전한다. 이 책은 당신을 위한 책이다. 지금으로부터 7년 뒤에, 어쩌면 당신은 지금 이 책의 저자들이 그런 것처럼 후배들에게 좋은 멘토가 되려고 노력하고 있을지도 모른다. 좋은 멘토가 되기 위해서는 우선 스스로 좋은 멘토를 만나야 한다. 책장을 넘기고 당신의 멘토를 만나보기 바란다.

2011년 6월

대표저자 임백준

목 차_

Story 01

시니어 프로그래머, 행복한 프로그래밍

_임백준

● 2011년 4월 농협의 전산망이 다운되었다. 전산망은 사건이 일어난 후 4일이 지나도록 복구가 되지 않아 막대한 금전적 피해를 일으켰고, 제법 시간이 지나고 나서도 사태의 원인이 정확히 파악되지 않고 있다. 농협 같은 회사의 전산망이 이 정도로 심각한 사고를 일으킬 수 있다는 사실 앞에서 사람들은 놀라움을 감추지 못했다. 하지만 한국의 프로그래머들이 소프트웨어 프로젝트 관리와 관련해서 3대 막장 회사의 하나로 불러온 농협의 전산망이 사고를 일으킬 거라는 점은 오래전부터 예견되어왔다. 사고는 시간문제였다. 하청업체 직원의 복수니 뭐니 하는 이야기가 돌면서 시스템관리자의 비밀번호가 농협 외부로 누출된 것이 원인인 것처럼 논의되기도 했다. 하지만 농협 사태가 단순히 시스템 보안 차원의 문제가 아니라 소프트웨어 업계 전체가 안고 있는 심각한 구조적 문제를 드러낸 것이라는 데 이견을 다는 사람은 별로 없다. 여기에서 말하는 구조적인 문제란 살을 도려내고 뼈를 깎아내듯이 진행되는 소프트웨어 개발업무의 하청구조다.

하청구조가 농협의 전산망을 관리하는 소프트웨어의 품질을 악화시키고 있다는 사실은 누구에게도 비밀이 아니었다. 하나의 함수에서 다른 함수를 호출하고, 호출된 함수가 또 다른 함수를 호출하는 구조가 반복되는 스파게티 코드처럼, 농협의 전산 프로젝트는 기본적으로 하청업체에 일임되고, 하청을 받은 업체는 다른 업체에 하청을 주고, 그 업체는 또 다른 업체에 하청을 주는 믿기 어려운 과정을 통해서 진행되었다고 한다. 이러한 하청의 무한루프는 개발과 관련된 책임구조를 불분명하게 만들고, 지나친 비용절감과 무리한 일정을 통해 프로그래머들이 작업하는 환경을 열악하게 만든다. 이런 환경에서 소프트웨어를 제작하는 프로그래머들은 엄청난 수준의 노동 앞에서 한 번 쓰러지고, 박봉 앞에서 두 번 쓰러진다. 프로그래머의 좌절과 스트레스가 깊어지는 만큼 소프트웨어의 품질은 악화하는 것이다.

이번 사태가 일어나기 1년 전에는 농협정보시스템에서 근무하던 프로그래머가 과로에 시달리다가 건강을 해쳐서 폐를 절단하는 일이 있었다고 한다. 폐를 잘라낸 그는 휴직을 통해서 건강을 회복하려고 애쓰는 도중에 회사로부터 해고를 당했다. 미국에서 지내는 나는 한국 프로그래머들의 현실을 간접적으로 들어서 알 수밖에 없는데, 들리는 이야기는 하나같이 믿을 수 없는 이야기들뿐이다. 비현실적인 프로젝트 일정 때문에 매일 밤 야근을 해야 한다는 이야기 정도는 애교에 불과하다. 과로 때문에 건강을 해쳐서 병원에 입원하는 경우가 비일비재하고, 비정상적인 생활 때문에 이혼을 당하기도 하고, 심지어 극단적일 때에는 자살하는 경우까지 있다고 한다. 하청업체에서 일하는 프로그래머만의 이야기가 아니다. 대기업이나 잘나가는 중소기업에서 근무하는 프로그래머의 상황은 하청업체의 경우만큼 극단적이지는 않을지 몰라도 창의적이고 자유분방한 분위기 속에서 행복감을 느끼면서 일하는 프로그래머의 수는 많지 않은 것 같다.

몇 년 전에 인터넷에서 검색하다가 우연히 발견한 한국 웹사이트에서 본 농담인지 사실인지 모를 이야기 하나가 아직도 기억에 남아 있다. 새로 입사한 회사에서 프로그램 소스를 살펴보던 프로그래머가 얼마 전에 자살한 자기 전임자가 소스 코드 안에 주석으로 남겨놓은 유서를 발견했다는 이야기였다. 유서의 내용은

"너무 힘들다. 이젠 지쳤어." 뭐 이런 내용이었다고 한다. 나는 당연히 지어낸 이야기라고 받아들였고, 농담치고는 뼈가 들어 있다고 생각했다. 그런데 그 아래에 적힌 다른 사람들의 댓글을 보고 깜짝 놀랐다. 한국에 있는 프로그래머들은 이 이야기를 진담으로 받아들이고 있었던 것이다. 이런 이야기를 듣고 씁쓸하게나마 웃고 넘어가지 못하고 진지하게 공감하고 슬퍼하는 한국 프로그래머들의 스산한 심정이 나를 놀라게 하였다.

이 책을 읽는 독자 중에는 프로그래머가 되기 위해서 열심히 준비하고 있는 사람도 있을 것이다. 그래서 이런 말을 해야 하는 현실이 가슴 아프다. 한국에서 프로그래밍은 지적이고 창조적인 전문직이 아니라 몸으로 때우는 막노동의 범주에 속하는 경우가 더 많다고 한다. 행복감을 맛보며 프로그래밍을 수행하는 사람은 소수 엘리트에 국한되어 있고 대부분 프로그래머는 스스로 3D 업종에서 일하고 있다고 말하는 것을 주저하지 않는다. 막노동이라고 해서 가치가 떨어지는 것은 아니다. 근육을 이용해서 수행하는 육체노동은 책상에 앉아서 수행하는 정신노동보다 종종 더 신선하고 아름답다. 그렇지만 육체노동은 육체로 할 때 아름다울 수 있다. '두뇌'로 하는 육체노동은 기괴하고 끔찍하다. 정신노동이어야 하는 프로그래밍을 육체노동처럼 수행하다가 결국 폐를 잘라냈다는 사람의 소식을 보도하는 인터넷 신문 프레시안의 기사 내용은 음울하다. 그 일부를 인용해본다.

"사장님이 정말 특이한 사람이었어요. 무조건 일찍 출근하고 오래 책상에 붙어 있는 걸 좋아했어요. 그러니 자연히 회사는 '보여주기 식'으로 운영되죠. 이러니 누가 열심히 일하겠어요? 일찍 출근해서 낮엔 놀다가 밤에 들어와서 밥 먹고 야근하고. 자연히 회사의 개발 능력은 안 늘어나니 온통 남이 만든 코드 갖다 베껴서 대충 제품 만들고, 괜히 저 혼자 '잘못됐다.'라고 말하고 다니다 사장님한테 찍혀서 한직으로 배치받았죠. 어떻게 더 다닐 수가 있겠어요? 이제 이 바닥은 지긋지긋해요."

"사장님이 일을 많이 하길 원하다 보니, 가정이 있는 사람은 싫어했어요. 한번은 손님 만난 자리에서 자랑스러운 말투로 '우리 회사에서 일하다가 이혼한 애 많아.'라고 말하더라고요. 기가 차죠. 우린 사람도 아니에요?"

이종국이 쓰고 인사이트에 출간된 〈인간, 조직, 권력 그리고 어느 SW 엔지니어의 변〉(2011)이라는 책을 보아도 한국 소프트웨어 업계의 실태를 잘 확인할 수 있다. 책의 전체적인 내용 중에는 개인적으로 동의하기 어려운 부분도 있지만, 한국 프로그래머들의 현실에 대한 그의 이야기는 나로서는 경청할 수밖에 없다. 그는 이렇게 이야기한다.

"한국 소프트웨어 엔지니어들은 노조조차 없이 전근대적인 환경에서 착취당하는 노예나 다름없다. 나는 주변에서 프로젝트 진행하다가 당뇨병이 심해져서 병원에 실려 갔다는 얘기, 자살했다는 얘기, 과로사로 숨졌다는 얘기를 종종 듣는다. 필자도 프로젝트를 진행하다가 병이 심해져 일주일 동안 쉬어야 했다."

한국에서 프로그래밍을 하는 것이 정말 이런 것을 의미한다면, 나는 결코 한국에서 프로그래밍을 하지 않을 것이다. 이 책을 읽는 독자들에게도 프로그래머는 선택할 만한 직업이 아니라고 말할 것이다. 하지만 나는 이러한 현실이 전부라고 믿고 싶지 않다. 설령 대부분 현실이 이렇게 우울하고 열악하다고 해도 그러한 현실은 바뀔 수 있다고 믿는다. 그러기 위해서라도 더 많은 사람이, 재능이 넘치고 발랄한 사람들이 프로그래밍이라는 가슴 벅찬 놀이, 혹은 직업전선에 참여해야 한다고 생각한다. 이 세상의 모든 변화는 사람으로부터 시작되는 것이기 때문이다.

2007년에 나는 〈뉴욕의 프로그래머〉(2007)라는 제목을 가진 소설형식의 책을 썼다. 소설이라기보다는 사실상 에세이에 가까운 책이었는데, 아무튼 독자들로부터 많은 이메일을 받았다. 기분 좋은 칭찬도 있었지만, 책의 내용이 한국의 현실과 동떨어져 있다는 지적도 많았다. 책을 쓸 당시에 나는 한국과 미국의 현실을 비교하려는 의도가 조금도 없었기 때문에 독자들의 반응을 보고 놀랐다. 내가 한국에서 프로그래머로서 일했던 것은 1994년에서 1996년 사이의 3년이었다. 오래전의 일이고, 짧은 기간이었기 때문에 내가 한국의 현실을 잘 알지 못하는 것은 이상한 일이 아니다. 하지만 나는 책을 쓸 때 조금쯤은 더 신중해야 옳았다. 모두가 그런 것은 아니겠지만, 내가 책의 독자로 상정한 한국의 프로그래머 중에서 너무나 많은 사람이 내가 상상조차 할 수 없는 열악한 상황 속에서 아파하고 있었던 것이다. 그래서 나는 질책 섞인 독자들의 메일을 읽으면서 많이 부끄러웠고, 많이 미안했다.

그럼에도 나는 지금부터 여러분에게 프로그래머의 길로 나서라고 독려를 할 참이다. 직업으로 선택할 수 있는 일 중에서 프로그래밍만큼 재미있는 것은 세상에 없기 때문이다. 이미 프로그래머의 길을 걷고 있는 사람에게는 중간에 포기하지 말고 끝까지 걸어가라고, 백발이 성성해질 때까지 프로그래밍을 접지 말고 즐기라고 말하려고 한다. 이야기하는 과정에서 나는 어쩔 수 없이 나의 경험을 말해야 할 것이다. 미국생활 14년 차인 내가 지금까지 해온 경험은 한국에서 고군분투하고 있는 여러분이 겪고 있거나 앞으로 겪게 될 경험과 다른 부분이 많을 것이다. 내가 이렇게 책까지 쓰면서 자기 이야기를 한다고 해서 꽤 성공한 부류의 사람인 것은 아니다. 나는 지극히 평범한 샐러리맨이다. 그 이상도 그 이하도 아니다. 성공이라는 잣대로 보았을 때 나보다 성공한 사람은 한국에도, 미국에도 하늘의 별처럼 많다. 프로그래밍에 대한 이론적이고 기술적인 기여라는 측면에서 보아도 나는 어디에 명함조차 내밀 수 없는 평범한 존재일 뿐이다. 그래서 내가 여러분 앞에서 프로그래머의 길을 이야기할 때 나는 성공이나 업적과 같은 이야기를 하는 것이 아니며, 그런 이야기는 할 수도 없다.

나에게 메일을 보내서 자신의 진로와 관련된 고민을 토로한 독자 중에는 이렇게 노골적으로 말하는 사람도 있었다.

"저도 미국에서 취직해서 임백준님처럼 안정된 삶을 살고 싶습니다. 한국에서 개발자로 살고 싶지는 않아요."

가슴이 아팠다. 지옥 같은 입시경쟁의 아수라를 피해서 외국으로 도피성 유학을 떠나는 한국의 많은 젊은이처럼, 한국의 청년 프로그래머는 이렇게 탈한국의 꿈부터 꾸고 있다. 그런 꿈을 나무라고 싶지는 않다. 그것은 나름대로 의미 있는 꿈이고 도전이다. 다만, 그것이 더 나은 삶과 더 높은 성취를 위한 꿈이라기보다는 견딜 수 없는 현실로부터 탈주를 희망하는 꿈이어서 문제다. 경제적인 보상이라는 측면에서 보았을 때 나의 삶이, 그리고 미국에서 프로그래머로서 근무하고 있는 많은 사람의 삶이 안정적이라는 것은 어느 정도 사실이다. 미국에서 프로그래머 생활만 12년째인 나의 연봉은 예컨대 뉴저지 주지사의 연봉보다 많다. 결코, 적은 금액이 아니다. 특히 한국에서 엄청난 노동 강도와 장시간 노동으로 몸을 축내면서 상대적으로 적은 보상을 받고 있는 프로그래머들을 생각하면 미안한 생각이 들 정도다. 이러한 차이가 개인의 능력보다는 주로 사회 전체적인 경제 수준과 시장 환경에 의해서 비롯되고 있기 때문에 더 그렇다.

그렇지만 내가 여러분에게 글을 통해서 이러저러한 이야기를 할 수 있는 것은 고작 미국에서 적당한 월급을 받으며 살아가는 '안정적'인 삶을 살고 있어서가 아니다. 나는 프로그래밍을 처음 배운 이후부터 그것이 다른 무엇보다 재미있었고, 지금도 재미있고, 앞으로도 재미있을 거라고 믿는다. 그래서 글을 쓸 수 있다. 그것이 핵심이다. 내가 말하고 싶은 것은 그것이 전부다. 앞에서 인용한 책의 저자인 이종국 씨는 후배 프로그래머들에게 "더 나은 미래는 생각할 것도 없고 일단 생존이 문제다."라고 말한다. 그리고 생존을 위해서 필요한 몇 가지 기술을 논의한다. 어쩌면 한국의 현실에서 필요한 것은 그와 같은 절박한 인식과 구체적인 기술일지도 모른다. 그렇지만 나는 후배 프로그래머들에게 생존과 기술에 대해서 고민하기 이전에 우선 "프로그래밍을 진심으로 사랑할 것"을 당부하고 싶다. 지금의 나를 여기까지 밀어온 것은 다른 무엇이 아니라 바로 프로그래밍을 통해서 얻게 되는 행복과 성취감이었기 때문이다. 바로 거기에 진정이 닿아있으면, 일하는 장소가 한국이든, 미국이든, 아니면 중국이나 인도처럼 낯선 곳이든 상관없이, 일하는 환경과 처우가 기대에 미치든 미치지 못하든 상관없이, 언제나 행복할 수 있다. 진심으로 사랑하는 사람은 행복하다. 진부한 말이지만, 그것이 진리다.

한국 소프트웨어 업계의 현실은 분명히 무언가 잘못되었다. 진흙밭이다. 그러나 영양이 듬뿍 담긴 씨앗은 진흙에 떨어져도 꽃을 피운다. 프로그래밍을 사랑하는 사람이라면 척박한 현실에 놀라거나 좌절하지 말고 끈질기게 꿈을 꾸어나가야 한다. 몸으로는 벽돌을 나르면서도 마음속으로는 시를 쓰는 열정 어린 시인처럼 프로그래밍 자체가 주는 기쁨과 환희를 잊지 않는 뜨거운 프로그래머가 되어야 한다. 뜨거운 열정과 사랑이 없는 상태에서 프로그래머의 길을 논의하는 것은 아무런 의미가 없기 때문이다. 나는 나의 글을 읽는 후배들에게 미국에서 취업하는 방법이나 프로그래머로서의 생존기술 같은 것을 말해줄 재간이 없다. 그런 것은 심지어 진지하게 생각해 본 적도 없다. 내가 말할 수 있는 것은 다만 프로그래밍에 대한 열정과 사랑뿐이다. 그런 이야기를 하려고 한다.

● 2004년에 나는 5년간 다니던 루슨트테크놀로지스를 그만두고, 월스트리트에 있는 작은 금융회사로 자리를 옮겼다. 뉴저지의 한적한 시골마을에 자리 잡은 루슨트의 고즈넉한 풍경과 월스트리트의 분주한 모습은 대조적이었다. 새로운 회사의 사무실에서는 맨해튼과 브루클린을 가르는 이스트리버east river의 풍광이 내려다보였고, 건물 앞의 거리는 자잘한 먹을거리를 파는 트럭과 관광객들로 언제나 활기가 넘쳐흘렀다.

회사의 본업은 월스트리트의 커다란 투자은행들이 수행하는 금융상품의 거래를 중개하는 일이었다. 영어로는 IDBInter-Dealer Brokerage라고 하는 일인데 미국에

비해서 자본시장의 규모가 크지 않은 한국에는 이런 종류의 비즈니스가 거의 없는 것으로 알고 있다. 90년대까지만 해도 거래의 중개는 브로커broker들이 개인적인 인맥을 활용해서 투자은행의 트레이더trader들과 전화통화를 해서 수행하는 경우가 대부분이었는데, 90년대 후반 무렵부터 컴퓨터 소프트웨어를 이용한 거래기법이 도입되어 이 시장에서 소프트웨어 개발에 대한 수요가 급증했다.

월스트리트의 투자은행과 헤지펀드는 신용디폴트스왑credit default swap, 외환, 주식, 에너지, 선물 등 다양한 품목을 거래하는데, 회사는 이러한 금융상품들을 실시간으로 거래하는 데 사용되는 소프트웨어 제품을 개발했다. 나는 신용디폴트스왑이라는 금융상품을 거래하는 소프트웨어를 개발하는 부서에 들어갔다. 보통 CDS라고 불리는 이 파생금융상품은 2008년에 전 세계를 강타한 금융위기가 발발했을 때 위기의 주범으로 지목되면서 많은 비난을 받았다. 내가 개발한 소프트웨어는 CDS를 실시간으로 거래할 수 있는 트레이딩플랫폼trading platform 소프트웨어였다. 이러한 소프트웨어를 개발하는 일은 CDS라는 금융상품을 개발하거나 직접 거래하는 일이 아니었지만, 내가 개발한 소프트웨어를 통해서 CDS의 거래가 확산했다는 사실 때문에 나는 CDS가 비난을 받을 때 곤혹스러웠다. 이러한 경험과 관련해서 나는 프로그래머의 직업윤리라는 주제에 대해서 많은 고민을 했었는데, 이에 대해서는 뒤에서 다시 이야기할 것이다.

내가 〈뉴욕의 프로그래머〉라는 책을 통해서 묘사한 내용은 대부분 이 회사에서 일하던 무렵의 경험을 토대로 한 것이었다. 소프트웨어는 자바스윙을 이용해서 개발된 GUI 클라이언트와 역시 자바언어로 개발된 서버로 구성되어 있었고,

클라이언트와 서버 사이의 통신은 JMS 메시지서비스를 통해서 이루어졌다. 우리가 개발한 소프트웨어는 뉴욕과 런던을 중심으로 홍콩, 도쿄, 두바이, 파리, 시드니, 상하이, 싱가포르, 남미 등지에 있는 고객들의 PC에 설치되었다. 소프트웨어의 핵심기능은 금융거래를 원하는 구매자와 판매자를 찾아서 거래를 성사시켜 주는 것이었다.

그런데 이러한 거래는 매우 짧은 시간에 집중적으로 이루어지는 경우가 많았고, 거래의 단위가 보통 수백만 달러를 웃돌았기 때문에 소프트웨어의 반응속도와 정확성에 대한 요구는 엄청난 수준이었다. 소프트웨어에서 발생한 버그나 시스템의 느린 반응 속도 때문에 고객이 원하는 거래를 수행하지 못하면, 회사가 고객에게 적지 않은 금액을 보상해야 하는 때도 있었다. 소프트웨어에 내재한 버그가 직접적으로 달러에 연동하여 있었던 것이다. 버그 하나의 값이 우리의 연봉을 웃도는 일도 드문 일이 아니었다.

전 직장인 루슨트에서 일할 때에도 테스트부서와 함께 일을 하면서 소프트웨어의 품질을 향상하기 위한 노력을 많이 기울였는데, 소프트웨어의 성능과 안정성에 대한 요구가 이런 정도로 강한 것은 아니었다. 축구를 이용해서 비유하자면, 상대팀이 압박을 해오는 수준이 국내실업팀 시합과 영국 프리미어 축구 시합만큼 차이가 났다고 할까. 이렇게 높은 수준의 압박은 당연히 프로그래머에게 높은 수준의 프로그래밍 실력과 집중력을 요구했다. 소프트웨어의 정확성과 품질에 대한 요구는 부담으로 느껴지기도 했지만, 그와 동시에 흥미롭고 즐거운 도전으로 다가오기도 했다.

회사를 옮기고 나서 한동안은 이렇게 새로운 프로그래밍 환경이 나에게 건강한 자극을 주었고, 월스트리트의 활기찬 풍경도 즐거움을 주었다. 회사를 옮기는 것이 사람의 인생에서 스트레스를 느끼는 큰 원인의 하나라지만, 이 무렵의 나는 새로운 비즈니스와 프로그래밍 기술을 배우느라 바빠서 스트레스 같은 것을 느낄 틈도 없었다. 모든 것이 흥미롭고 즐거울 뿐이었다.

굳이 이야기하자면 스트레스라기보다는 약간의 마음고생 같은 것이 없지는 않았다. 새로운 회사에서 만나게 된 프로그래머 중에는 실력이 뛰어난 사람이 많았다. 이유는 모르겠지만, 회사에는 러시아계 유대인이 많았는데 그들은 대체로 수학적 재능이 뛰어났다. 루슨트에서도 실력이 뛰어난 프로그래머를 몇 명 보았지만, 그들은 대부분 나이가 많아서 C, C++, 유닉스 등에 뛰어난 반면 상대적으로 새로운 자바언어나 애자일 프로그래밍 방법론 등에는 익숙하지 않은 경우가 많았다. 하지만 여기에서 만난 프로그래머들은 자바언어를 이용해서 상당히 높은 수준의 코드를 작성하고 있었다. 코드만 잘 작성하는 것이 아니라 네트워크, 데이터베이스, 메모리, 멀티스레드, 데이터구조 등에 대한 이해가 넓고 깊었다.

루슨트 시절의 나는 아직 경험이 많지 않으므로 스스로 배우는 처지라고 생각을 했지만, 내심 팀을 이끌어가는 베스트 프로그래머라는 자부심을 느끼고 있었다. 그런데 새로운 장소에서 만나게 된 프로그래머 중에는 솔직히 말해서 내가 따라가기 어려울 정도로 높은 실력을 갖춘 프로그래머가 몇 명 있었다. 그것은 나에게 건강한 의미에서의 도전이었지만, 한편으로는 마치 우물 바깥의 풍경을 생전 처음 구경한 개구리가 받는 충격 같은, 그런 깊은 충격을 나에게 전해주기도 했다.

프로그래밍은 바둑과 닮은 구석이 많다. 고수와 하수의 관계는 그런 닮은 부분 중의 하나다. 고수인 바둑 1급이 하수인 바둑 5급의 수를 보면 너무 속내가 뻔히 들여다보여서 웃음이 나온다. 그런데 바둑 5급은 1급의 수를 보면 숨이 막힐 뿐 상대방의 속내를 짐작하기 어렵다. 그렇지만 초절정고수인 프로기사가 바둑 1급이 놓은 수를 보면 어이가 없어서 한숨이 나오는 수가 한둘이 아닐 것이다.

이와 같은 실력의 상대성이 프로그래밍의 세계에도 그대로 적용된다. 실력이 뛰어난 프로그래머가 실력이 부족한 사람이 작성한 코드를 보면 답답하고 안타까워서 한숨이 나온다. 리팩토링을 수행하고 싶은 욕구가 절로 일어난다. 실력이 떨어지는 사람은 자기보다 실력이 뛰어난 사람이 신묘한 방법을 동원해서 어려운 문제를 척척 해결하고 깔끔하게 코드를 작성하는 것을 보면 숨이 막히고 탄성이 나온다. 그렇지만 실력이 훨씬 더 뛰어난 사람이 보기에는 그런 뛰어난 프로그래머가 작성한 코드에서조차 마음에 들지 않는 부분이 많을 것이다.

바둑을 두어서 살아가는 전문프로기사들은 눈앞에 바둑판이 없어도 서로 대화를 통해서 바둑을 둘 수 있고, 복잡한 수 읽기 연구도 할 수 있다고 한다. 대화를 통해서 놓아 나가는 바둑돌이 머릿속에 그려져 있는 바둑판 위에 생생하게 각인되기 때문에 구태여 바둑판이 필요 없는 것이다.

빌 게이츠는 한 인터뷰에서 마이크로소프트가 평범한 실력을 갖춘 프로그래머가 아니라 뛰어난 실력을 갖춘 슈퍼스타 프로그래머만을 고용하길 원한다고 말하면서, 슈퍼스타의 조건 중에 바로 그러한 능력을 포함했다. 슈퍼스타는 눈앞에 물리적으로 존재하는 소스코드가 없어도 마치 소스코드를 보고 있는 것처럼 그에 대해서 말할 수 있어야 하고, 자기가 6개월 전에 작성한 코드를 눈으로 보지 않으면서도 명료하게 설명할 수 있어야 한다는 것이다. 회사를 옮긴 이후 나는 실력이 탁월한 두어 명의 헤비급 프로그래머와 마음속에서 경쟁했다. 그들과 함께 복잡한 시스템을 설계하는 과정에 참여하고, 어려운 문제를 해결하기 위한 토론에 참가하고, 쉽지 않은 리팩토링 과제를 떠맡아서 최선을 다해 프로그래밍을 수행했다.

그러던 어느 날 우리는 가벼운 대화를 나누던 도중에 우연히 복잡한 리팩토링 과제에 대해서 의견을 나누기 시작했다. 그때 우리 앞에는 화이트보드나 종이가 없었기 때문에 대화는 허공 속에서 진행될 수밖에 없었다. 대화가 깊게 진행될수록 나는 대화의 앞부분에서 이야기했던 설계의 구체적인 내용이 정확하게 떠오르지 않아서 불편함을 느끼기 시작했다. 내가 하는 이야기가 중심을 잃고 휘청거리기 시작한 것이다. 그렇지만 그 친구들은 아무 일도 없다는 듯이 계속 이야기를 진행해 나아갔다. 그러다가 그들이 수개월 전에 작성된 코드의 내용을 기억 속에서 끄집어내어 마치 눈앞에 보고 있는 것처럼 해부하고 논의하기 시작했을 때 나는 한계를 느꼈다. 대화의 내용을 더는 따라갈 수 없었던 것이다.

이 작은 에피소드는 그 당시 내가 그들 앞에서 무의식적으로 품고 있었던 열등감에 불을 질렀다. 나는 며칠 동안 아무도 모르게 가슴앓이를 했다. 나는 스타가 될 수 있을지 몰라도 슈퍼스타가 될 수 없고, 좋은 프로그래머가 될 수는 있어도 뛰어난 프로그래머가 될 수는 없다는 사실을 깨달으며 마음속에서 깊은 고통을 느꼈다. 누구에게도 털어놓을 수 없는 내면의 고통이라서 겉으로 보기에는 아무렇지도 않았지만 나는 비참했다. 비슷한 경험이 있는 사람이라면 그러한 심정의 질감을 상상할 수 있을 것이다.

프로그래밍을 처음 접하고 행복해하기만 하던 시절, 미국에서 공부하면서 나날이 늘어가는 프로그래밍 실력에 기쁨을 맛보던 시절, 루슨트에 입사해서 거칠 것 없이 승승장구하던 시절을 통해서 나는 심리적으로 우쭐거리는 상태에 있었던 것이 틀림없다. 지금 생각해보면 나보다 뛰어난 프로그래머가 세상에 존재하는 것은 너무나 당연한 일인데, 당시의 나는 내가 슈퍼스타 프로그래머 사이에 낄 수 없는 평범한 존재라는 사실을 인정해야 하는 것이 참을 수 없었다. 그들만큼 정교하고 아름답게 설계된 코드를 만들어내지 못하는 자신에게 화가 났고, 그들이 듣자마자 이해하는 복잡한 문제를 한참이 지나고 나서 겨우 이해하거나 때로는 아예 이해하지 못하는 우둔한 자신을 용납할 수 없었다. 노력만으로는 어찌해 볼 수 없는 재능의 차이를 인정해야 하는 것이 너무 아팠다.

당시에 내가 품었던 이러한 경쟁 심리를 나는 프로그래밍을 향한 열정의 일부로 이해하고 싶다. 이것은 타인을 누르고 이겨서 승리를 거두겠다는 식의 경쟁 심리는 아니다. 자신의 발전을 위한 동력으로 사용되는 성격의 경쟁이기 때문에 해롭기보다는 오히려 이로운 면이 더 많다. 그렇긴 해도 나는 꽤 오랫동안 앓았다. 그렇게 한참을 앓고 나서 나는 일어났다. 내가 비록 프로그래밍 실력으로는 그들에게 뒤질지 몰라도 프로그래밍을 사랑하고 즐기는 열정만큼은 뒤지지 않는다는 데 생각이 미치고 나서야 겨우 일어설 수 있었다. 그렇게 일어난 나는 앞을 보며 달려나가기 시작했다.

그로부터 수년의 시간이 흐른 지금, 나는 그러한 경쟁 심리로부터 어느 정도 벗어나게 되었다. 나보다 실력이 뛰어난 프로그래머를 만나는 것을 진심으로 반가워하고 즐길 수 있게 된 것이다.

● 그렇게 가슴앓이를 하는 와중에 나의 프로그래밍 실력은 확실히 한 단계 향상되었다. 예를 들자면 우선 코딩스타일이 달라졌다. 나의 코딩 스타일은 예전에는 요구사항이 파악되면 곧바로 손가락으로 키보드를 누르면서 설계를 다져나가는 방식이었다. 이러한 스타일은 필연적으로 설계를 서두르게 되는 단점을 가진다. 일종의 부실공사를 낳는다. 지금의 나는 요구사항이 파악되면 키보드에 손을 대기 전에 많은 시간을 설계에 투입한다. 머릿속으로 해야 할 일들을 생각하고, 다른 사람과 대화를 나누고, 종이에 스케치를 하면서 핵심적인 내용을 최대한 미리 구상해둔다. 가능하면 UML을 이용한 클래스구조를 시각적으로 표현해서 위키Wiki나 컨플루언스Confluence 같은 웹페이지에 올려놓기도 하고, 흔히 다운스트림downstream이라고 표현하는, 우리가 제작하는 소프트웨어로부터 데이터를 공급받는 다른 소프트웨어 팀들에게도 설계의 내용을 미리 알려주어 예상치 못한 문제가 발생할 가능성을 최소화시킨다. 문서의 형식은 상관이 없다. 중요한 것은 설계의 구체적인 내용이다.

코딩이 시작되면 유닛테스트 코드를 작성하는 것이 필수다. 좋은 코딩은 설계-코딩-테스트라는 주기를 최소한 두 번 반복한다. 다시 말해서 설계 다음에 코딩을 하고 나면 일이 끝나는 것이 아니라 코딩을 하면서 새롭게 깨닫게 되는 내용을 중심으로 새로운 설계를 한 번쯤 더 해야 비로소 제대로 된 작품이 나올 수 있다는 말이다. 단 한 번의 설계로 작품을 완성할 수 있는 프로그래머는 세상에 존재하지 않는다. 두 번째 수행하는 설계는 이미 존재하는 코드에 대한 리팩토링을 전제로 할 수밖에 없는데, 이때 유닛테스트는 작업의 정확성을 담보하는 데 있어서 결정적인 역할을 수행한다. 메소드나 함수처럼 작은 단위의 코드를 테스트하는 것을 의미하는 유닛테스트는 오래전부터 프로그래밍 세계의 구루guru들이 끊임없이 강조해온 프로그래밍의 기본정석이다. 하지만 여러분 중에 현업 프로그래머가 있다면 가슴에 손을 얹고 생각해보자. 코드를 작성하면서 얼마나 많은, 혹은 얼마나 철저한 유닛테스트 코드를 작성하는가? 유닛테스트 코드를 작성하기는 하는가? 유닛테스트에 대한 강조가 얼마나 많이 이루어졌는지 급기야는 원래 코드에 앞서서 유닛테스트 코드를 먼저 작성하는 방식으로 개발을 이끌어 가는 TDDTest Driven Development라는 방법론이 등장했을 정도다. 그럼에도 실제 개발현장에서 유닛테스트를 꼼꼼하게 제대로 작성하는 프로그래머를 만나는 것은 마치 정직한 정치인을 만나기보다 더 어렵다.

터무니없는 납기일을 맞추기 위해서 매일 밤 자정까지 야근을 해야 하는 상황이라면 유닛테스트를 작성하는 일이 호사스러운 사치처럼 들릴 수도 있을 것이다. 하지만 그것은 그만큼 그러한 현실이 터무니없다는 사실을 반증하는 것일 뿐, 프로그래머가 유닛테스트를 작성하지 않는 것에 대한 변명이 될 수는 없다. 좋은 프로그래머라면 어떠한 상황에서도 유닛테스트 코드를 작성해야 한다. 루슨트 시절까지만 해도 나는 유닛테스트 코드를 시간이 남으면 작성하고, 너무 바쁘면 작성하지 않아도 그만인 선택사항으로 간주했다. 그러나 회사를 옮기고 나서 헤비급 프로그래머 친구들이 작성한 코드를 들여다보았을 때, 마치 한 마리의 물고기도 빠져나갈 수 없도록 촘촘하게 엮인 그물처럼 치밀하게 작성된 유닛테스트 코드를 보고 놀랐다. 그들이 수개월이 지난 뒤에도 자신의 코드를 환하게 기억하고, 어쩌다 한 번씩 코드에서 버그가 발견되면 눈 깜빡할 새에 버그를 잡아내는 것은 결코 우연이 아니다. 그들은 코드를 설계할 당시부터 이미 유닛테스트 코드를 작성할 수 있도록 잘 구분되고, 정교하게 구획된 객체지향적인 코드를 설계하고, 한 줄 한 줄 적어나가는 코드가 모두 철두철미한 유닛테스트 코드에 의해서 철저히 검증되고 보호되도록 만들어놓았던 것이다. 그렇게 작성된 코드는 버그를 발생시키는 일도 드물고 프로그래머의 기억에서 달아나서 숨지도 않는다. 나는 실력이 뛰어난 프로그래머가 되기 위한 비결을 하나만 말해야 한다면 그것은 바로 유닛테스트 코드의 작성이 되어야 마땅하다고 믿는다.

그렇지만 개발현장에서 유닛테스트 코드를 습관적으로 작성하는 프로그래머를 만나는 일은 쉽지 않다. 대부분의 프로그래머는 유닛테스트를 작성하는 데 거의 (혹은 전혀!) 시간을 들이지 않는다. 그들은 요구사항의 윤곽이 대충 드러나면 곧바로 코딩을 시작한다. 코딩을 하다가 길이 막혀서 길이 보이지 않으면 처음으로 돌아가서 설계 자체를 검토하거나 리팩토링을 통해서 근본적인 문제를 해결하려고 노력하지 않는다. 대신 불리언 타입의 글로벌 변수를 선언한 다음, 꽈배기처럼 비비 꼬인 if-else 문장을 표창처럼 흩뿌린다. 그렇게 임시변통을 하고 길을 걷다가 길이 또 막히면 더 많은 불리언 변수와 더 많은 if-else 표창을 뿌리며 길을 헤쳐나간다. 그러다가 마침내 코드가 동작하는 방식이 요구사항이 설명하는 것과 대충 비슷한 것으로 보이면 손을 털고 일어선다. 프로그래밍이 끝난 것이다. 이렇게 작성된 코드는 당연히 수많은 논리적 오류와 버그를 내포하고 있을 수밖에 없다. 하지만 걱정 없다. 버그가 보고되면 더 많은 if-else의 표창으로 버그를 잡아버리면 되기 때문이다. 그리하여 코드는 버그가 하나씩 보고될 때마다 더욱 복잡해지고 난해해진다. 그러다가 마침내 프로그램은 코드를 작성한 프로그래머 자신조차 이해할 수 없는 누더기가 되어 버린다.

이렇게 작성된 코드는 6개월이 아니라 1주일 뒤에라도 제대로 기억할 수 없다. 슈퍼스타 프로그래머가 아니라 슈퍼스타 프로그래머 할아버지가 와도 그렇다. 프로그래밍을 이러한 방식으로 수행하고 있는 사람은 문제를 해결하고 있는 것이 아니라 문제를 일으키고 있는 것일 가능성이 크다. 프로젝트의 일정이 터무니없이 촉박하거나, 요구사항이 정상적인 과정을 거쳐서 걸러지는 게 아니라 프로그래머에게 무작위로 던져지는 상황에서는 대다수 프로그래머가 아마도 이와 같은 표창던지기 초식으로 프로그래밍을 진행할 가능성이 높다. 머리를 써서 생각할 시간도 없고 여력도 없는 상황에서 프로그래머가 할 수 있는 일이란 이렇게 힘으로 밀어붙이는 것밖에 없기 때문이다. 하지만 이렇게라도 스스로 프로그래밍을 하는 경우는 그나마 낫다. 더 나쁜 것은 다른 사람이 작성한 코드를 그대로 가져다가 프로그램을 짜는 것, 즉 남의 코드 베끼기copy-and-paste 초식이다.

오픈소스 라이브러리를 가져다 활용하는 것을 말하는 것이 아니다. 회사에서 다른 사람이나 다른 팀이 비슷한 용도로 짜놓은 프로그램을 가져다가 활용하는 것을 말하는 것도 아니다. 오픈소스 라이브러리를 너무 남용하는 것도 바람직하지는 않지만 어쨌든 라이브러리를 활용하거나 같은 회사에서 개발한 소프트웨어를 가져다가 활용하는 것은 정상적인 프로그래밍 활동의 일부다. 하지만 베끼기는 그렇지 않다. 여기에서 베끼기는 인터넷 검색을 통해서 발견된 소스코드를 그대로 복사해서 뿌리는 것을 의미한다. 다른 사람의 코드를 무단으로 베끼는 것이 저작권법에 어긋난다는 이야기를 하려는 것이 아니다. 이렇게 다른 사람의 코드를 베끼는 것은 어떤 의미로도 '프로그래밍'의 범주에 속하는 행동이 아니기 때문이다. 차라리 다른 사람의 코드를 하나의 라이브러리로 만들고, 그 라이브러리를 사용하는 어댑터adaptor나 프록시proxy 코드를 작성하면 참을 만하다. 아무 생각 없이 다른 사람이 작성한 코드의 일부나 전부를 복사해서 자기가 짠 코드처럼 편집기 안에 붙여 넣는 행위는 정말 수치스러운 행동이다. 그러한 행동을 통해서 도대체 어떤 성취감과 행복을 맛볼 수 있다는 말인가. 정말이지 야근까지 하면서 그런 일을 해야 하는 처지라면 당장 '프로그래머'라는 직업을 때려치우고 다른 일을 찾아보는 것이 마땅하다.

전과 달라진 코딩스타일과 유닛테스트의 철저한 작성을 통해서 이 무렵 나의 프로그래밍 실력은 한 눈금 향상될 수 있었다. 그 이외에도 애자일Agile 프로그래밍 진영에서 끊임없이 강조하는 실용적인 초식들을 적극적으로 활용하는 것도 실력이 늘어나는 데 많은 도움이 되었다. 예를 들자면 코드리뷰code review, 스크럼scrum, 그리고 지라JIRA와 같은 이슈트래킹시스템issue tracking system의 적극적인 활용이 그것이다. 이들은 프로그래밍이라는 영역에 직접적으로 포함되지는 않지만, 외곽에서 영양분을 제공하는 소중한 양념들이다.

한 프로그래머가 작성한 코드를 다른 프로그래머가 함께 검토하는 것을 의미하는 코드리뷰는 결코 형식적인 절차가 아니다. 버그를 미리 잡아내기 위한 것도 아니고, 코딩스타일이나 편집스타일을 강제하기 위한 것도 아니다. 코드리뷰를 수행하면 누구든지 자신이 작성한 코드의 내용을 다른 누군가에게 설명해야 한다. 그러한 설명은 일차적으로 코드를 작성한 사람이 스스로 작성한 코드의 내용을 정확히 이해하게 만들고, 이차적으로 코드를 검토하는 사람이 다른 사람이 작성한 코드의 내용에 친숙해지게 만든다. 그것이 핵심이다. 믿기 어렵겠지만 자기가 작성한 코드의 내용을 충분히 이해하지 못하는 프로그래머가 세상에는 생각보다 많다. 표창던지기 초식이나 베끼기 초식을 구사하는 프로그래머는 물론이고, 정상적인 방법으로 코드를 작성하는 사람조차도 유닛테스트를 작성하지 않거나 코드리뷰를 수행하지 않으면 자기가 작성한 코드의 내용을 순식간에 잊어버린다. 그런 사람들은 코드리뷰를 통해서 누군가에게 자기 코드의 내용을 상세히 설명하는 기회를 갖는다면 도움이 될 것이다. 바둑에서도 방금 두었던 바둑의 내용을 다시 검토하는 복기가 바둑실력을 향상하는 데 큰 도움을 주는 것처럼 프로그래밍에서도 코드리뷰는 많은 도움을 준다.

스크럼에 대해서 말하자면 우리는 매일 아침 9시 30분에 책상 옆 복도에 모여 서서 짧게 이야기를 나누는 스크럼 미팅을 했다. 그렇게 만난 팀원들은 각자 돌아가면서 세 가지 사항을 1~2분 안에 이야기한다. (1) 나는 어제 무엇을 했는가. (2) 나는 오늘 무엇을 할 것인가. (3) 내 일의 진행을 가로막는 기술적인 장애가 있는가.

아무것도 아닌 것 같은 이 세 가지 이야기가 스크럼을 통해서 매일 반복되면 상당히 놀라운 효과를 불러일으킨다. 우선 다른 사람들 앞에서 자기가 한 일과 할 일을 이야기하는 것은 안이하게 흘러갈 수 있는 하루의 일정을 단단하게 다잡아 주는 효과를 낳는다. 예를 들어서 내가 월요일에 열린 스크럼에서 나는 오늘 GUI의 로그인 화면을 작성할 것이라고 말했다고 하자. 그럼 나는 다음 날인 화요일 스크럼에서는 나는 어제 GUI의 로그인 화면을 작성하는 일을 완료했고, 오늘은 예컨대 현장에서 발견된 버그를 잡는 일을 하겠다고 말할 수 있어야 한다. 하지만 만약 로그인 화면이 아직 100% 완성된 것이 아니라면 나는 스크럼에서 로그인 화면은 '거의' 완성되었는데 오늘은 급한 버그를 잡는 일을 해야 하고, 로그인 화면은 내일 완성하겠다는 식으로 말해야 할 것이다. 구차하다. 스크럼은 짧고 빠르게 진행되어야 하기 때문에 구질구질한 변명을 늘어놓을 틈이 없다. 했으면 한 것이고 아직 다 못했으면 안 한 것이다. 일을 잘하는 프로그래머와 일을 잘하지 못하는 프로그래머를 구분하는 척도 중의 하나는 바로 이것이다. 자신의 입으로 하겠다고 말한 것을 정해진 시간 내에 100% 완료하는가 아니면 90%만 완료하는가에 따라서 프로그래머의 실력은 확실하게 구분된다. 일을 못하는 프로그래머는 자기 일을 언제나 90% 혹은 99%만 완료할 뿐, 100% 완료하지 못한다. 스크럼은 이렇게 일을 제때 끝맺지 못하는 프로그래머의 나쁜 습관을 바로잡는 데 도움을 준다.

스크럼이 갖는 또 하나의 효과는 팀원 사이에서 이루어지는 정보의 교류다. 한국의 프로그래밍 현실에서 프로그래머 사이에 필요한 정보가 충분히 잘 흐르는지 나는 모르겠다. 추측하기에는 낮에 서로 대화를 나누는 시간이 많고, 저녁에 회식을 하는 경우도 많기 때문에 최소한 누가 무슨 일을 어떻게 하고 있는지에 대한 정보는 흐르지 않을까 생각된다. 그에 비해서 미국에서는 사람들이 낮에는 각자 자기 할 일에 집중하고, 퇴근 시간이 되면 곧바로 퇴근을 한다. 퇴근 시간이 되었는데 다른 사람의 눈치를 보면서 의자에 궁둥이를 붙이고 미적거리는 사람은 상상조차 할 수 없다. 회사마다 문화가 조금씩 다르겠지만 내가 지금까지 경험한 바로는 회식은 연중행사다. 사정이 이래서 사람들은 회사에서 일하는 8시간 동안 철저히 일에 몰두할 수밖에 없다. 의식적인 노력을 기울이지 않으면 팀 내에서 다른 사람들이 무슨 일을 하고 있는지 알기 어려워지는 커뮤니케이션 단절현상이 일어나는 것이다. 이러한 상황에서 스크럼은 팀원 사이의 지속적인 커뮤니케이션을 보장하는 데 도움을 준다. 저렇게 짧고 간단한 이야기를 통해서 얼마나 많은 커뮤니케이션이 이루어질까 하고 의아해하는 사람도 있겠지만, 스크럼을 일상적으로 진행하는 사람이라면 그런 의심을 하지 않을 것이다.

스크럼에서 다루는 세 가지 항목 중에서 마지막 항목인 기술적인 장애에 대한 정보의 공유가 커뮤니케이션에 도움을 주는 것은 더욱 직접적이다. 고참 프로그래머가 신참 프로그래머를 돕거나, 특정 기술이나 분야에 대해서 남들보다 더 많이 알고 있는 사람이 다른 사람을 돕거나 하는 데 도움을 준다. 프로그래머는 대개 자존심이 센 사람들이라서 자기가 겪고 있는 기술적인 문제를 공개하지 않으려고 하는 속성이 있다. 어떻게든 스스로 해결을 해보려고 하는 것이다. 이것은 크게 잘못된 태도다. 프로그래머가 겪는 기술적인 문제는 그게 무엇이든 다른 사람이 이미 겪었던 문제일 가능성이 크다. 문제를 감추고 혼자서 해결하려고 애쓰는 것은 하수의 자세며, 문제를 공유하고 다른 사람들과 협력하는 가운데 해결하는 것은 고수의 자세다. 그렇게 함으로써 자신의 시간을 더 영양가 있는 부분에 사용하는 것이 훨씬 현명하기 때문이다. 별로 중요하지도 않은 문제를 붙들고 시간을 허비하는 것처럼 어리석은 행동은 없다.

이 무렵의 나는 실전경험을 통해서 다양한 기술을 섭렵했다. 자바스윙, JMS, 오라클 데이터베이스, AspectJ 등의 기술을 이용했고, 복잡한 요구사항을 위해서 객체지향적 설계, 성능최적화, 멀티스레딩 지원 같은 고급기술을 활용하며 지식을 심화시켰다. 나의 한계가 어디쯤인지 깨닫는다는 것은 고통스러운 경험이었지만 꾸준히 학습하고 프로그래밍을 수행하며 전진하는 재미를 방해하지는 않았다. 바둑을 5급 두는 하수도 바둑을 두며 즐기는 열정만큼은 어느 고수에 뒤지지 않을 수 있는 것이다. 이 시기에 읽었던 책 중에서 곁에 두고 계속 읽어볼 만한 책을 독자들에게 소개하자면 다음과 같다. 나는 미국에서 지내고 있는 관계로 기술서적을 모두 원서로만 접했다. 여기에서 소개하는 책들은 이미 한국어로 번역되어 널리 읽히고 있는 것들이 많을 텐데, 한국어판의 제목을 소개하는 대신 내 책장에 있는 원서를 그대로 소개해본다.

Java Generics and Collections, Maurice Naftalin and Philip Wadler, O'reilly

Agile Java, Jeff Langr, Prentice Hall

Java Concurrency in Practice, Brian Goetz, Addison-Wesley Professional

Effective Java, **Joshua Bloch**, Prentice Hall

Head First Design Patterns, Elisabeth Freeman, O'reilly

Domain Driven Design, Eric Evans, Addison-Wesley Professional

Refactoring, Martin Fowler and Kent Beck, Addison-Wesley Professional

내가 마음속으로 선의의 경쟁을 펼친 헤비급 프로그래머들이 내 앞에서 이런 한 책을 읽거나 한 적은 거의 없었다. 내가 개인적으로 경험한 샘플을 일반화할 수는 없겠지만 아무튼 실력이 뛰어난 프로그래머들은 학습을 수행하는 데도 여유가 묻어났다. 그들 중 한 명인 유대인 친구는 종교적인 의미를 갖는 작은 모자인 야물카를 머리에 얹은 채 주로 구겨진 신문이나 종교와 관련된 책을 들고 다녔다. 또 다른 친구는 토마스 만의 두툼한 소설집이나 아일랜드 역사책, 혹은 댄 심슨의 SF소설책을 들고 다녔다. 그렇지만 자바언어의 멀티스레딩과 관련해서 상당히 깊이 있는 이야기를 나누기라도 할 때면 그들은 내가 고에츠의 책을 읽으며 힘들게 파악한 내용을 아무렇지도 않게 설명하곤 했다. 어디에서 어떤 방식으로 공부를 하는지 눈에 보이지는 않지만, 프로그래밍의 고수들이 결코 공부를 게을리하지 않는다는 사실은 분명하다. 우아하게 보이는 백조의 발밑에서 분주한 발놀림이 일어나고 있는 것처럼 프로그래밍을 즐기는 사람들은 쉬지 않고 공부를 하는 것이다.

● 이 무렵 우리는 소프트웨어의 버전을 대략 3~4개월에 한 번씩 업그레이드했다. CDS 시장은 내가 회사를 옮긴 2004년부터 세계적인 금융위기가 초래된 2008년에 이르기까지 해마다 폭발적인 성장을 했기 때문에 우리

는 모두 걷잡을 수 없이 밀려오는 요구사항을 충족시키기 위해서 분주한 시간을 보냈다. 새로운 소프트웨어 버전을 출시하면 현장지원을 위해서 팀원들이 번갈아 가면서 런던에 있는 사무실로 출장을 갔다. 런던의 금융시장이 뉴욕보다 5~6시간 먼저 시작되므로 그곳에서 직접 사용자지원을 하기 위해서였다. 이러한 현장지원업무를 포함한 여러 가지 이유로 나 역시 1년에 몇 번은 런던으로 출장을 갔다. 출장을 가면 브로커들이 일하고 있는 사무실 한복판에 작은 책상을 얻어놓고 그들 사이에 끼어 앉은 채 일을 했다. 눈앞에서 엄청난 금액의 돈이 오고 가는 상태에서 일하는 브로커들은 신경이 곤두서 있어서 언제나 공격적이고 거친 목소리로 고함을 지르고, 욕설을 퍼붓고, 왁자하게 웃고, 농담을 주고받았다.

지금도 기억나는 일이 있다. 현장지원을 위해서 일요일에 비행기를 타고 런던에 도착해서 하루를 보내고, 월요일 아침이 되어 일찍 사무실로 출근했다. 사무실에는 이미 업무를 시작한 브로커들이 여기저기에서 걸려오는 전화를 받느라 목소리를 높이고 있었고, 좁은 책상 사이로 구두를 닦는 아가씨, 점심 메뉴를 돌리는 아저씨, 청소를 하는 사람 등이 돌아다니고 있었다. 브로커들의 일을 도우면서 마케팅 일도 하는 젊은 여직원들은 책상에 앉아서 커피를 마시거나 화장을 고치면서 한 주의 시작을 준비하고 있었다. 영화 월스트리트를 본 사람이라면 영화에서 묘사된 사무실 풍경을 떠올려도 좋을 것이다. 한쪽에서는 시끄러운 웃음소리가 들려오고, 다른 한쪽에서는 걸쭉한 욕설이 귀청이 떨어져 나갈 정도로 크게 들려오기도 하고, 때로는 누가 던진 테니스공이 누군가의 키보드 위로 떨어져서 비명 같은 욕설이 터져 나오기도 했다. 하루의 업무는 그렇게 시작되었고, 사용자들은 우리가 새롭게 출시한 소프트웨어 버전을 본격적으로 사용하기 시작했다. 그리고 얼마 시간이 지나지 않아서 내 귀에는 어느 브로커의 끔찍한 비명 소리가 들려왔다.

소프트웨어에 새롭게 추가된 기능이 오동작을 일으킨 것이었다. 그 브로커는 나에게 다가와서 분노를 표출했다. 그의 입에서 나온 적나라한 영국식 욕설을 책에 그대로 옮기지 못하는 것이 유감이다. 그의 말을 아주 완곡하게 번역해서 옮기자면 이렇다. "이 소프트웨어는 완전히 쓰레기야. 책임자를 찾아서 당장 책임을 지게 하겠어." 경험이 부족한 사람이라면 이런 순간 몹시 당황해서 어설픈 변명을 하려고 하다가 상황을 더 악화시킬지도 모른다. 하지만 그 무렵의 나는 이미 소프트웨어의 사용자를 다루는 데도 적지 않은 경험이 있는 상태였기 때문에 그런 순간에는 조용히 듣기만 하는 것이 제일 좋은 방법이라는 사실을 잘 알고 있었다. 나는 그의 화가 다 가라앉기를 기다린 다음, 최대한 정중하게 그에게 발생한 문제에 대해서 물어보았다. 디버깅에 필요한 최소한의 정보가 확보된 다음에는 관련된 부분의 소스코드를 열어서 더 구체적인 내용을 스스로 파악하고, 그가 경험한 버그를 재생할 수 있는 시나리오를 찾는 데 몰두했다. 두어 시간이 지난 후 나는 시나리오를 발견했다. 그리고 버그와 관련된 모든 정보를 새로 연 JIRA 항목에 잘 정리해서 입력했다. 정리가 끝난 후에는 JIRA 항목의 번호를 아직 새벽잠을 자고 있을 뉴욕의 팀원들 전체에게 이메일로 발송했다. 프로그래머가 수행하는 현장지원 업무란 말하자면 이와 같은 일을 하는 것이다.

런던의 오전 업무가 끝나고 점심시간 무렵이 되어 뉴욕에 있는 팀이 업무를 개시하면 런던사무실에 혼자 나와 있던 나도 한숨 돌리고 다른 일들을 할 수 있게 된다. 이런 시간을 이용해서 나는 주로 마케팅 부서의 여직원들을 만나서 새로 수집된 고객들의 요구사항을 토의하거나 소프트웨어의 새 버전에 포함된 기능의 자세한 내용을 교육하거나 하는 일들을 했다. 여담이지만, 월스트리트나 런던의 금융시장에서 마케팅을 수행하는 여직원들은 대부분 상당한 미인이다. 정치적으로 용납되기 어려운 일이지만, 월스트리트의 회사들은 마케팅을 위한 여직원들을 의심의 여지 없이 외모를 보고 뽑는다. 미국에서는 연봉이 10만 불을 넘는 경우는 1 뒤에 0이 다섯 개 붙는다 해서 식스피겨six figure, 연봉이 100만 불을 넘는 경우는 세븐피겨라고 말한다. 예컨대 연봉이 세븐피겨에 달하는 스타브로커의 경우에는 미모가 뛰어난 여직원을 일부러 자기 책상 옆에 앉힌다거나, 그러한 여직원들과 개인적으로 은밀한 관계를 맺어나가는 경우가 종종 있다. 예컨대 월스트리트에 있는 오피스텔 건물이 투자은행에서 잘나가는 남성들이 낮에 애인을 만나기 위해서 사용하는 장소라는 사실은 뜬소문이 아니다. 그런 사람들 대부분이 가정이 있는 사람이라는 점을 고려한다면 이것은 윤리적으로 문제가 있는 이야기다.

월스트리트에서 많은 돈을 벌어들이며 일하는 사람들의 머릿속에 있는 욕망 구조는 단순하다. 돈, 파티, 쾌락, 권력. 그것이 전부다. 일을 통해서 뭔가 사회에 기여한다는 식의 이야기는 그들의 머릿속에서 농담거리로조차 떠오르지 않을 것이다. 돈에 대한 이들의 탐욕은 대단히 직선적이라서 돈이 될 수 있다면 세상에 존재하는 그 어떤 것이라도 거래하고 거액의 보너스를 챙기려고 들 정도다. 자기가 일하는 회사나 조직에 대한 애정이나 충성심 같은 개념은 물론 존재하지 않는다. 전 세계의 경제를 붕괴 일보 직전까지 몰고 갔던 2008년 금융위기의 씨앗은 바로 이런 사람들의 거칠 것 없는 탐욕 속에서 자라났다. 투자은행들은 주택에 대한 모기지론을 모으고 잘라서 개별적인 증권으로 재탄생시키고, S&P나 무디스 같은 신용평가회사는 투자은행들의 눈치를 살피면서 정체를 파악할 수 없는 새로운 증권에 대해서 최고등급을 크리스마스 선물처럼 흩뿌리고, 대중매체는 일반서민들에게 더 많은 부채를 떠안으라고 유혹하고, 서민들은 우물쭈물하다가 돈 벌 기회를 놓치는 바보가 되기 싫어서 무리를 해서라도 더 많은 빚을 떠안으며 집과 소비수준을 늘려나가고, 안정적인 자금운용을 생명처럼 여겨야 하는 펀드의 관리자들은 투자은행의 유혹에 넘어가서 이러한 낯선 증권에 막대한 자금을 투자하고, 투자은행들은 다시 더 많은 모기지론을 모아서 더 많은 증권을 만들어내는 순환이 끝없이 반복되면서 빚의 규모는 눈 덩어리처럼 불어났다.

CDS가 이러한 순환과정에 직접 개입한 것은 아니지만, CDS는 이러한 증권이나 빚에 대한 일종의 보험기능을 제공한다는 목적을 가진 파생금융상품으로서 그 자체로 엄청난 규모의 거품을 만들어내었다. 거품이 붕괴하고 막대한 손실이 구체화 되는 과정에서 뜻하지 않은 피해를 보는 사람들이 속출했다.

내가 프로그래머의 직업윤리에 대해서 심각하게 고민을 할 수밖에 없었던 이유는 우리가 열심히 만들어낸 소프트웨어가 바로 이런 월스트리트의 비정상적인 탐욕이 효율적으로 작동하는 데 도움을 주고 있다는 자각 때문이었다. 당시 프로젝트팀에는 멀리 그리스에 있는 집에서 재택근무를 하는 친구가 있었는데, 그의 경우는 이러한 직업윤리에 대한 자각이 나보다 더 직접적이었다. 금융위기가 초래된 이후에 그리스의 경제는 말로 표현하기 어려울 정도로 어려움을 겪었다. 그는 자기가 알던 사람들이 그리스를 강타한 금융위기 때문에 직장에서 쫓겨나거나, 파산하거나 하며 고통을 받는 것을 보면서 매우 침통해 했다. 프로그래밍 실력이 상당히 뛰어난 그는 자기는 프로그래밍을 그만두고 그리스에서 학교선생님을 하고 싶다고 말하기도 했다. 실제로 그렇게 하지는 않았지만, 그의 고민은 그만큼 깊었던 것이다. 이렇게 직장인으로서 자기가 수행하는 일과 시민으로서 자기가 가지고 있는 신념이 충돌을 일으키는 일은 비단 월스트리트의 영역에만 국한된 일이 아니다. 소프트웨어 프로그램이 필요한 영역은 우리 삶의 모든 부분에 걸쳐 있기 때문에 이러한 갈등은 어디에나 있다.

2003년에 당시 부시 행정부가 이라크전쟁을 일으키는 무렵에 나는 개인적으로 전쟁에 반대하는 입장을 가지고 있었다. 그 입장은 지금도 마찬가지다. 당시 나는 루슨트테크놀로지에서 근무하고 있었다. 루슨트는 통신장비를 만드는 '순수한' 테크놀로지 회사이므로 그 안에서 하는 일이 시민으로서의 윤리의식을 자극하는 일은 좀처럼 없을 것처럼 생각된다. 그렇지만 루슨트는 그 무렵에 미국국방성과 계약을 맺고 수많은 통신장비를 이라크에 공급했다. 그러한 통신장비 중에는 내가 일하던 광통신그룹에서 제작한 장비도 포함되어 있었다. 내가 제작한 소프트웨어가 내가 시민으로서 반대하는 전쟁을 돕는 데 사용될 가능성이 제기된 것이다. 그 상황에서도 나는 고민을 피할 수 없었다.

시민으로서의 신념과 직업인으로서의 행위가 불일치를 일으키는 일이 자본주의 사회에서는 불가피하다. 개인으로서 할 수 있는 일도 매우 제한적이다. 오랜 시간을 고민한 끝에 내가 내린 잠정적인 결론은 이렇다. 프로그래머는 어쨌든 자기가 작성하는 소프트웨어를 기술적으로 최대한 완벽하게 제작하도록 노력해야 한다. 프로그래머는 어떤 상황에서도 철저히 사용자의 요구에 복무해야 한다. 그것이 프로그래머 직업윤리의 1번 항목이다. 그렇지만 그와 동시에 자기가 프로그래밍 하고 있는 대상이 세상 사람들의 삶 속에서 어떤 의미가 있는지 정확하게 이해하려는 노력을 게을리하지 말아야 한다. 이것은 단순히 프로그래밍을 수행하기 위해서 사용자 요구사항을 이해하는 행위를 말하는 것이 아니다. 자기 행동의 결과를 더 넓은 맥락에서 이해하는 것을 의미하는 것이다. 이것이 프로그래머 직업윤리의 2번 항목이다. 그리고 1번과 2번 항목이 불일치를 일으키면서 갈등하는 상황이 되면 그것을 외면하지 말고 불일치의 간극을 최대한 좁히려는 노력을 기울여야 한다. 노력의 내용은 개인마다 다르겠지만, 노력 자체를 포기하는 일은 없어야 한다. 이것이 프로그래머 직업윤리의 3번 항목이다. 대단히 소박하지만 내가 내릴 수 있는 결론은 이런 정도였으며, 고민은 지금도 진행형이다.

● 한국의 회사와 미국의 회사가 가진 공통점을 하나 꼽으라면 나는 주저하지 않고 사무실정치office politics를 꼽겠다. 정해진 분량의 자원을 놓고 인간이라는 동물들이 사무실 안에서 서로 투쟁하는 것을 의미하는 사무실정치는 한국이든, 미국이든, 그 어떤 나라이든 공통으로 일어나는, 일어날 수밖에 없는 현상이다. 한국에서 직장동료들이 퇴근 후에 술을 한잔 하면서 나누는 이야기의 많은 부분도 따지고 보면 다 사무실정치와 관련된 이야기다. 그런 점은 미

국도 마찬가지다. 한국에서처럼 사람들이 자주 회식을 하거나 밖에서 어울리지는 않지만, 회사 내에서 정치적인 연결고리가 종으로 횡으로 형성되는 점은 똑같다. 2009년이 되었을 때 당시 나의 상사였던 사람은 비슷한 직위를 가지고 있었던 다른 사람과 회사 전체의 IT 개발팀을 총괄해서 관리하는 중책자리를 놓고 경합을 벌였다. 그리고 많은 사람들의 예상과 달리 나의 상사는 경쟁에서 패배했다. 깊은 내상을 입은 그는 회사를 떠났고, 그의 자리가 공석으로 비게 되었다.

회사는 나에게 그 자리를 맡으라고 제안했다. 그 무렵 프로젝트팀 내부에서 내가 수행하던 역할은 팀리드team lead라고 불리는 역할이었다. 팀리드는 프로그래밍 업무도 수행하면서 실질적으로 프로젝트를 관리하는 일을 수행한다. 책상에 앉아서 프로그래밍을 수행하는 데 반 정도의 시간을 쓰고, 나머지 절반의 시간은 PMProduct Manager, BABusiness Analyst, QAQuality Assurance 팀의 사람과 만나서 필요한 이야기를 나누거나, 개발팀 내부의 프로그래머들과 업무의 진행상황을 확인하는 식으로 주로 사람과 만나서 해야 하는 일을 수행했다. 회사가 나에게 내 상사의 자리를 맡으라고 제안한 것은 나에게 달콤한 승진을 의미했다. 나는 별다른 생각 없이 기쁜 마음으로 제안을 받아들였다. 나에게 좋은 사무실이 주어졌고, 월급수준도 큰 폭으로 올랐으며, 무엇보다도 소프트웨어 개발팀의 자원을 내 뜻대로 운용할 수 있는 권력이 주어졌다. 얼마 전까지 스스럼없는 동료였던 사람들 앞에서 갑자기 상사로서 행동해야 하는 것이 어색했지만 그런 어색함은 금방 사라지고 모든 것이 자연스러워졌다. 내가 원하던 목표는 아니었지만 나는 갑자기 소프트웨어 개발팀의 매니저가 되었다.

매니저로서 나는 우선 팀 내에서 프로그래밍 실력이 가장 뛰어난 아키텍트들과 상시적으로 대화를 나누면서 앞으로 개발해 나가야 하는 중요한 기능, 리팩토링 대상, 시스템 성능 등에 대해서 세부사항을 파악하고 일정을 조정해 나아갔다. 얼마 전까지만 해도 나 역시 코딩업무를 수행해오던 익숙한 시스템이었기 때문에 우리는 피상적인 내용이 아니라 매우 자세한 설계내용에 대해서 대화를 나누는 일이 많았다. 프로그래머 개인의 실력과 역량은 수년 동안 함께 일을 해오면서 충분히 파악하고 있었기 때문에, 누구에게 어떤 성과를 기대할 수 있는지는 따로 고민할 필요가 없었다. 또한, 소프트웨어 제품에 대한 최종적인 책임자인 PM들과 수시로 만나서 시장의 동향에 대해서 듣고, 고객들이 필요로 하는 기능에 대해서 토의하고 경쟁사들의 움직임에 대해서도 이야기를 나누었다. 마케팅 부서의 직원들을 만나서 고객의 불만사항이나 요구사항에 대해서 정보를 입수하고, 런던, 홍콩, 싱가포르, 시드니 등지에 있는 현장지원팀과 정기적인 회의를 하면서 현지의 상황을 파악했다. 개발팀 내의 프로그래머들이 정해진 일정에 따라서 개발업무를 잘 진행하고 있는지 확인하고, QA팀의 매니저와 만나서 차기 버전의 출시일정과 현황에 대해서 대화를 나누었다. 지라에 입력된 버그, 새로운 기능, 현장에서 보고된 문제 등을 검토하면서 지라항목의 우선순위priority, 수정버전fix version 등을 결정하고, 필요한 부분이 있으면 내 의견을 코멘트comment로 입력했다.

나는 앞에서 언급했던 프로젝트 관리기법의 기본적인 사항들이 잘 지켜지도록 하기 위해서 노력했다. 기본적인 사항이란 스크럼, 코드리뷰, 지라의 활용 이 세 가지를 의미한다. 어차피 계속 해오던 것들이기 때문에 새로울 것은 없지만, 소프트웨어 코드의 품질을 보장하기 위해서 세 가지 사항을 틈나는 대로 강조했다. 또한, 어떤 기능도 혼자 구현하는 것이 아니라 반드시 팀에 존재하는 두 명의 아키텍트와 설계 내용을 검토한 다음에 구현하도록 강조했고, 유닛테스트 코드의 작성을 요구했다. 자기에게 주어진 일을 수행하기 위해서 필요한 시간은 일차적으로 해당 프로그래머 자신이 나에게 알려주어야 했다. 시간을 예측할 때 반드시 유닛테스트 코드를 작성하는 시간을 포함하도록 요구했으므로 나중에 시간이 없어서 유닛테스트 코드를 작성하지 못했다고 말하는 것은 성립될 수 없었다. 유닛테스트 코드의 작성 때문에 프로그램 개발기간이 늘어나는 것은 내가 책임졌다. 다시 한 번 말하지만, 유닛테스트는 선택이 아니라 필수이기 때문에 그 정도는 내가 감당할 용의가 있었다. 프로그래머 중에는 쓸모없는 영웅심 때문에 혼자 어려운 기능을 개발하려고 욕심을 부리다가 어설프게 작성된 코드에서 발생한 버그 때문에 심각한 문제를 일으키는 경우가 있다. 소프트웨어 개발팀 매니저로서 나는 그런 일을 용납하지 않았다.

한국의 현실과 조금 다른 이야기가 될 텐데, 나는 프로그래머가 책상에 오래 앉아 있는 것에 대해서 아무런 점수를 주지 않았다. 얼마나 좋은 품질의 코드를 작성하는가 하는 것만이 나의 관심이었으며 누가 얼마나 일찍 회사에 나오는지, 얼마나 오래 회사에 남아 있는지 하는 것에는 아무런 관심을 두지 않았다. 물론 필요한 일이 있을 때에는 내가 팀 내부의 프로그래머에게 저녁 늦게 남아서 일을 해달라고 부탁할 때도 있었다. 혹은 토요일이나 일요일에 일을 해달라고 부탁해야 할 때도 있었다. 그런 일이 있을 때에는 나는 가급적 시간을 보상해주었다. 보통 미국에서는 comp time compensation time이라고 부르기도 하는데, 예컨대 토요일에 일을 했으면 매니저의 권한으로 월요일을 쉬도록 해주는 것이다. 그리고 여기에서는 보통 working from home이라고 부르는 재택근무를 프로그래머들이 최대한 활용하도록 했다. 솔직히 팀 내부의 모든 프로그래머를 신뢰한 것은 아니었지만, 좋은 프로그래머가 집에서 조용히 일하면 더 높은 생산성을 가지는 경우가 많기 때문이다.

회사마다 차이는 있겠지만, 미국에서 일하는 프로그래머는 자신의 상관 혹은 매니저의 눈치를 보지 않는다. 좋은 프로그래머일수록 더욱 그렇다. 예의가 없다는 뜻이 아니라 그럴 필요가 없기 때문이다. 그들은 합리적인 범위 내에서 자기가 출근할 수 있는 시간에 출근을 하고, 퇴근해야 할 시간이 되면 시간 낭비하면서 꾸물거리지 않고 당당하게 퇴근한다. 나는 팀원들에게 출퇴근과 관련된 개략적인 가이드라인을 설명해준 다음, 이후로는 팀원들의 출퇴근 시간에 대해서 신경을 쓰지 않았다. 나는 매니저가 된 이후로 해야 할 일들이 많아서 거의 매일 팀 내에서 가장 일찍 출근해서 가장 늦게 퇴근하곤 했다. 이와 같은 출퇴근 분위기는 회사의 문화나 매니저의 성향에 따라서 차이가 있긴 한데, 개인의 현실과 판단을 존중한다는 큰 틀은 대개 비슷하다고 본다. 회식도 마찬가지다. 아무리 중요한 회식이라고 해도 개인의 일정보다 우선시 될 수는 없다. 물론 모든 회식자리마다 빠지는 사람이 있으면 내가 개인적으로 대화를 나누면서 팀 분위기를 위해서 한 번쯤은 자리를 해달라고 부탁하는 경우는 있었다. 하지만 본인이 원하지 않으면 구태여 억지로 사람들과 회사 밖에서까지 어울려야 할 이유는 없다. 프로그래머로서

할 일만 잘하면 나머지는 모두 사소하다.

내가 한국에서 일했던 시간을 반추해 보건대, 한국에서는 아직도 이와 정반대의 일들이 일어나고 있을 것으로 생각한다. 정해진 출근시간에서 5분만 늦어도 얼굴이 화끈거리는 감정을 느껴야 하고, 퇴근시간이 되어도 상관이나 다른 사람들의 눈치를 보느라 마음대로 자리에서 일어나지를 못한다. 딱히 할 일이 없는데도 다른 사람들과 함께 남아서 저녁을 먹고 야근을 하고, 회식이 있으면 반드시 참가해야 한다. (물론 회식 중에는 즐거운 마음으로 참여하는 자리도 있을 것이다. 하지만 그런 자리에 비해서 원하지 않지만 빠지기 부담스러워서 참석하는 회식이 얼마나 많은가?) 나에게 합법적으로 주어진 휴가를 쓰는 것도 왠지 눈치가 보여서 죄를 짓는 것처럼 조심스럽게 사용하고, 컨디션이 저조해서 병가를 내거나 재택근무를 하겠다고 말하는 것은 좀처럼 생각하기 어려운 일이다. 이러한 것들은 프로그래머라는 직업과 관련된 것이 아니라 한국 사회 전체와 관련된 것이다. 따라서 이러한 문화에 대해서 이야기하는 것은 내가 여기에서 논의할 수 있는 차원을 뛰어 넘는다. 어쩌면 요즘 한국의 상황은 내가 기억하고 있는 시절과 많이 다를 수도 있다. 그러기를 바란다. 15년 전 한국의 회사문화가 아직도 그대로라면 젊고 유능한 프로그래머의 재능이 꽃을 피우기 어려울 것이기 때문이다. 프로그래밍에 전력으로 몰두해도 해야 할 일들을 다 하기 어려울 텐데, 사소하고 쓸모없는 일들에 에너지를 소모하게 되면 프로그래밍에 쏟을 수 있는 에너지는 그만큼 줄어들 수밖에 없다. 이 글을 읽는 사람 중에 프로젝트 관리자가 있다면 프로그래머들의 재능이 춤을 출 수 있도록 하는 방법에 대해서 고민을 해보기 바란다. 그들을 춤추게 하는 것은 돈이나 칭찬만이 아니다.

매니저의 일을 수행하는 처음 1년 동안 나는 즐거웠다. 그런데 그 즐거움은 이전에 프로그래밍을 통해서 얻는 즐거움과는 조금 다른 차원이었다. 대부분 시간을 사람을 대하는 일에 쓰게 되면서 직접 코딩을 하는 시간을 잃어갔다. 처음 생각으로는 매니저의 일을 수행하면서도 틈나는 대로 직접 코딩을 할 생각이었는데 그런 틈은 좀처럼 생기지 않았다. 수시로 내 오피스에 들어와서 개인적인 문제를 이야기하는 사람이 있었고, 현장에서 발생하는 문제들에 대한 보고를 접수해야 했고, 문제의 처리방식을 결정해야 했다. 프로그래머 사이에서, 프로그래머와 테스터 사이에서, 프로그래머와 비즈니스분석가 사이에서 발생한 서로에 대한 불만이 나한테 보고되어 처리를 기다리기도 했고, 나는 종종 지구 반대편에서 발생한 문제 때문에 한밤중에 자다가 전화를 받는 경우도 있었다. 이런 일들 이외에도 회계감사나 법률과 관련된 문제로 회사 내의 감사팀이나 법률팀과 회의를 해야 하는 일도 많았고, 팀원들의 복지, 월급, 보너스와 관련된 일로도 해야 할 일이 많았다. 새로운 직원을 뽑는 일, 업무실적이 좋지 않은 직원에게 조치를 하는 일도 나의 시간과 에너지를 빼앗아 갔다. 서두에서 말한 사무실정치도 해야 했다. 책상에 앉아서 프로그래밍에 몰두하던 시절에는 알지 못했던 일들을 너무나 많이 알아야 했고, 너무나 많은 정치적인 활동을 해야만 했다. 이스트리버가 내려다보이는 조용한 사무실도 좋고, 두둑이 오른 월급도 좋았지만, 나는 조금씩 지쳐갔다. 처음에 느꼈던 기쁨과 즐거움이 사라지고 내가 원하는 것은 이런 것이 아닌데, 하는 자각이 조금씩 생기기 시작했다.

● 나는 2010년 월드컵이 진행되던 무렵에 다니던 회사를 그만두고 다른 회사로 자리를 옮겼다. 마음속에 조금씩 회의가 피어오르던 무렵에 어떤 계기가 생겼다. 자세한 내용은 이야기하고 싶지 않으며 다만 그것이 또 하나의 사무실정치와 관련된 일이라고만 해두자. 하지만 회사를 옮기기로 마음먹은 가장 큰 이유의 하나는 다시 프로그래밍을 하고 싶었기 때문이었다. 거의 1년 반에서 2년 정도를 실전 프로그래밍에서 멀어진 생활을 하고 나니까 프로그래밍이 너무 그리웠다. 커피를 마시며 생각에 몰두하고, 키보드를 토닥거리며 코드를 작성하고, 뜻하지 않은 버그를 잡아내고, 마침내 뜻대로 움직이는 소프트웨어를 바라보면서 느끼는 뿌듯함을 다시 찾고 싶었다. 직접 프로그래밍을 하지 않는 매니저 생활을 1년 이상 하고 나니 확실히 녹슬어가는 자신을 느낄 수 있었다. 이런 생활을 앞으로 2년, 3년 더 했을 때 내가 프로그래밍으로부터 얼마나 멀어질까를 생각하면 두려운 생각마저 들었다. 이러한 두려움에는 다분히 현실적인 계산도 작용했다.

내가 이 회사에서 계속 매니저 생활을 한다는 것은 앞으로 나의 경력을 계속 매니지먼트 쪽으로 진행해 나간다는 것을 의미했다. 그런데 이 회사에서는 매니저 다음에 더 올라가서 차지할 수 있는 자리는 '세븐피겨'를 받으며 일하는 경영진 말고 없었다. 그만큼 작은 회사이기 때문이다. 그런 자리에 올라가는 것은 더는 자신이 가지고 있는 능력, 즉 프로그래밍이나 기술적인 능력과 큰 상관이 없으며 다름이 아니라 사무실정치에서 발군의 실력을 발휘해야 함을 뜻했다. 하지만 나처럼 인종적, 언어적 장벽을 가지고 있는 사람은 그런 실력을 발휘할 수 있을

리가 없다. 그리고 나는 그런 분야에서 실력을 발휘하고 싶은 생각도 없다. 그렇다면 이 회사에서 계속 매니저로서 나이를 먹어갈 수밖에 없는데, 그것은 곧 실전 프로그래밍과 점점 멀어져 나가는 것을 의미했다. 나는 매니저 생활을 통해서 값진 경험을 많이 할 수 있었다는 데에서 위로를 찾고 다시 프로그래머의 길로 나서기로 결심했다.

지금으로부터 4~5년 전쯤에 한국에서 내 책을 읽은 독자가 뉴욕으로 나를 방문한 적이 있었다. 대기업의 IT 회사에서 근무하고 있는 30대 중, 후반의 사람이었는데, 뉴욕에 출장을 온 김에 나를 만나보고 싶다며 연락을 해왔다. 우리는 점심시간에 만나서 식사를 함께했다. 이런저런 이야기를 나누면서 밥을 먹었는데, 그가 했던 말들이 지금도 기억에 남아 있다. 우선 그는 40세 무렵이 되면 더는 프로그래밍을 수행할 수 없는 한국의 근무환경에 대한 아쉬움을 진하게 토로했다. 프로그래밍을 하고 싶어도 나이 때문에 관리직으로 나설 수밖에 없다는 이야기였다. 프로그래밍을 떠나서 관리직 사람이 되고 나면 할 수 있는 것이 사무실정치밖에 없다는 한탄도 이어졌다. 한국에서 토요일을 격주로 쉬는 시절이었는데, 그는 가끔 회사의 부장이 금요일 저녁에 새벽까지 술을 마시는 회식자리를 마련한 다음에, 토요일 아침 일찍 회사에 출근해서 과장들이 모두 나왔는지를 확인한다는, 참으로 한심한 부장님 이야기를 나에게 들려주었다. 주말에 긴급간부회의를 열어서 누가 얼마나 빨리 나오는지 확인하는 일도 종종 있다고 했다. 나는 도대체 이런 일들이 IT 회사의 생산성이나 경쟁력에 어떤 의미가 있는 것인지 이해할 수 없다.

나는 소프트웨어 회사의 개발팀에 소속된 간부들은, 그러니까 개발팀의 부장이나 과장 이상 되는 위치에 있는 사람들은 모두 스스로 프로그래밍을 수행하는 사람들이어야 한다고 믿는다. 그들도 다른 사람들과 똑같이 설계하고, 코딩하고, 디버깅해야 한다. 프로그래밍 자체가 주는 성취감과 행복을 느끼는 사람이어야 하는 것이다. 부하직원들은 그들의 지위에서 나오는 형식적인 권위가 아니라, 프로그래밍에 대한 그들의 열정과 경험, 그리고 풍부한 실력을 보고 마음에서 우러나오는 존경심을 품을 수 있어야 한다. 그게 정상이다. 원하는 사람은 구태여 관리직으로 나갈 필요 없이 나이가 들어서 은퇴할 때까지 평생 프로그래밍을 수행할 수 있어야 한다. 예를 들어 내가 매니저로 근무할 때 프로젝트팀 내에는 나보다 나이 많은 프로그래머가 여러 명 있었고, 그중에는 나이가 거의 환갑이 되어가는 사람도 있었다. 이미 잘 알려진 사실이겠지만, 미국에서 나이는 별로 의미도 없고 서로 의식하는 일도 없다. 나이가 일정한 수준이 되면 본인의 뜻과 상관없이 남들과 똑같은 경로를 밟아나가야 하는 한국의 획일적인 시스템은 확실히 잘못되었다. 유연성도 떨어지고 경쟁력도 없다. 나이가 40이 넘었다고 해서 프로그래밍을 그만둬야 한다면, 그들이 쌓은 풍부한 프로그래밍 경험은 다 어디로 가야 한단 말인가? 매니저에서 다시 프로그래머의 길로 돌아가기로 마음을 먹었을 때, 나는 뉴욕에서 함께 점심을 먹었던 그 독자를 떠올렸다. 지금쯤은 나이가 마흔을 넘었을 텐데, 과연 원하는 프로그래밍을 계속 수행하고 있을지 아니면 원하지 않는 관리직을 수행하면서 시시한 사무실정치를 하면서 시간을 보내고 있을지 궁금했다. 원하는 일을 하고 있기를 진심으로 바랄 뿐이다.

그리하여 나는 2010년 8월에 내가 현재 근무하고 있는 도이치은행으로 자리를 옮겼다. 농협의 예에서 잘 드러난 바와 같이 한국의 금융계에서는 IT를 하나의 비용쯤으로 생각하는 경향이 있는 것 같다. 하지만 현대 사회에서 컴퓨터 네트워크나 소프트웨어를 사용하지 않는 은행 업무를 생각할 수 있을까. 미국은행에서 IT는 비용이 아니라 주력업종이며 정성을 다해서 키워야 하는 투자대상으로 인식되고 있다. 특히 일반 서민을 상대하는 은행 업무가 아니라 커다란 자금을 운용하는 투자은행 업무는 소프트웨어의 존재가 절대적이다.

나는 도이치은행에 시니어senior 프로그래머로 입사했다. 전 직장에서 매니저였다는 계급장을 마음속에서 떼어내고, 예전에 그랬던 것과 똑같이 프로그래밍을 위한 기술적인 질문을 하고 대답하는 인터뷰 과정을 거쳐서 입사하게 되었다. 자바언어와 관련된 세세한 질문에 대답하고 연필로 종이 위에 알고리즘을 적어내는 '시험'의 과정을 거친 것이다. 이런 부분에 대해서 궁금해하는 사람이 있을 것 같아서 첨언하자면, 도이치은행에서 시니어 프로그래머로서 받는 대우는 전 직장에서 매니저로서 받았던 대우에 비해서 더 나아졌다. 모두 다 그런 것은 아니겠지만, 실력과 경험이 충분하면 프로그래머는 매니저보다 더 나은 대우를 받을 수도 있는 것이다.

입사하자마자 나는 본격적으로 일을 시작했다. 처음 한동안은 주식 포트폴리오의 위험을 최소화하거나 이익을 극대화하는 방식으로 재구성하는 포트폴리오 최적화portfolio optimization 프로그램을 개발하는 일을 했다. 수학이나 경제학 박사 학위를 가지고 있는 도이치은행의 연구원들이 최적화를 수행하는 공식에 대한 논문을 써놓은 것을 콴트quant와 자바프로그래머가 소프트웨어로 작성한 시스템이 이미 존재하고 있었다. 나는 그 소프트웨어를 인계받아서 일정부분을 리팩토링하고 새로운 기능을 덧붙이는 일을 수행했다. 이때 나와 함께 일을 수행한 프로그래머는 컬럼비아 대학에서 수학교수로 재직하다가 입사한 인도계 프로그래머였다. 이 친구는 수학이론에 밝아서 콴트가 되기를 희망했고 나중에 부서를 옮겨서 콴트가 되었는데, 이 당시에는 자바프로그래머로서 나와 함께 일했다.

그는 수학적인 지식이 풍부했는데 소프트웨어 엔지니어로서는 경험이 부족했다. 소프트웨어가 구현하고 있는 최적화 알고리즘 자체의 기능은 괜찮았는지 몰라도 소프트웨어가 전체적으로 설계되고 구성되어 있는 방식에는 문제가 많았다. 일반적인 수준에서 문제점 한 가지를 지적하자면 이렇다. 프로그래머 중에는 오픈소스 라이브러리에 밝은 사람들이 있다. 시스템의 구성을 위해서 스프링프레임워크의 IoCInversion of Control 기능과 빈bean을 이용한다든지, 데이터의 저장을 위해서 하이버네이트Hibernate를 이용한다든지, 데이터캐시를 위해서 Ehcache를 쓴다든지, 애플리케이션 컨테이너를 위해서 JBoss를 이용한다든지, 빠른 패턴매치를 위해서 Lucene 라이브러리를 이용한다든지 하는 것이 오픈소스 라이브러리를 활용하는 예에 속한다. 오픈소스 라이브러리를 사용하는 것을 나무랄 이유는 없다. 하지만 오픈소스 라이브러리를 오용하거나 남용하는 것은 문제다.

자신이 직접 간단하게 프로그래밍 할 수 있는 기능까지 오픈소스 라이브러리를 이용해서 구현하는 것은 비효율적이다. 라이브러리를 가져다 쓰는 것은 프로그래밍의 목적을 이모저모로 잘 따져본 다음에 그렇게 하는 것이 도움되는 경우로 국한해야 한다. 여러 가지 기능을 제공하는 오픈소스 라이브러리가 곳곳에 존재한다고 해서 마치 사탕가게에 들어간 다섯 살짜리 꼬마처럼 흥분해서 이것도 맛보고 저것도 맛보려고 하는 것은 프로그래머로서 정상적인 성장에 도움을 주지 않는다. 라이브러리를 사용해도 가급적이면 자신이 사용하는 기능이나 API와 관련된 내용을 충분히 학습하고 숙지해야 한다. 실행파일만이 아니라 소스코드까지 구해서 틈나는 대로 라이브러리 내부의 자세한 내용을 들여다보고 필요하면 디버깅까지 수행할 수 있는 준비를 해두어야 한다.

내가 맡게 된 포트폴리오 최적화 시스템은 불필요하게 많은 외부 라이브러리를 사용하고 있었으며 지나치게 많은 계층tier으로 구성되어 있었다. 군살이 너무 많아서, 대대적인 다이어트, 즉 리팩토링을 필요로 하고 있었다. 나는 불필요한 계층을 과감하게 제거하고 크리스마스트리에 달린 장식처럼 사방에 매달려 있는 외부 라이브러리에 대한 남용의 흔적들을 정리했다. 또한, 소스코드 관리가 제대로 이루어지지 않아서 실제로 사용되지 않는 클래스 소스코드가 소스코드 저장소repository에 포함되어 있음을 확인하고 그들을 제거하는 작업을 수행했다. 리팩토링을 수행하는 과정에서 새로운 코드가 제대로 동작하는지는 유닛테스트 코드를 작성해서 일차적으로 확인하고, 비즈니스분석가의 도움을 받아 프로그램에 실제 데이터를 입력하고 출력해서 이차적으로 확인했다. 남아 있는 코드가 구현되어 있는 방식에도 비효율적인 것들이 많아서 개별적이고 국지적인 리팩토링을 계속 수행해 나갔다.

함께 일했던 인도계 프로그래머는 포트폴리오 최적화와 관련된 논문을 직접 저술할 정도로 수학적 지식이 깊고 풍부했지만, 지금까지 대개 혼자서 수행하는 소규모 프로젝트만 경험해왔기 때문에 다른 사람과 함께 일하는 데는 서투른 점이 많았다. 예컨대 그는 오픈소스 프로그램인 CVS를 이용해서 소스코드를 관리하고 있었는데, 공동의 작업을 위해서 브랜치branch나 태그tag를 생성하고 나중에 서로 다른 브랜치에서 이루어진 수정내용을 병합merge하는 식의 소스코드 관리기법이나, 코드리뷰, 스크럼 등의 개념에 대해서 서투르거나 불편해했다. 하지만 시간이 지나서 서로에 대한 신뢰가 생기게 되면서 그는 나와 함께 작업을 수행하는 것을 긍정적으로 받아들이기 시작했다. 최적화 알고리즘 자체에 대해서는 그가 나의 멘토 역할을 했지만, 소프트웨어 개발과 관련된 부분에 관해서는 내가 그의 멘토 역할을 수행했다.

기타를 연주하면서 어려운 코드를 잡을 때처럼 손목을 잔뜩 꺾어 이클립스Eclipse의 단축키를 누르고, 빠른 속도로 키보드를 두드리고, 유닛테스트를 실행한 후 모든 테스트가 성공적으로 수행되었음을 알리는 초록색 막대를 보며 미소를 짓는 코딩 작업에 몰두하는 것은 거의 2년 만에 다시 해보는 일이었다. 나는 매우 즐거웠다. 발을 다쳐서 몇 달 동안 목발을 짚고 다니던 축구선수가 발이 다 나아서 처음으로 잔디밭 위에 섰을 때 느끼는 기분이 아마 그랬을 것이다. 뭐랄까, 한참을 쉬고 다시 돌아오니 좀 더 집중이 잘 되는 느낌이었다. 마치 고등학교 시절에 수학참고서에 나오는 문제를 하나씩 풀면서 느꼈던 기분 좋은 성취감 같은 느낌이 나를 지배했다. 나는 집중했고, 전보다 열심히 프로그래밍을 수행했다.

1999년 루슨트에 입사해서 지금까지 나는 자바언어를 집중적으로 사용해왔다. 10년이 넘는 공력을 쌓은 끝에 자바언어에 대해서는 편안한 기분을 느낄 정도가 되었다. 스윙을 이용해서 GUI 프로그램을 작성한다든지, 톰캣이나 제이보스를 이용해서 웹어플리케이션을 작성하는 일은 매우 빠르게 처리할 수 있다. 빠른 응답속도가 중요한 복잡한 시스템에서 멀티스레딩 코드를 작성하거나 대규모 용량의 데이터를 처리하는 일도 익숙하다. 경험이 많이 쌓이고 나니까 다른 사람이 작성한 코드를 이해하는 것도 상대적으로 쉬워졌다. 패턴과 안티패턴에 대한 상식도 늘어나서 새로운 시스템을 접하게 되었을 때 무언가 잘못 설계된 부분이 있으면 금방 눈에 뜨이고, 잘못된 부분을 발견하면 리팩토링 과정을 통해서 바로잡지 않으면 견딜 수 없어 하는 기술적인 욕구도 생겼다. 한 줄의 코드를 작성하더라도 거기에 논리적 버그는 없는지, 충분히 방어적으로 작성되었는지, 메모리누수가 없는지, 멀티스레딩 환경에서 안전한지, 유닛테스트 코드로 보호되고 있는지, CPU 자원을 최소한으로 이용하고 있는지 등을 습관적으로 고려하는 태도를 갖추게 되었다. 그리고 이러한 고려는 언제나 자바언어를 토대로 이루어졌다.

도이치은행으로 자리를 옮긴 지 반년 정도가 지났을 때 나는 포트폴리오최적화 프로그램이 아닌 새로운 프로젝트를 맡게 되었다. 주식스왑 거래를 수행하는 데스크에서 생산해내는 엄청난 규모의 데이터를 처리하기 위한 소프트웨어의 GUI 클라이언트 시스템을 처음부터 개발하는 프로젝트였다. 그런데 흥미로운 점은 이 프로젝트가 자바언어로 진행되는 프로젝트가 아니라 C#으로 진행되는 거라는 사실이었다. 월스트리트 은행들 사이에서 하나의 유행처럼 확산하고 있는 C#/WPF 클라이언트에 자바 서버라는 공식이 도이치 은행의 소프트웨어 시스템에도 적용된 탓이다. 어릴 때부터 사귀어온 친구처럼 익숙하고 편안한 자바언어가 아니라 처음부터 새로 배워야 하는 C#언어와 여러 가지 낯선 개념을 포함하고 있는 WPFWindows Presentation Framework 라이브러리를 이용해서 프로젝트를 수행하는 것은 새로운 도전이었다. 선택의 기회는 있었다. 이 GUI 클라이언트를 재작성하는 프로젝트 대신 순전히 자바언어로만 이루어진, 복잡한 알고리즘을 이용해서 도이치은행이 고객으로부터 받아야 하거나 아니면 지급해야 하는 현금흐름을 계산해내는 소프트웨어를 작성하는 프로젝트를 선택할 수도 있었다. 하지만 나는 새로운 도전을 하기로 마음을 먹었다.

C#언어는 기본적으로 C, C++언어의 맥을 이으면서 자바언어와 같이 가상기계 위에서 동작하는 객체지향 언어다. 거칠게 말하면 C#은 자바와 동일한 언어인데, 거기에 약간의 동적프로그래밍 기능과 C++로부터 상속한 문법적 기능이 가미되어 있다. 객체지향적인 개념, 예외처리exception handling, 가비지컬렉션garbage collection, 데이터구조 등 너무나 많은 부분이 자바언어와 닮았기 때문에 자바에 익숙한 나로서는 별도의 학습기간 없이 곧바로 C# 프로그래밍을 수행할 수 있었다. 자바에서의 스윙에 해당하는 WPF의 경우는 기초적인 과정을 익히기 위해서 1, 2주 정도의 시간이 필요했다. 빌 왜그너Bill Wagner의 〈Effective C#〉을 읽으면서 많은 도움을 받았고, WPF는 웹사이트나 유투브의 동영상을 보면서 조금씩 지식을 넓혀나갔다. 흔히 하는 말로 '맨땅에 헤딩하는' 기분이 들 때가 잦은데, 자바 이외의 새로운 언어를 심도 있게 공부하면서 자바 자체에 대해서 새롭게 깨닫게 되는 부분도 많았다. 자바나 C# 중에서 어느 한 쪽만 사용하고 있는 프로그래머

가 있다면 다른 언어도 한 번 공부해 볼 것을 권하고 싶다.

내가 이 글을 쓰고 있는 시점은 2011년 5월이다. 내가 C#을 본격적으로 이용하기 시작한 것은 2011년이 시작되면서부터였으므로 아직 반년이 되지 않았다. 그렇긴 해도 우리가 작성한 GUI 프로그램은 제법 프로페셔널한 GUI의 모습을 갖추고 필요한 기능을 수행하기 시작하고 있다. 내가 만든 소프트웨어가 생명을 부여받은 존재처럼 동작하는 것을 바라보면서 느끼는 성취감이란 대단하다. 지금 나는 홍콩에 있는 프로그래머, 인도에 있는 아웃소싱 회사의 프로그래머들과 원격으로 통신을 하면서 프로젝트를 수행하고 있다. 그들에게 할 일을 지정해주고, 그들이 작성한 코드를 검토하고, 함께 버그를 잡고, 설계에 관한 토론을 진행한다. 하루 8시간 일하는 중에서 거의 7시간을 설계와 코딩으로 보내고 나머지 1시간 정도는 다른 사람들과 커뮤니케이션 하는 데 보내는 것 같다. 이런 생활이 즐겁다.

● 얼마 전에 인터넷에서 CBS 라디오 "시사자키 정관용입니다"라는 프로그램에 나와서 인터뷰를 수행한 안철수 교수의 이야기를 정리해 놓은 글을 볼 기회가 있었다. 라디오를 직접 들은 사람도 있겠지만, 프로그래밍을 수행하는 우리에게 시사하는 바가 많은 이야기이므로 여기에 직접 인용을 해 보겠다.

"대기업 하청 구조 내에서의 문화, 그리고 또 삼성기업, 삼성전자 내부에서도 소프트웨어 하는 사람들이 제대로 대접을 못 받습니다. 예전에, 아주 오래전 이야기인데요, 예전에 그런 말을 들은 바가 있습니다. 어떤 전자회사 임원분한 분이 제 발표를 들어보시더니 그러시더라고요. 제가 했던 발표라는 게 앞으로 산업분야별로, IT 분야가 어떤 식으로 발전할 거라는 산업 전망 세미나에서 제가 하드웨어, 소프트웨어, 인터넷 서비스 이런 식으로 나눠서 발표했더니, 그분이 쉬는 시간에 저한테 오셔서 분류를 바꾸었으면 좋겠다고 그 말씀을 하세요. 그러면서 그분 말씀이 하드웨어와 소프트웨어가 같은 비중이 아닌데, 소프트웨어는 하드웨어 구동시키는 하나의 부속품에 불과한데, 그걸 동등하게 분류를 하면 사람들이 오해하니까 대분류에서 소프트웨어를 빼 달라는 겁니다. 실제로 이게 참, 지금은 어이가 없지만, 그 당시에 진지하게 그 말씀을 하셨거든요."

안철수 교수에 의하면 이것은 2004년에 있었던 일이라고 한다. 한국에서 소프트웨어나 프로그래밍이라는 직업에 대한 인식이 왜 이렇게 열악하게 되어 버린 것인지 나는 잘 모르겠다. 내가 보기로 프로그래밍은 끊임없는 학습과 노력, 집중과 재능이 있어야 하는 고도의 전문직이며, 아무나 하고 싶다고 해서 할 수 있는 일이 아니다. 특별한 사람만 할 수 있는 일이라는 게 아니라 그만큼 많은 노력과 훈련과정이 필요하다는 의미에서 그렇다는 것이다. 그러한 일을 하는 프로그래머에게 정당한 대우와 존경을 보내지는 않을망정, 그들이 만들어내는 소프트웨어가 하드웨어의 부속품이라고 말하는 것은 어처구니없는 착각이며 언어적 폭력에 가깝다. 이제 중학교, 초등학교에 다니고 있는 딸들이 아빠는 회사에서 무슨 일을 하느냐고 물으면, 나는 언제나 아빠는 회사에 가서 놀아, 하고 대답을 한다. 논다는 것이 일을 하지 않고 빈둥거린다는 의미가 아니라 노는 것처럼 재미있고 신 나는 시간을 보내다가 온다는 의미다. 정말 그렇다. 한국에서도 그렇게 즐겁고 행복하게 프로그래밍을 수행하는 사람들이 분명히 많이 있을 것이다. 하지만 더 많은 프로그래머가 자신의 직업에 대해서 회의를 품고 있는 것 같아서 안타깝다.

이렇게 미국의 현실과 한국의 현실 사이에 존재하는 괴리감은 나로 하여금 이번 글을 쓰는 데 있어서 어려움으로 작용했다. 하지만 한국의 후배 프로그래머들에게 앞으로 걸어갈 수 있는 여러 가지 가능성 중에서 하나를 보여준다는 차원에서 소박하게나마 나의 경험과 생각을 이야기했다. 한국의 관점에서 보았을 때 이제 40세가 넘은 내 나이는 현역프로그래머로서의 정년을 넘긴 것처럼 보일지도 모르겠다. 실제로 한국에서는 40세가 넘은 현역프로그래머는 찾아보기 힘든 것으로 알고 있다. 그렇지만 나는 조금도 그렇게 생각하지 않는다. 나는 여전히 배우고 성장한다. 새로운 소프트웨어를 만들고, 버그를 잡고, 새로운 기술을 익히는 과정을 온몸으로 즐기는 열혈현역이다. 나의 꿈은 훗날 나이가 많이 들어서 은퇴를 할 때까지 지금처럼 프로그래밍을 하면서 살아가는 것이다. 회사에서의 위치가 달라져서 잠시 다른 일을 하게 되는 상황이 된다고 해도 프로그래밍을 완전히 손에서 내려놓을 생각은 없다. 새롭게 등장하는 기술이나 언어의 동향을 관심 있게 지켜보고, 나의 프로그래밍 기술을 더 날카롭게 벼리는 일을 그만두고 싶은 마음이 조금도 없다. 현업 프로젝트를 수행할 만한 체력이 되지 않는 상황이 되면, 동네에 있는 커뮤니티 칼리지community college나 다른 공공 프로그램을 통해서 프로그래밍을 가르치는 일을 하면서라도 계속 프로그래밍을 하고 싶다.

나는 한국의 프로그래머들에게도 지금의 내가 누리고 있는 선택이 가능해지기를, 그런 날이 오기를 진심으로 희망한다. 프로그래밍이라는 일에 대한 사회의 인식과 대우가 정당한 위치를 찾아가고, 나이가 들면 원하지 않는 관리직 업무를 해야 하는 것이 아니라 백발이 성성해질 때까지 키보드 앞에서 피를 흘릴 수 있는 날들이 오기를, 그런 사람들이 많아지기를 희망한다. 나이가 지긋한 부장님이 주말에 과장들을 집합시켜서 출석을 점검하는 따위의 비생산적인 일에 몰두하는 것이 아니라, 스물다섯 살 신입사원과 함께 C#언어의 동적프로그래밍 기능에 대해서 토의하고 설계패턴에 대해서 논의하는, 그런 날들이 오기를 바란다. 직장을 다니는 프로그래머들이 낮에는 야근할 작정으로 시간을 허비하고 저녁이 되면 밥을 먹고 야근을 하면서 몇 시간을 더 허비하는 무의미한 날들을 보내는 것이 아니라, 낮 동안에 전력을 다해서 프로그래밍을 수행하고 저녁이 되면 곧바로 집으로 돌아가서 내일을 위한 힘을 충전하는, 그런 날들이 오기를 희망한다. 밤마다 술을 마시며 육체적, 정신적 에너지를 고갈시키는 것이 아니라, 친구들과 만나서 세미나를 하고, 집에서 책을 읽고, 취미로 프로그래밍을 하면서 지식의 폭을 넓혀나가는 그런 날들이 오기를 바란다. 그리하여 프로그래머가 머리로는 아무런 생각을 하지 않은 채 손으로는 다른 코드를 베껴다 붙이는 기계적인 일을 반복하는 것이 아니라, 회사에서 던져주는 사용자 요구사항만 근근이 충족시키는 것이 아니라, 프로그래밍이라는 일이 사실은 예술에 가까운 창작의 과정이라는 점을 깊이 자각하고, 자기가 써내려가는 코드의 질적 수준에 대해서 마치 도자기를 굽는 장인처럼 아프게 집중하고, 성실하게 근심하고, 온 힘을 다해 자존심을 거는, 그렇게 기쁨을 느껴나가는 날들이 오기를, 진심으로 희망한다. 마침내 그런 날이 되었을 때, 우리나라는 비단 프로그래머만이 아니라, 모든 국민이 건강한 희망 속에서 기쁜 마음으로 살아가는 나라가 되어 있을 거라고 나는 믿는다.

Story 02

제2의 인생, 컨설턴트의 길

_오병곤

마흔, 인생으로의 두 번째 여행 _ ● 지난 10년, 나는 IT 분야 외길을 걸어왔지만, 격랑의 시기를 보냈다. 프로그래머에서 시작하여 업무 분석가, 설계자를 거쳐 프로젝트 관리자(이하 PM)까지 젊음의 시간을 다 바쳤다. 기술사에 도전하여 만 1년 만에 자격을 취득하기도 하였고, 구본형 변화경영 연구원 활동을 하면서 독서와 집필에 몰두하기도 하였다. 마침내 내 인생의 첫 책을 써내는 감격의 순간을 맛보기도 하였다. 전산시스템을 개발하는 업무에서 품질업무로 전환하면서 새로운 세계를 접하게 되었다. 시스템을 개발하는 업무가 전문성에 초점을 맞춘다면 품질 업무는 좀 더 보편적, 체계적으로 일을 수행하는 데 중점을 둔다. 이 일이 인연이 되어 현재는 프로세스 혁신Process Innovation 컨설턴트의 길을 걷고 있다. 어찌 보면 나의 삼십 대는 성취의 시절이었다. 아니, 성취 없이 보내기는 힘든 시절이었는지 모른다.

마흔이 되면서 나는 젊음의 마법이 끝났음을 뒤늦게 깨달았다. 급속히 조로해지는 나이가 마흔이었다. 현실과 타협할 수밖에 없는 모습에 초라해지기도 하고 또 새로운 희망을 마지막으로 꿈꿔보는 시기가 마흔이다. 그러나 분명한 것은 밥벌이의 끈을 쉽게 놓기 어려운 나이가 또한 마흔이다. 주위의 사람들이 내게 말하기를 스펙도 좋고 전문성도 키워 놓았는데 뭐가 걱정이냐고 말하지만 나 역시 무거운 짐을 지고 있는 낙타의 삶을 여전히 살고 있다는 점을 부인하기 어렵다.

마흔을 힘들게 하는 것은 그동안 의무적으로 살아왔던 삶의 궤적을 보면서 자신만의 세계가 없다는 부끄러움이다. 그래서 앞으로 살아가야 할 날들이 불안하고 자신 없어 보인다. 한때 나는 마흔은 막연하게 인생 2막이 시작되는 시기라고 생각했었다. 한 번의 기회를 더 모색하기 위한 그런 때라고 생각했었다. 그러나 나의 경험에 의하면 마흔은 인생 2막과 같은 연극이 아니다. 이 시기는 인생 후반부의 삶의 질을 좌우할 결정적 시기다. 마흔은 주체적으로 살지 못하고 수동적으로 타인의 삶을 따라 살았던 상실의 시대를 회복할 수 있는 마지막 기회이다.

사막의 낙타에서 어떻게 독립적인 사자로 거듭날 것인가? 이것이 현재 나의 화두다. 직장이라는 울타리를 뛰어넘어, 나만의 세계를 창조하는 과정에 나는 서 있다. 그러기 위해서는 나의 지난날을 되돌아보고 미래를 모색하는 것이 당연한 절차다. 지난 십 년을 돌이켜 보니 수많은 사건과 사연들이 주마등처럼 스쳐 지나간다. 분명 필연적인 과정이었고 현재와 미래의 모습에 영향을 미치고, 미칠 것이라 확신한다.

마흔은 인생으로의 두 번째 여행이 시작되는 시점이다. 직장을 뛰어넘어 사회적으로 인정받는 위치로 발돋움해야 하는 시기다. 더 늦기 전에 나의 모든 것을 걸어 변화해야 하고 자신이 잘할 수 있는 것을 찾아내어 1만 시간의 투자를 통해 비장의 무기를 개발해야 한다. 그리고 자신의 평생직업을 찾아내야 한다. 이것이 지난 십 년을 돌아보며 얻은 소중한 깨달음이다.

터닝포인트, 내가 잘할 수 있는 것은? – 프로그래머에서 프로젝트 관리자로 _ ● 나는 대학에서 인문학을 전공한 프로그래머였다. 직장 초기는 IT 기획 및 구매 업무를 맡았으나 전직을 하면서 낯선 길로 접어들게 되었다. 아무것도 모르는 상황에서 프로그래머의 길로 들어섰다. 오라클Oracle이 뭔지, 스토어드 프로시저Stored Procedure가 뭔지, 그저 먼 나라 이방인의 이야기로만 들렸다. 그래도 제 딴에 자존심이 있었던지 아는 체를 하곤 했지만 내심 늘 마음 한쪽에 불안이 자리 잡고 있었다. 그나마 내가 잘 구사할 줄 아는 언어는 델파이Delphi였다. 당시 사내에서는 파워빌더Powerbuilder는 많이 썼지만, 델파이를 써본 사람은 거의 없었기에 델파이로 진행하는 프로젝트는 매번 핵심 멤버로 투입되었다. 경북 김천, 경기도 파주, 안산, 강원도 강릉 등 지방생활을 전전하며 프로그래머의 길로 점점 깊숙이 빠져들었다.

매일 밤늦은 시간까지 프로그래밍을 하면서 미처 예상치 못했던 로직을 발견하는 희열을 아직도 잊지 못하고 있다. 하지만 홀로 고독과 마주하며 묵묵히 시간과 싸움을 해야 하는 그 일이 과연 나의 적성에 맞는 일인가라는 의문은 시간이 갈수록 점점 커져갔다. 또 회사에서는 경력이 쌓일수록 프로그래머의 일을 뛰어넘어 업무 분석가, 설계자로의 일을 요구하고 있었다. 난생처음 분석, 설계 업무를 시작하면서 제임스 마틴James Martin의 〈정보공학 방법론〉을 접하게 되었는데 그때의 신선한 충격은 이루 말할 수 없었다. 그동안 나는 주먹구구식으로 소프트웨어를 개발했다는 자괴감이 물밀 듯이 몰려왔다. 나는 주로 유통, 물류 업무시스템을 개발했다. 업무를 분석하면서 비즈니스 프로세스 리엔지니어링BPR, 데이터베이스 모델링에 점점 흥미를 갖게 되었고 내가 모르는 업무를 하나씩 분할과 정복Divide and Conquer해 나가면서 일의 흥미를 느끼게 되었다. 이런 과정은 고객과의 커뮤니케이션이 필수적으로 요구되었는데, 나는 먼저 비즈니스의 속성에 대해 이해를 해야 했다. 업무를 배우면서 제일 먼저 비즈니스 용어 사전을 만들고 그들의 언어를 이해하려고 했다. 또한, 업무가 어떻게 흘러가는지를 Flow Chart로 구현하고 예외적인 사항은 없는지, 더 좋은 업무 처리 방식은 없는지를 새로운 시각으로 바라보았다. 고객의 요구사항을 시스템 요구사항으로 전개하면서 요구사항을 효과적으로 구현할 수 있는 프로세스 구조와 데이터 구조를 세우면서 나의 완벽주의적 성향을 깨닫게 되었다. 특히 데이터 구조를 ERD[Entity Relationship Diagram]로 설계하면서 정규화를 통해 정교화하는 과정은 논리적인 사고를 키워주었다.

2003년 모 패션회사의 ERP 시스템 구축 프로젝트는 나에게 또 다른 업무를 배우게 한 계기였다. 선릉역 근처 사무실에 있는 프로젝트 룸은 매우 열악했다. 지하 한구석에 마련된 프로젝트 룸은 재단실 옆에 있었는데 먼지가 계속 흩날려 공기가 탁했다. 흡사 7,80년대 봉제공장을 방불케 했다. 이런 상황에서 일을 계속 하다가는 건강이 악화할 듯하여 담배를 끊었다. 그러나 프로젝트는 시작부터 삐걱거렸다. SI 프로젝트 대부분이 그렇듯이 고객은 마티즈 값을 주면서 그랜저의 성능과 볼륨을 요구했다. 당시 프로젝트를 수행한 PM은 완강하게 반대했지만, 영업의 논리에 의해 진행할 수밖에 없었다. 그러다 보니 고객의 요구사항을 수용하기 위해서는 몸으로 때울 수밖에 없었다. 월화수목금금금이 반복되었고 점점 지쳐가기 시작했다. 나는 프로젝트에서 핵심적인 영업관리 시스템 개발 책임을 지고 있었는데 이런 상황에서 어떻게 일을 잘 끝낼 수 있을까라는 고민이 머릿속을 계속 맴돌았다.

우리 팀원들은 프리랜서를 포함해서 8명이었는데 그들이 제대로 일할 수 있도록 환경을 만들어 주는 게 나의 주된 임무라고 판단했다. 나는 그들 스스로 일을 계획하고 프로그래밍을 하게 했다. 최대한 자율성을 주려고 했고 성과 중심으로 체크했다. 밤늦은 시간에는 근처 가게에서 통닭과 맥주를 사서 간단한 파티도 했다. 점심시간에는 김밥을 사서 공원에 소풍을 가기도 했다. 고객과 회의할 때는 최대한 개발자로서 의견을 개진하려고 했고 이슈 상황이 발생할 때는 가급적 신속하게 의사결정을 내려 주려고 노력했다.

그러던 어느 날, 프로젝트 PM과 고객사 PM이 업무적인 이슈를 가지고 크게 싸웠다. 험한 말이 오가면서 감정이 격해졌고, 급기야 회사 경영층에 보고가 될 정도로 일이 커졌다. 누구의 잘잘못을 떠나서 결과적으로 프로젝트 PM이 교체되었다. 프로젝트 종료를 몇 달 남겨두고 PM이 무주공산이 된 초유의 사태가 발생한 것이다. 공석이 된 PM 업무를 회사에서는 원격에서 지원하면서 해결하려고 하였지만 분명 이전과는 차이가 있었다. 자연스럽게 내가 PM 위치에서 일하게 되었다. PM 입장에서 일하다 보니 PM이 참 외롭고 힘든 직무라는 생각이 들었다. 왜 PM을 피(P) 터지게 매(M) 맞는 사람으로 부르는 지 비로소 이해가 되었다. 제일 먼저 프로젝트팀을 재정비했다. 프로젝트가 제대로 끝나기 위해서는 남은 기간 어떻게 해야 하는지를 팀원들에게 설명했다. 그리고 할 수 있다는 믿음을 심어주려고 했다. 팀원 한 사람 한 사람에게 관심을 두고자 노력했다. 내가 먼저 솔선수범하는 모습을 보여주려고 했다.

마침내 프로젝트를 무사히 끝냈다. 프로젝트를 철수하기 전에 고객사와 함께 회식을 했다. 고객사 PM과 폭탄주 원샷을 했다. 그동안 서운했던 이야기, 아쉬웠던 이야기를 진솔하게 나누었다. 여기까지 말없이 따라와 준 팀원들이 고마웠다.

프로젝트를 반추하면서 나는 PM이라는 직무가 의외로 나에게 적합하다는 생각을 처음으로 해보게 되었다. 개발자에게 요구되는 역량이 논리력과 창의적 사고라면 PM은 종합적인 관리 능력과 함께 리더십 역량이 요구되는 직무다. 그래서 어느 정도 연수가 차면 누구나 PM이 되는 것은 위험하다. 그런데 현실에서는 어느 정도 고참이 되면 PM으로 내몰리게 된다. 바람직하지 못한 모습이다. 개발자 시절에는 뛰고 날던 사람이 PM이 되고 나서는 돌변하고 망가지는 모습을 나는 여러 번 목격하였다. 그들은 술자리에서 "왕년에 내가…"라는 말 뒤로 숨는다. '왕년에'라는 단어에 젖어 있는 사람은 늙어서 자기 뜻만 고집하는 좀스러운 노인과 닮아있다. 나는 감히 말한다. 리더가 되고 싶으면 PM의 길을 가라고. PM은 오케스트라 지휘자와 닮아 있다. 전체를 지휘하면서 개별 연주자를 절대 무시하지 않는다. 연주자의 역량을 최대한 끌어올리도록 배려하면서 작품을 만들어 낸다. 나는 현장의 개발자에서 출발하여 자신의 역량을 좀 더 키워 PM의 길을 걷는 사람이 지금보다 더 많아지길 희망한다. PM 한 사람이 프로젝트의 성패를 좌지우지하는 경우가 많기 때문이다. 물론 자신의 기질과 역량이 개발자보다 관리자나 리더가 더 적합한 경우라고 판단된다면 말이다.

시련 – 일에 세게 치이다 _ ● 그러나 나의 30대는 여전히 불안의 시기였다. 불안은 불안에 대한 불안이 아니고 그 무엇이랴? 2년여 가까이 계속된 지방 근무와 만성적인 야근으로 심신이 극도로 피로해져 급기야 공황 장애가 찾아왔다.

어느 날, 나는 야근을 하기 위해 추어탕을 먹고 사무실로 들어오고 있었다. 건물로 들어서는데 갑자기 온몸의 힘이 빠지고 어질어질했다. 그대로 계단에 주저앉았다. 나는 저녁을 잘못 먹어서 체한 줄 알고 손가락을 땄다. 그렇지만 쉽게 가라앉지 않았다. 불안과 공포가 엄습해왔다. 급기야 택시를 타고 응급실로 갔다. 병원 의사는 별말이 없었다. 링거를 한 대 맞고 퇴원했다. 하지만 그때가 병의 시작이었다는 것을 알기까지는 그리 오래 걸리지 않았다.

그 후로도 몇 번 발작 같은 증상이 계속되었다. 곧 죽을 것 같다가도 응급실에 가서 누워 있으면 괜찮아지는 현상이 반복되었다. 심란하고 우울했다. 병원에 가서 종합진단을 받기로 했다. 혈압, 내시경, 심전도 등 모든 검사를 받았지만 정상이었다. 미치고 환장할 노릇이었다. 증상은 더 심해졌다. 극도로 신경이 날카로워졌다. 출퇴근하기가 힘들었다. 전철을 타면 갑갑해서 뛰어나가고 싶었다. 5층 이상 높은 건물에 올라가면 고소공포증이 온몸을 휘감았다. 결근이 잦아졌고 출근을 하더라도 전철에서 부축을 받아야만 했다.

희뿌연 구름이 잔뜩 하늘을 덮은 어느 오후, 속이 안 좋아 내과를 찾았더니 병원 의사는 신경정신과를 찾아갈 것을 권유하였다. 나는 그 당시 유명하다는 한 정신과를 찾아갔다. 의사는 '공황장애panic'라고 판정하였다. 공황장애를 인터넷에서 검색해보니 '인체를 보호하기 위해 일어나는 일종의 투쟁, 도피반응으로 응급반응의 일종인데, 실제적인 위험대상이 없는데 일어난다. 죽거나 미치거나 자제력을 잃을 것 같은 공포감이 동반될 수 있다.'라고 쓰여 있다. 맞다. 난 곧 나에게 죽음이 들이닥칠 것 같은 불안에 계속 살고 있었다. 나는 매일 끝없는 절망으로 추락하고 있었다. 의사는 약물치료와 인지행동치료를 병행하면 완치될 수 있다고 말했지만 나는 그 말을 신뢰할 수 없었다. 인터넷에서 공황장애를 겪고 있는 모임에 가입해서 게시판을 샅샅이 훑었지만, 희망을 찾을 수 없었기 때문이다.

아주 증세가 심했던 어느 퇴근길에, 나는 의사가 처방해준 약을 하나 먹었다. 금세 불안감은 사라졌지만, 다리 힘이 확 풀리고 기운을 차릴 수가 없었다. 나는 길바닥에 주저앉았다. 눈물이 하염없이 흘러내렸다. 그대로 엎드렸다. 한동안 일어설 수 없었다. 그때 내 마음속 깊은 곳에서 큰 울림이 일렁거렸다. '내 앞의 인생의 문이 닫힐 때 너무 오래 머무르지 마라. 두드리지 마라. 뒤돌아서 다시 가다 보면 새로운 인생이 열릴 것이다.'

아침에 일어나니 몸이 너무 무거웠다. 출근하지 못하고 다시 잤다. 오후 늦게 일어났다. 창 밖으로 지나가는 사람들의 모습을 보고 있는데 눈물이 왈칵했다. 사람들 사이에 끼지 못하고 홀로 빈방에 앉아 한숨만 쉬고 있는 내 모습이 처량했다. 하늘이 노랗게 변해갔다. 저녁이 되니 증세가 점점 악화되었다. 도저히 참을 수가 없어 동네 약국에 갔다. 약사는 맥을 짚더니 한방 치료제를 조제해 주었다. 희한하게 별로 기대하지 않았던 그 약을 먹고 증세가 조금씩 호전되었다. 때마침 기천문氣天門이라는 전통무예를 알게 되었다. 기천문은 내 영혼의 맥脈이다. 기천문으로 인해 심신은 한층 안정을 찾아갔다.

사람들은 극도의 불안감에 휩싸이면 전혀 그 문제 해결과 관계가 없는 일을 하면서 '잘 될 거야'라는 근거 없는 낙관주의에 빠진다. 나 역시 그랬다. 이유를 알 수 없는 불안과 공허함이 종종 가슴을 휘감을 때 나는 회피라는 방법을 선택했다.

군중 속으로 파고들었지만 나는 혼자였다. 그렇지 않으면 '닦고 조이고 기름치자'라고 외치면서 성급하게 불안에서 탈출하려고 했고 그럴듯한 목표를 세우고 불굴의 의지로 돌파해야 한다는 강박증에 시달렸다. 정당한 고통을 직면해야지 그것을 회피하면 반드시 대가를 치른다. 그 누가 대신할 수 없다. 불편한 순간에 잠시 멈추고 있는 그대로 내 불안을 한번 바라보자. 정말 뭐가 얼마나 불안한지 일단 직면해야 한다. 그 과정 없이는 본질에 다가갈 수 없다. 나는 믿는다. 막다른 길에서 만나는 깨달음은 무엇에 비할 수 없는 강력한 자기통찰로 연결된다는 것을.

나는 제 몸 하나 소중히 돌보지 못했음을 통감하고 홀로 재충전의 시간을 보냈다. 그렇지만 이 불안을 잠재워줄 수 있는 어떤 계기가 나에게 절실히 필요했다. 업계 최고의 자격증인 기술사 시험에 도전하기로 마음먹었다.

성취 없이 견디기 힘든 시절 – 기술사 도전기 _ ● 솔직히 말하자면 기술사 공부를 시작하자마자 벽에 부딪혔다. 과연 내가 합격할 수 있을까? 지금 하고 있는 프로젝트도 바쁜데, 더구나 몸도 제 상태가 아닌데 무모한 짓을 하고 있는 건 아닐까? 나약한 마음이 고개를 들었다. 하지만 이 상태에 머물러 있다가는 그저 그렇게 살아가게 되리라는 것 또한 명약관화했다. 먼저 기술사 선배에게 자문했다. "포기하지 않으면 합격한다." 선배의 첫 마디였다. "회사 일 다음으로, 아니 회사 일만큼 비중을 두고 집중적으로 공부해라." 선배의 조언이 오히려 긴장감을 불러일으켰다.

마침 회사에서 기술사 시험 지원자 모집 안내문이 게시되었다. 전체 20명이 지원했는데 운 좋게도 나를 포함해서 2명만이 선발되었다. 학원 수강료 150만원과 시험 응시료를 지원받았다. 학원에 다니면서 선배 기술사의 강의를 듣고 대략 시험 범위를 알게 되었다. 딱히 정해진 범위가 없었으나 대략 경영정보 기술, 최신 기반 기술, 소프트웨어 공학, 데이터베이스, 네트워크, 플랫폼의 6가지 카테고리로 구분할 수 있다는 것을 알게 되었다. 나는 SI 프로젝트를 주로 해왔기에 나름대로 소프트웨어 공학, 데이터베이스, 경영정보 기술에 대해서는 자신이 있었지만, 그 외의 분야는 생소했다. 일단 조직응용 분야보다는 정보관리 분야를 지원하는 게 낫겠다는 판단이 들었다.

당시 나는 그룹 계열사의 종합택배시스템 프로젝트를 수행하고 있었는데 택배 업무의 핵심인 집하와 배송 업무의 프로젝트 리더를 맡아 야근이 잦았다. 그래도 고정시간을 배치하지 않고서는 수험준비를 할 수 없다고 판단하여 적어도 10시에는 업무를 끝내고 집에 가서 3,4시간은 공부하는 데 할애하였다. 휴일에는 집 근처 독서실로 직행했다. 마치 대입 시험을 준비하는 수험생처럼 아침부터 밤늦게까지 공부를 했다.

기술사 시험은 여타의 다른 자격시험과 다르게 암기만으로 볼 수 있는 시험이 아니다. 워낙 범위가 넓고 문제 출제 방식도 단순 지식에 대한 이해가 아니라 개념을 정확하게 이해하고 있는지, 경험은 있는지, 자신만의 논리가 있는지를 살펴보는 종합적인 사고를 요하는 문제가 다수 출제되기 때문이다. 그래서 핵심 기술이나 트렌드에 대한 확실한 이해가 선행되어야 한다. 특히 자신이 경험하지 못한 분야의 기술은 더욱 그렇게 해야 한다. 나는 하드웨어, 소프트웨어 플랫폼이나 네트워크에 대한 분야는 접해 본 적이 거의 없어서 이 분야를 정복해 나가기가 쉽지 않았지만, 핵심을 이해하려고 다각적으로 노력했다.

IT 분야의 기술을 이해하기 위해서는 분할과 정복Divide & Conquer을 통해 최상위 개념에서 하위 개념으로 전개하여 이해하는 게 좋다. 마인드 맵Mind map 툴을 활용하면 효과적이다. IT 분야의 전체 숲을 이해해야 각개 격파가 수월해진다.

관련 기술을 공부할 때 주변의 연관 기술을 함께 고려하는 것이 이해하기 쉽다. 예를 들어 클라우드 컴퓨팅Cloud Computing이란 개념을 이해하려면 호스팅 서비스Hosting Service나 그리드 컴퓨팅Grid Computing을 함께 연관 지어 생각하면 좀 더 쉽고 풍부하게 이해할 수 있다. 또한, 자신의 직, 간접 경험을 충분히 응용하여 기술을 이해하는 것이 좋다. 단순히 이론과 원리에만 국한하지 않고 기술의 구체적인 모습, 현실 가능성과 한계 등을 체험적으로 이해할 수 있다. 만약 본인이 접한 기술이 아니라면 구체적인 사례를 찾아보거나 그 기술이 현실화되었을 때의 모습을 상상해 볼 수도 있다.

그러나 무엇보다 기술사 시험은 본인만의 차별화된 포인트가 있어야 합격할 수 있다. 응시자는 대부분 전문 기술사 양성 기관을 통해서 수험 준비를 하기 때문에 교재 내용이 엇비슷하여 변별력이 떨어질 수 있다. 차별화의 핵심 포인트는 자신의 생각으로 자신의 언어로 표현하는 것이다. 해당 기술에 대해 자신만의 창의적인 견해, 경험, 최신 정보 등을 두드러지게 표현하는 것이 좋다.

마지막으로 공부한 내용을 정리한 후 무의식에 담는 작업이 굉장히 중요하다. 기술사 시험은 제한시간 내에 많은 분량을 써내야 하는 것이 기본이다. 시간이 없어서 문제를 다 풀어내지 못하면 헛수고가 될 뿐이다. 그래서 쓰는 연습이 굉장히 중요하다. 역설적으로 잘 쓰려면 많이 읽어야 한다. 그리고 많이 생각해야 한다. 읽지 못하면 쓸 수 없고 생각하지 않으면 깊게 쓸 수 없다. 나는 한 주제에 대해 여러 번 쓰는 연습을 했다. 쓸 때마다 내용이 달라지지만 쓸수록 자신의 스타일을 교정해 나가면서 완성도가 높아진다. 그 중에서 우수한 것을 서브노트에 담았다. 그런 후에 반복적으로 서브노트를 읽으면서 무의식에 집어 넣었다. 기술사 시험은 충분히 문제에 대해 생각하고 정리해서 쓸 여유가 없다. 내 안에 잠든 키워드를 깨워 일필휘지로 내달려야 한다. 나는 서브노트를 요약해서 녹음했다. 출퇴근 시간을 포함해서 시간이 날 때마다 듣고 또 들었다. 이 방식은 나에게 잘 맞았다. 시험을 볼 때 효과를 톡톡히 보았다.

기술사 시험을 준비할 때 꼭 명심해야 할 명언이 있다. '독서는 정신적으로 충실한 사람을 만든다. 사색은 사려 깊은 사람을 만든다. 그리고 논술은 확실한 사람을 만든다.' 라는 벤자민 프랭클린의 말이다. 그리고 다음 세 가지 단계를 꼭 기억하라.

- 정리하기: 1) 엄선된 자료 수집 2) 정독 3) Keyword 도출 4) 서브노트 정리
- 생각하기: 1) 논리 전개 훈련 2) 차별화
- 쓰기: 百見目不如一作(백번 보는 것보다 한번 쓰는 게 낫다), 포장도 기술이다.

기술사 시험에 합격한 후 급격히 달라지는 건 없었지만 분명 변화가 있었다. 업계 최고의 자격증을 취득함으로써 어떤 난공불락이라도 돌파해 나갈 수 있다는

자신감이 커졌다. 주위에서 '오기술사님'이라고 부르면 내가 전문가로 대접받는다는 느낌도 들었다. 그러나 전문가란 자격증, 학위도 중요하지만 스스로 평생 학습을 할 수 있는 능력을 갖추는 것이 제 1요건이다. 지식의 감가상각이 빠르게 진행되는 현대 사회에서 조로해지지 않기 위해 갖춰야 할 역량이 바로 평생 학습 능력이다. 기술사 시험은 지속적으로 공부하는 방법을 체득할 좋은 기회다. 또한, 기술사 시험을 통해 자신만의 필살기를 개발할 수 있는 실마리를 마련할 수 있다. 나는 소프트웨어 공학 분야가 흥미를 끌었다. 또한, 외연을 넓혀 IT와 비즈니스를 접목한 컨설팅 업무도 관심을 두게 되었고 실제로 해당 부서로 전환을 시도하기도 하였다. 일을 하면서 좀 더 자신이 잘할 수 있고 하고 싶은 일로 전환하는 데 큰 도움을 준다는 데 기술사 시험의 의의가 있다.

나는 IT 분야에서 어느 정도 경력을 쌓은 엔지니어들에게 기술사 시험에 꼭 한 번 도전해보라고 조언을 많이 한다. 경험해보니 자신이 처한 환경과 한계를 극복하고 이만한 실력 향상과 성취감을 가져다주는 것이 별로 없기 때문이다. 아직도 최종 합격 발표했을 때 아내와 함께 브라보를 외치고 기뻐했던 순간이 생생하게 떠오른다.

인문학과 IT의 크로스 오버 – 구본형 변화경영연구소 연구원 활동 _

● 2005년 초, 프로젝트를 마치고 본사 사무실로 철수한 후 차기 프로젝트를 준비하고 있었다. 시간적인 여유가 좀 있어서 인터넷 서핑을 하다가 구본형 변화경영연구소 홈페이지를 방문하게 되었다. 구본형 변화경영전문가는 IMF 직후

〈익숙한 것과의 결별〉(2007)이라는 책을 읽고 크게 감동하여 알게 된 분이었는데 이후에 내 인생의 스승이 되었다. 수수한 느낌의 홈페이지에는 변화경영연구소의 1기 연구원을 모집한다는 공지가 올라왔는데 왠지 모르게 직감적으로 클릭하게 되었다. 공지 내용은 다음과 같았다.

"일 년 동안 50권의 책을 읽고 50개의 칼럼을 쓰고 자기 관심사에 대한 프로젝트를 진행하는 연구원을 모집합니다. 학력, 자격사항, 성별, 나이에 제한은 없습니다. 다만, 자신을 표현할 수 있는 소개서를 A4 20페이지로 작성하여 제출하십시오."

설 연휴를 반납하고 자기소개서 작성에 집중했다. 자기소개서 20페이지를 쓰는 게 쉽지 않았지만 나 자신에 대해 오랜만에 성찰하고 연구해보는 좋은 시간이었다. 운 좋게 합격하였지만, 직장을 다니면서 일주일에 한 권의 책을 읽고 정리하고, 칼럼을 쓰고 오프라인 과제를 수행하기에는 불가능해 보였다. 하지만 내가 선택한 이상 포기할 수는 없었다. 슬기로운 방법을 강구해야만 했다. 먼저 고정시간을 할애하여 출퇴근 시간 2시간은 무조건 책을 읽는 데 할애했다. 책을 읽으면서 중요한 부분은 밑줄을 긋고 책 모서리를 접었다. 책을 읽으면서 떠오르는 생각, 아이디어 등은 책에 바로 적었다. 점심시간의 짬을 이용하여 읽은 책을 정리했다. 퇴근 무렵에는 정리한 내용을 출력하여 다시 음미하면서 내 언어로 정리하는 작업을 했다.

연구원 시작부터 만만한 책이 한 권도 없었다. 주말에도 시간을 투자해야 했다. 신영복 선생의 〈강의〉(1999) 책을 시작으로 인문학과 경영학을 넘나들며 고전을 읽고 정리했다. 책을 읽고 정리하면서 나는 저자의 관점에서 책을 읽는다는 것의 의미를 깨달았다. 책은 어떤 정보를 얻는 것이라기보다는 책의 저자를 곱씹어 가며 자신의 경험과 생각으로 이해하는 것이다. 그래서 독서는 맹자가 말한 것처럼 '잃어버린 나를 찾아가는 과정'이다. 책을 읽으면서 책의 저자를 조사하고, 책에 나오는 적절한 사례와 인용구를 정리하고 저자의 관점에서 리뷰를 하는 과정은 상당한 내공 향상을 가져왔다. 일 년의 활동을 하면서 나는 스스로 커다란 도약을 이루었다고 자부할 수 있었다.

일 년 과정의 후반부에는 각자 자신의 관심사를 다룬 책을 읽었는데 당시 나의 관심은 사람이었다. IT 분야에서 일을 해오면서 가장 아쉽고 취약하다고 생각했던 사람 중심의 가치와 활동에 대해 많은 고민을 하고 있었다. 열악한 환경에서 일하는 수많은 프로그래머의 모습이 안타까웠고, 프로그래머를 '가동률'이라는 공장에서 쓰는 표현으로 재단하고, 기계 부품처럼 인식하는 현상이 만연한 현실이 개탄스러웠다. 우연히 나는 〈피플웨어Peopleware〉(2003)라는 책을 읽게 되었는데 당시에는 신선한 충격이었다. "아, 내가 마음속 깊이 갈망했던 바람이 이것이었구나." 그 후에 스티브 맥코넬을 만났다. 그의 책은 나에게 등불과 같았다. 〈Professional 소프트웨어 개발〉(2003)을 시작으로 〈code complete〉(2002) 등 그의 책은 전부 찾아서 읽었다. 인간 중심의 소프트웨어 개발에 대해 깊이 배우고 깨달은 시간이었지만 한편으로는 왜 국내에는 이런 책이 없을까, 이런 롤 모델이 없을까라는 아쉬움이 남았다.

변화경영연구원 활동을 하면서 나는 인문학과 경영학의 광범위한 세례를 받고 깨달았다. 기술이 사람을 구원할 수는 없다. 기술보다 삶이 중요하다. 삶은 인문학의 힘이 바탕이 되어야 한다. 나는 IT와 인문학을 아우르는 분야를 앞으로의 관심사로 정하고 수많은 프로그래머에게 희망을 줄 수 있는 방법을 찾아 나서기 시작했다.

품질이 내게로 왔다 – 소프트웨어 개발 패러다임의 전환기 _

● 프로젝트 관리자로 현장에서 일하던 중 뜻하지 않은 전환의 기회가 찾아왔다. 당시 회사에서는 국제 품질 모델인 CMMI Capability Maturity Model Integration 기반의 표준 프로세스 구축과 CMMI Level 3 인증 획득, 그리고 프로젝트 관리 시스템 Project Management System 구축이라는 목표를 세우고 이를 수행할 적합한 사람을 찾고 있었다.

나는 직무 전환을 신청했다. 당시 나는 개발부서에 속해 있었는데 바로 자리 옆에 품질부서가 있어서 그들이 하는 일을 눈여겨볼 수 있었다. 품질부서에서 하는 일은 프로젝트에서 일을 제대로 수행할 수 있도록 표준과 프로세스를 구축, 개선하여 현장에 적용할 수 있도록 지원하고 사후에 프로젝트의 결과물을 검사하여 결함이나 이슈가 발생하면 적절한 시정조치를 취하도록 권고하는 것이었다. 그렇지만 일의 초점은 사후에 결함을 찾아내는 품질 통제 Quality Control 에 두고 있었다. 일이 형식적으로 진행되는 면이 적지 않았고 프로젝트 팀과의 마찰도 발생했다. 나는 엔지니어의 입장을 충분히 이해하고 있었기에 뭔가 다른 시각에서 품질 활동이 전개될 필요가 있다고 판단했다. 무조건 회사의 표준을 따르라는 방식보다는 실제로 그들이 필요하다고 느낄 수 있도록 가이드하고 설득하는 과정이 중요하다고 생각했다. 거시적, 미시적 관점에서 프로젝트를 조망하고 이에 관련된 지식과 기술, 테크닉을 정리하여 엔지니어에게 도움을 주는 이 일은 내게 매력적인 일로 느껴졌다.

우여곡절 끝에 품질부서로 이동한 후 팀을 이끌게 되었다. 주어진 과제를 수행하기 위해 품질팀 인력을 새로 충원하였다. 우리 팀은 전략 과제 추진과 함께 프로젝트 품질활동을 병행했다. 일과 중에는 프로젝트 현장을 다니면서 품질활동을 수행하였고 밤에는 회사 엔지니어들의 역량강화를 위한 자료를 발간하고 프로세스 개선 작업을 진행했다.

이 과정을 통해 나는 소프트웨어 개발에서 품질이 얼마나 중요한지를 깨달았고 납기와 비용에 희생당해 프로젝트 실패의 악순환이 반복되는 현실에 대해 깊이 고민하게 되었다. 프로젝트 현장은 여전히 주먹구구식으로 일을 처리하고 있었으며 개인 역량에 크게 의존하는 불안정한 모습을 보였다. 어떤 사람이 프로젝트에 투입되느냐에 따라 프로젝트 성패가 좌지우지되었다. 프로젝트에서 일하는 직원들의 모습도 수동적이었다. 위에서 지시하는 일만 처리할 뿐 자신이 만든 소프트웨어에 대해 책임을 지는 능동적인 모습은 찾기 어려웠다. 장인정신 근성은 사라졌다. IT는 빠르게 변해가고 있었지만 정작 그 울타리 안에서 일하는 직원들의 생각과 일하는 관행은 십 년 전과 별반 차이가 없었다.

대기업 계열의 회사를 제외한 대부분의 IT 회사의 품질 활동은 분석, 설계, 개발 단계가 끝난 후에 산출물을 대상으로 결함을 객관적으로 찾아주는 활동에 집중되어 있었다. 그나마도 결함을 조기에 탐지하여 발견하는 검증 활동Verification 보다는 테스트에 초점을 맞추었으며 개발 기간이 밀리게 되면 테스트 활동이 개발의 여유기간으로 대체되었고 최종 테스트는 실제 소프트웨어를 사용할 고객이 하게 되는 기현상이 발생하였다. 한마디로 말하자면 일의 비효율이 컸다. 일의 활동 자체에만 초점을 맞추다 보니 일이 제대로 진행되는지에 대한 점검 활동도 소홀해지고 일의 수행 결과에 대한 분석을 통해 개선과 예방 활동으로 이어지는 선순환은 기대하기 어려웠다. 구성원들이 처음부터 제대로 일을 수행하도록 지원하고 조언해주는 활동은 전혀 없었다. 또한, 시스템을 개발하면서 발생하는 이슈에 대해 표피적으로 접근하였고 실제 근본원인을 찾아내고 그 원인을 해결하기 위한 활동에는 신경을 쓰지 못했다.

우리 팀은 이런 상황을 정확히 인식하고 동분서주했다. 프로젝트 현장에 실제적인 도움을 주기 위해서는 문제해결능력이 무엇보다 필요했다. 프로젝트 품질 활동 결과를 정기적으로 팀원들과 공유했다. 주요한 이슈에 대해서는 함께 원인-결과 분석Cause-effect analysis과 브레인스토밍Brainstorming 등의 기법을 활용하여 대안을 찾아 제시하였다. 더불어 구성원들이 프로젝트 초기부터 제대로 일을 수행할 수 있도록 선진 모델인 CMMI를 기반으로 회사의 표준 프로세스와 개발 방법론을 구축하여 공표하였다. 무조건 강제로 프로세스를 이행하게 하는 방식보다는 엔지니어에게 왜 필요한지, 어떤 점이 도움될 수 있는지를 설득하는 방식으로 추진하였다. 모름지기 추진하는 주체가 이해와 확신이 뚜렷해야 성공할 수 있다고 믿었다.

약 3년 동안의 품질 부서에서의 활동은 나에게 품질에 대한 새로운 인식의 지평을 넓혀 주었다. 품질은 비즈니스의 본질적인 요소다. 납기와 비용, 이익은 비즈니스의 결과일 뿐이다. 우리는 고객이 원하는 것을 구현해 줌으로써, 즉 고객의 가치를 실현해 줌으로써 대가를 얻을 수 있는 것이다. 품질은 이제 제품의 결점을 발견, 해결하는 것보다는 고객의 요구사항을 충족시키는 관점으로 전환되어야 한다. 그리고 엔지니어도 자신이 만든 제품에 책임질 수 있는 태도와 실력이 회복되어야 한다. 결국, 품질에 대한 일차적인 책임은 만드는 사람의 몫이기 때문이다.

내일을 향해 써라 – 내 인생의 첫 책 쓰기

보일 듯 말 듯 가물거리는 안개 속에 쌓인 길
잡힐 듯 말 듯 멀어져 가는 무지개와 같은 길
그 어디에서 날 기다리는지
둘러보아도 찾을 수 없네

그대여 힘이 돼 주오
나에게 주어진 길 찾을 수 있도록
그대여 길을 터 주오
가리워진 나의 길을

– 유재하, 가리워진 길

어느 흐린 날 나는 주점에 앉아 있었다. 얼마 전 만난 친한 후배가 부른 노래가 떠올랐다. 그의 노래는 나를 향해 목놓아 부르는 노래였다. 나는 앞날이 보이지 않는 안갯속에서 고군분투하고 있는 그의 고민을 해결해 주고 싶었다. 시간이 한참 흘러갔다. 쓰고 싶었다. 무엇을 쓰고 싶었는지 실체를 정확히 알 수는 없었으나 미친년처럼 글을 쓰고 싶었다. 매일 조금씩 써내려 갔다. 하지만 내가 책을 쓸 수 있을 거라는 생각은 거의 하지 못했다. 책은 소위 말하는 교수나 변호사, 전문직 종사자들이 쓰는 것으로 생각했기에 엄두를 내지 못했다. 그러나 일 년이 지나 마침내 내 손에 책을 쥐게 되었다. 책의 주제는 'IT 개발자에게 새 길 터주기'였으며 〈대한민국 개발자 희망보고서〉(2007)라는 제목으로 출간되었다.

책이 배달된 토요일 오후, 나는 책을 한 권 들고 작은 방에 들어가서 환호성을 질렀다. 너무나도 감격스러워 눈물이 흘렀다. 우리 두 딸은 집으로 친구가 놀러 올 때마다 내 책을 꺼내 들며 자랑스러워했다.

"우리 아빠가 쓴 책이야. 나도 아빠처럼 멋진 동화책을 쓸 거야."

내가 아이들에게 큰 선물을 준 것처럼 가슴이 뿌듯했다. 책 출간 이후 케이블 방송 출연, 신문사 인터뷰를 했다. 내가 잘 알고 말하는 것인지 잠시 헷갈리기도 했지만 분명 색다른 경험이었다. 책 소문이 나면서 원고 청탁과 강연 요청이 들어왔다. 강연 준비를 하면서 책의 내용을 요약하고 짧은 시간에 임팩트있게 전달할 메시지를 준비했다. 회사에서 사내 강사로 활동하면서 어느 정도 강연에는 자신이 있었지만, 막상 책을 내고 무대에 서는 설렘과 떨림은 어쩔 수 없었다. 시간이 어떻게 지나갔는지도 몰랐다. 강연을 마치고 참석자들과 기념촬영을 하고 저녁식사를 했다. 나를 선생님이라고 불러 주었다. 여러 가지 질문이 쏟아졌고 나는 성심껏 대답을 해주었다. 내가 저자로, 전문가로 대우를 받고 있다는 느낌이 들었다. 그토록 열망했던 꿈이 이루어지는 순간이었다. 책 출간은 나에게 역사적 사건이었다. 내가 다시 태어난 듯한 기분이 들었다. 나는 그저 평범한 월급쟁이라고 생각했는데 내 안의 비범함을 발견했다. 내가 태어나서 가장 잘한 일 중의 하나를 꼽으라면 주저 없이 첫 책 쓰기라고 말할 수 있다. 그리고 직장인의 2/3는 책을 쓸 수 있다고 생각한다. 꼭 책을 출간하지 않더라도 쓰는 행위를 통해 많은 것을 이룰 수 있고 배울 수 있다고 확신한다.

돌이켜보면 직장에 들어감과 동시에 나의 쓰기는 멈추었다. 그리고 읽기도 같이 멈춰버렸다. 그러던 어느 날, 프로그래머로 전직을 하면서 끝이 보이지 않는 고생길이 시작되었다. IT에 일자무식인 내가 업무를 새로 배운다는 것은 쉽지 않은 일이었다. 동료직원들은 대부분 엔지니어 출신이라 나랑 커뮤니케이션이 원활한 편도 아니었다. 나는 탈출구를 찾아야 했다. 그때 시작한 게 쓰기였다. 나는 업무일지를 매일 썼다. 오늘 한 일에 대한 기록이기보다는 오늘 내가 새롭게 배운 지식과 경험에 초점을 두고 썼다. 이 기록은 업무에 빠르게 적응하게 해주었고 경험적 지식을 계속 축적할 수 있는 발판이 되었다.

국내 개발자들이 두려워하거나 귀찮아 하는 것 중의 하나가 아마도 글쓰기일 것이다. 실제로 나는 소프트웨어 개발에 필요한 문서 작성을 매우 싫어하는 것을 많이 보았다. 수년 전 영화관의 좌석 예약 및 발권 시스템을 개발하는 프로젝트를 지켜본 적이 있었다. 당시 프로젝트에 참여한 엔지니어들은 비즈니스와 제품에 대한 요구사항이나 프로그램 사양서Program Spec 작성에 대한 개념이 거의 없었다. 프로그램 사양서는 프로그램의 이벤트 처리 흐름과 데이터 구조를 연동하여 표현하는 핵심 문서다. 그러나 엔지니어 대부분이 자신이 설계한 프로그램의 기능과 성능에 대한 문서화를 하지 못하는 수준이었다. 심지어 시간도 부족한데 왜 그걸 작성해야 하느냐고 반문하였다. 제품에 대한 문서화 능력이 부족하면 결코 고급 엔지니어가 될 수 없다. 미국의 MIT를 비롯한 유수 대학에서는 엔지니어의 글쓰기를 필수 과정으로 개설하고 있는데 이는 쓰기를 통해 명쾌한 사고 능력이 생기게 되고, 이것이 연구 능력과도 직결되기 때문이다. 엔지니어는 글쓰기를 하지 않아도 된다는 것은 커다란 착각이다. 많은 엔지니어가 문서화 능력이 부족하고 커뮤니케이션 역량이 취약하다. 그래서 자신의 성과에 대해 낮게 평가받고 불이익과 미래의 기회에 대해서 손실을 당하고 있다. 기술보고서 작성 등 테크니컬 라이팅Technical Writing에 대한 교육 및 실전이 절실히 필요하다.

직장인을 대상으로 강의나 교육을 할 때면 나는 '오늘 내가 새롭게 배운 것은 무엇인가, 새롭게 시도한 것은 무엇인가'를 주된 내용으로 업무일지를 쓸 것을 강조한다. 그리고 가급적 그 내용을 동료와 함께 나누고 피드백하라고 조언한다. 일전에 PM 역할을 하면서 팀원들에게 업무일지를 쓰게 하고 지식관리시스템인 위키Wiki를 통해 내용을 공유한 적이 있었는데 지식의 선순환을 도모하여 팀을 학습조직으로 변모시키는 모범사례가 되었다. 지식의 공유와 피드백은 성장을 가속시킨다.

요즘 트위터나 페이스북 같은 소셜 네트워킹 서비스가 유행이다. 이제 온라인 공간에서 누구나 글을 쓸 수 있고 소통이 가능해졌다. 물론 나도 이 서비스를 자주 이용한다. 하루에 두 개 정도의 단문을 게시한다. 페이스북에는 일상의 기록, 트위터에는 주로 칼럼이나 감상을 게시한다. 온라인 공간에서의 쓰기는 내가 글을 쓰는 기초 단위이면서 소통의 창구가 된다. 다른 사람들과 통하는 기쁨은 매우 크다.

내가 쓴 책이 사람들의 책상에 놓여 있다고 생각하면 나는 마음이 따뜻해진다. 내 글이 읽는 이에게 한 줄기 위로가 될 수 있다면 나는 마음이 환해진다. 나는 울림을 줄 수 있는 글을 쓰고 싶다. 나 혼자 울어봤자 아무 소용이 없다. 읽는 이에게 메아리가 될 수 있으면 좋겠다. '너는 나에게 어떤 의미가 되리. 지워지지 않는 의미가 되리'라는 어느 유행가 가사처럼 나는 잊혀지는 않는 의미가 되는 글을 쓰고 싶다. 독자에게 지워지지 않는 점 하나를 남기고 싶다.

직장인의 일상은 반복적인 생활 같지만, 자세히 보면 배우고, 보고하고, 깨지고, 나동그라지고, 또 전의를 불사르는 밑바닥 체험의 연속이다. 이런 일상적 체험을 보잘것없는 것으로 치부하면 삶이 시시해진다. 그런 과정을 우물에서 물을 길어 오르는 것처럼 한 차원 높은 곳으로 끌어올려야 한다. 나의 경험을 반추해보면서 부족한 부분을 채우고 범용적으로 일반화함으로써 내가 일하는 분야에 대한 체계적인 지식과 모범 사례, 나아가 비전을 제시할 수 있어야 한다. 이런 사람을 우리는 전문가라고 부르며 전문가가 되기 위한 좋은 방법은 글쓰기다.

나는 첫 책을 쓴 후 매년 한 권의 책을 쓰려고 노력한다. 첫 책 이후 〈나는 무엇을 잘할 수 있는가〉(2008), 〈내 인생의 첫 책쓰기〉(2008) 등을 집필했다. 디지털 경제 시대에는 지식의 수명이 점점 단명해져서 지속적으로 업그레이드하지 않으면 정체될 수밖에 없다. 내가 책을 계속 쓰는 주된 이유는 책쓰기를 학습의 방편으로 삼고자 함이다. 한 가지 주제에 골몰함으로써 깊어질 수 있는 계기가 될 수 있다. 평범한 사람들이 비범하게 도약할 수 있는 창의적이고 값싼 투자가 바로 책쓰기다.

책을 써야 진정한 전문가가 될 수 있다. 책은 현장을 가지고 있는 사람이 써야 한다. 현장에서 일하는 사람의 글은 살아 있다. 단순히 글을 잘 쓰고 못쓰고의 문제가 아니다. 삶 속에서 절로 터져 나오는 자신의 생각과 느낌을 쉽게 풀어주어야 한다. 일하는 사람이 책을 써야 세상이 바뀐다. 현장에서 써진 글이 강물처럼 넘쳐야 세상은 좀 더 나은 방향으로 나아갈 수 있다 나는 IT 현장에서 좀 더 많은 사람들이 자신의 책을 써내기를 희망한다. 지금보다 경험적 지식을 공유하고 후배들에게 롤 모델이 될 수 있는 멋진 선배들이 많아지길 기대한다.

일의 경험이 부족하다고 탓하지 마라. 지금 맡고 있는 일을 세밀하게 관찰하고 특화시키는 것이 중요하다. 먼저 당신의 현장을 둘러보고 중요한 이야깃거리를 찾아라. 당신이 그동안 해온 일 속에서 얻은 노하우를 정리하라. 자신이 일한 분야에서 후배들을 위해 매뉴얼 하나 남길 수 있어야 하지 않을까? 자신이 일한 분야에서 발자취는 남겨야 하지 않을까?

쓴다는 것은 훈련이다. 훈련이란 타고 나는 것이 아니다. 쓰는 능력은 배우고 부단히 연습해야 하는 것이다. 가슴으로도 쓰고 손으로도 쓰고 발로도 써라. 온몸으로 써내려 가라. (책쓰기 방법에 관한 구체적인 내용은 본인의 졸고 〈내 인생의 첫 책쓰기〉를 참조하라.)

● 2007년 회사의 구조조정으로 나는 과감히 미련을 접고 회사를 이직했다. 그러나 마흔의 사춘기가 찾아왔고 또다시 이직하게 되었다. 전 직장에서의 인연으로 나는 프로세스 혁신 업무를 담당하는 컨설턴트로 일하게 되었다. 컨설팅하면 대부분 경영 컨설팅을 떠올리지만, 컨설팅 분야도 다양한 스펙트럼을 가지고 있다. 겉으로 보기에는 매력적으로 보이지만, 일의 굴곡도 심하다. 실제로 내가 만난 다국적 기업의 경영 컨설턴트는 유수의 대학을 졸업하고 높은 경쟁률을 뚫고 입사를 했지만, 반복적인 페이퍼 워크Paper work에 지쳐 몸이 쇠약해져 퇴사하였다. 입사한 지 일 년이 된 신참 컨설턴트는 프로젝트에서 엑셀로 피벗팅Pivoting 작업만 하다가 지쳐 그만두었다.

IT 분야에서 활동하는 컨설턴트는 크게 세 분야로 구분할 수 있다. 첫째, IT의 정보전략을 제시하는 전략 컨설턴트다. 전략 컨설턴트는 해당 비즈니스에 대한 이해가 필수적으로 요구된다. 비즈니스와 IT를 접목해 해당 분야의 기술적인 자문과 미래의 청사진을 제시한다. 이들은 주로 정보전략계획Information Strategy Plan을 수립하거나 더 나아가 IT 거버넌스Governance 전략을 수립하는 일을 한다.

둘째, 특정 제품 및 솔루션에 대한 전문가적인 식견을 가지고 구축 로드맵을 제시하는 솔루션 컨설턴트다. 흔히 회자되는 SAP 솔루션의 모듈 컨설턴트가 대표적이다.

셋째, CMMI, ISO 20000, 6시그마 등의 혁신 모델을 기반으로 기업의 혁신 모델과 프로세스 구축을 컨설팅하는 혁신 컨설턴트다.

이 밖에 어플리케이션, 데이터베이스 아키텍처 전략 및 설계를 담당하는 아키텍트Architect를 컨설턴트로 분류할 수도 있다.

나의 경우에는 전략 컨설팅과 혁신 컨설팅을 병행해서 추진해왔으나 최근에는 혁신 컨설팅에 무게 중심을 두고 일을 하고 있다. 구체적으로 CMMI와 ISO 20000 모델을 기반으로 회사의 표준 프로세스 구축과 모델 인증, 프로세스의 효과적인 내재화 지원 등을 주로 수행하고 있다. 그밖에 클라이언트/서버, 웹, CBD 개발 방법론과 테스트 방법론 구축을 컨설팅하고 있다. 컨설팅을 수행하다 보면 교육을 병행해서 지원하는 경우가 많다. 나는 프로세스 교육 이외에 요구공학Requirement Engineering, 품질보증 전문가 양성 과정, 프로젝트 관리자 양성 과정 등을 전문으로 교육을 진행하고 있다. 어찌 보면 품질 업무로 전환한 이후 밟게 되는 당연한 수순인지도 모른다. 처음에는 이 일이 낯설고 대부분 혼자 일하는 경우가 많아 적응하기가 어려웠지만 시간이 지날수록 컨설팅이라는 일이 나에게 아주 적합하다는 생각을 하게 되었다. 그 이유는 두 가지다. 무엇보다 독립적으로 활동을 수행할 수 있다는 것이 큰 장점이다. 내가 주도적으로 일을 계획하고 추진할 수 있다는 것이 매력적인 요소다.

두 번째는 컨설팅이라는 말 자체에도 포함되어 있는 의미이지만 내가 하는 일이 누군가에게 도움이 된다는 것을 피부로 느낄 수 있기 때문이다. 어찌 보면 컨설턴트는 직업이라기보다는 해당 분야에서 독보적인 위치를 차지하면서 다른 사람에게 도움을 주고 조언해 줄 수 있는 직무에 가깝다는 것이 나의 생각이다. 컨설팅을 하면서 나는 비즈니스에 대해 달리 생각하게 되었다. 비즈니스의 본질은 고객을 도와주는 것이다. 나는 경쟁력이라는 단어를 죽이고 공헌력이라는 단어에 일의 중심을 두었다.

나는 컨설팅이라는 업무 특성상 늘 새로운 고객을 만난다. 나는 그들을 만날 때마다 진심으로 도와주려고 한다. 그들이 고민하고 아파하고 괴로워하는 문제를 정성껏 해결해주려고 노력한다. 진심은 눈빛만 봐도 알 수 있다. 나의 필살기를 발휘하여 내 팬을 만들려고 한다. 초면에 악수를 하고 명함을 건네면 '기술사'라고 적혀있는 문구에 흠칫 놀란다. 명함으로 일단 나의 전문성을 알린다. 그런 후에 함께 식사를 하면서 나의 장점인 친화력을 발휘하여 상대방의 마음을 무장해제시킨다. 그 다음에 만나면 내가 쓴 책에 사인을 해서 선물을 한다. 만약 비즈니스를 함께 하게 되면 일을 시작하는 초반에 무척 신경을 쓴다. 대부분 초반에 일의 운명이 결정되기 때문이다. 일의 성공요소를 그들의 입장에서 설득력 있게 제시한다. 이 단계까지 오면 대부분의 고객이 나를 신뢰하게 된다. 나의 매력을 가지고 유혹하고 끌어당기면 사람이 모이게 되어 있다.

나의 경험에 비추어 볼 때 사람들과의 관계를 비약적으로 발전시킬 수 있는 가장 효과적인 방법은 우선 내가 매력적인 사람이 되어야 한다는 점이다. 매력이란 우리 내면에 살고 있는 가장 아름답고 위대한 것을 끌어낸 사람들이 갖고 있는 무엇이다. 자기 자신을 먼저 돌봐 스스로 빛나게 해야 한다. 그러면 사람이 모인다. 모든 리더십의 출발점은 자신을 먼저 갈고 닦는 것이다. 나의 첫 번째 추종자는 바로 내가 되어야 한다.

하지만 매력만으로 좋은 관계가 지속되지는 않는다. 좋은 관계를 만들어 가기 위해서는 평소에 잘 가꾸어 두어야 필요할 때 주고 받을 수 있다. 어느 날 갑자기 찾아와서 도움을 요청하면 마음을 다해 도와주기 어렵다. 도와준다고 해도 기껏 동정일 확률이 높다. 좋은 사람들에게 늘 시간을 투자하고 관심과 애정을 보여주어야 그 관계는 뿌리가 깊어지고 튼튼해진다. 내가 가장 우선시 생각하는 사람들에게 정기적으로 관심을 보여주자. 나는 30명의 사람들을 늘 머릿속에 넣어 둔다. 그들이 현재 어떤 고민과 관심을 갖고 있는지를 주기적으로 떠올린다. 그러다가 불현듯 그(녀)에게 적합한 좋은 아이디어나 정보를 발견하게 되면 이메일이나 문자 메시지로 알려준다. 늘 내가 관심을 갖고 있다는 것을 보여준다.

이렇게 자신의 팬을 훌륭하게 만든 대표적인 사람은 마더 테레사 수녀다. 그녀는 도움이 필요한 사람을 찾고 그 사람을 위해 내가 무엇을 도와줄 수 있을지 아는 사람이었다. 그녀는 이렇게 말했다.

"난 결코 대중을 구원하려고 하지 않는다. 난 다만 한 개인을 바라볼 뿐이다. 난 한 번에 단지 한 사람만을 껴안을 수 있다. 단지 한 사람, 한 사람, 한 사람씩만… 따라서 당신도 시작하고 나도 시작하는 것이다. 난 한 사람을 붙잡는다. 만일 내가 그 사람을 붙잡지 않았다면 난 4만 2천명을 붙잡지 못했을 것이다."

작년에 여의도에 위치하고 있는 SI 업체의 컨설팅을 수행한 적이 있었다. 이 회사는 다소 컬트cult적인 문화를 갖고 있었는데 그 점이 나에게는 아주 흥미로웠다. 나는 그 회사 현실에 맞는 프로세스를 구축하기 위해 프로젝트 시작부터 무척 신경을 썼다. 내 회사라는 마음으로 그들과 함께 프로세스를 만들고 프로젝트 현장을 다녔다. 직원들 중에는 내가 최근에 입사한 경력사원으로 알고 있는 경우도 많았다. 그렇게 나는 그들과 동화되어 갔다. 6개월이라는 짧은 프로젝트가 끝나고 회사 대표와 식사를 하게 되었다. "우리 직원처럼 애써줘서 고맙습니다." 진심어린 감사 표시와 함께 작은 선물을 건네 주었다. 가슴이 벅차 올랐다. 일의 보람이 느껴졌다. 처음에는 비즈니스 관계로 만났지만 그 관계에만 머물러 있었다면 이런 장면은 없었을 것이다. 우리는 그 후로도 가끔 연락하고 만나서 회포를 푼다.

마음에 드는 고객을 만났으면 그 사람을 한달 안에 정말 감동받아 쓰러지도록 만들어라. 평생 함께 할 수 있는 사람으로 만들어라. 직장에 다니는 동안 이런 사람 10명을 얻는다면 아주 잘 보낸 것이며 성공한 것이다. 어떤 사람들과 인생을 함께 했느냐가 바로 그 사람의 인생이 무엇이었는지를 말해주는 가장 결정적인 증거이기 때문이다.

내가 가는 곳이 길이다 – 창업을 준비하며 _ ● 나는 아직 직장에 다니고 있다. 하지만 언젠가 독립을 할 계획이다. 내가 창업을 하기로 마음을 먹은 이유는 직장인의 90%는 50세 이전에 직장을 나올 수밖에 없는 현실적인 이유도 있지만 이제는 내 인생 내가 한번 기획하고 살아보고 싶은 마음이 큰 까닭이다. 나는 좋은 사람들과 하고 싶은 일을 하면서 인생 후반부를 살아가고 싶다. 누가 시키는 일을 하고 싶지 않고 나의 시간을 내가 쓰고 싶다.

지난 2년 동안 나는 비즈니스를 함께 할 사람들을 모아 '영적인 비즈니스Beyond the business'라는 모임을 만들어 스터디를 하고 비즈니스 모델 발굴 작업을 진행하였다. 모임에서 우리는 3주마다 한 권의 공동 도서를 읽고 정리하고 비즈니스 케이스를 연구하였다. 책 중에는 실리콘 밸리의 Virtual CEO인 랜디 코미사의 〈승려와 수수께끼〉(2001)와 벤처 캐피탈리스트인 가이 가와사끼의 〈당신의 기업을 시작하라〉(2005)가 특히 기억에 남는다. 랜디 코미사는 '훗날을 기억하는 인생 설계에 따라 살다 보면 욕심과 방황이 끊이지 않고 뭔가 부족한 느낌으로 살게 된다고 한다. 총체적인 인생 설계를 해야 성공을 맛볼 수 있다'고 강조한다. 난 이 말이 인상적이었다. 내일 갑자기 눈을 감게 된다면 지금까지 정말로 하고 싶은 일을 하면서 살아왔다고 자신 있게 말할 수 있을까?

비즈니스 케이스는 하버드 비즈니스 리뷰Harvard Business Review가 채택한 실제 사례를 함께 연구했다. 케이스 스터디는 실전 감각을 익히는 데 상당히 유익했다. 또한 우리는 만들어 갈 회사의 핵심 가치Core Value와 미션Mission, 그리고 비전을 수립하고 비즈니스 모델 발굴에 집중했다. 새로운 경험이었고 많은 것을 배우고 고민했다.

비즈니스 모델은 공통의 관심사를 정리하는 방식으로 결정했다. 참여자 대다수가 IT 분야에 근무하고 있었기에 컨설팅과 교육사업에 초점을 두었다. 컨설팅은 건설분야에서 CM[Construction Management] 서비스 사업을 성공적으로 수행하고 있는 한미 파슨즈를 벤치마킹하여 CM을 IT 서비스 사업에 접목하는 모델이었다. CM은 건설 사업의 기획단계부터 설계, 개발, 사후 서비스까지 토털 아웃소싱을 고객의 입장에서 대행해주는 서비스다. 또한 IT 인력에 대한 엔지니어링 역량과 리더십 등의 일반 역량을 강화하는 교육을 컨버전스하여 새로운 컨텐츠를 개발하고 교육 서비스를 제공하는 사업을 연구하였다.

비즈니스 모델을 발굴하면서 깨달은 점은 고객과 시장이 원하는 것을 개발해야 한다는 것이었다. 많은 엔지니어들이 멋진 소프트웨어 제품을 개발하고 싶은 욕망이 있다. 그래서 품질이 높은 제품을 만들면 자연히 시장에서 통용될 수 있다고 믿는다. 순진한 생각이다. 반대로 생각해야 한다. 아무리 훌륭한 제품도 시장에서 필요하지 않으면 아무 소용이 없다.

이 과정에서 겪은 시행착오 한 가지는 나와의 궁합에 관계없이 이 사회가 제시하는 유망직종에 대한 유혹에서 자유롭지 못했다는 점이었다. 밥벌이의 목소리를 외면하자니 두려웠다. 밥과 자유가 내 안에서 계속 으르렁거렸다. 비즈니스 모델을 찾지 못해서 그렇기도 하지만 아직 용기와 마음의 준비가 부족했다는 생각이 들었다. 독립적인 인간은 어쩌면 하나의 직업이라기보다는 무소의 뿔처럼 혼자서 가겠다는 적극적인 각성이다. 이 각성은 참된 안정을 가져다 준다. 진정한 안정은 확실한 직장이나 집의 소유 여부 등에 있지 않고 항상 우리 내부로부터 솟아나기 때문이다.

창업을 하려면 먼저 적합한 사람을 버스에 태워야 한다. 무엇보다 가치관이 맞아야 한다. 가치관이 다르면 오래가기 어렵다. 어려운 상황에 부딪힐 때 난파선이 되기 쉽다. 또한 가급적 여럿이 창업하는 것이 좋다. 1인 기업 모델도 훌륭하지만 자신만의 시선으로 보기 어려운 부분을 봐줄 수 있는 2인 이상이 함께 준비하는 것이 좋다.

나는 프로그래머들이 현재보다 더 많이 창업의 길을 적극적으로 모색했으면 하는 바람이 크다. 지금보다 훨씬 일찍 준비를 시작하여 당당하게 자신의 길을 개척하길 희망한다. 창업을 하는 대부분의 사람들이 직장에서 연수가 차고 구조조정으로 인해 갑자기 내몰려 할 수 없이 하는 경우가 적지 않다. 그러다 보니 직장에 다닐 때보다 훨씬 안 좋은 상황에서 비즈니스를 하게 된다. 내 주위에도 당장 호구지책을 해결하기 위해 할 수 있는 일을 찾다 보니 옛 직장과의 관계를 고려하여 소프트웨어 하우스를 너도 나도 하는 경우가 많았다. 출혈경쟁이 불을 보듯 뻔하다. 물론 아직까지 정부 정책이나 제도 등의 취약성, 불공정 거래 관행 등의 구조적인 문제가 적지 않지만 한발 앞서 비즈니스 모델에 관심을 두길 바란다. 지금이야말로 다시 벤처정신이 부활할 때다.

하지만 결과적으로 사업화하는 데는 성공하지 못했다. 가장 큰 이유는 참여한 멤버들이 이른 시일 내에 사업을 시작하겠다는 것보다는 학습을 해보고 싶다는 욕망이 더 컸기에 하는 일의 우선순위에서 밀렸기 때문이었다. 그러나 나는 포기하지 않을 것이다. 이 글을 쓰며 아직 이루어지지 않았지만 나의 창업한 미래의 모습을 그려보았다. 나는 미래란 먼 후에 일어나는 일이 아니라 이미 와 있지만 감지되지 않았을 뿐이라고 믿는다.

2009년부터 나는 나와 뜻을 같이 하는 사람들과 회사를 설립하기로 마음을 먹고 첫 모임을 가졌다. 이 세상에서 가장 독특하고 아름다운 기업을 하나 세우고 싶었다. 먼저 아주 새로운 비즈니스 모델을 만들기로 하고 파트로 나누어 구체적인 인큐베이팅 작업을 진행했다. 이와 별도로 나는 비즈니스 인맥 형성에 주력했다.

2011년에는 비즈니스 모델을 실제 현장에 적용해보는 파일럿을 진행했다. 몇 차례의 파일럿이 큰 호응을 불러일으켰다. 변화 프로그램을 포트폴리오 형태로 컨설팅하고 구체적인 실행방안까지 제시하는 차별화된 서비스가 경쟁력을 갖게 되었다. 드디어 나만의 블루오션을 만들어냈다. 나는 이 유일함에 감격했다. 유일함은 그 자체로 경쟁력일 뿐만 아이라 즐거움을 준다는 것을 절감했다.

2012년 마침내 회사를 설립하였다. 내가 절반을 출자했고 나머지 멤버 각자 1/N 방식으로 출자를 했다. 회사 사무실은 가정 주택을 개조해서 편안한 분위기를 만들었다. 개업식에 구본형 사부님께서 직접 오셔서 축사를 해주셨고 가족, 친구, 연구원, 직장동료가 많이 참석해주었고 난도 보내주었다. 돼지머리 올려 놓고 고사를 지내면서 나는 비영리집단 같은 기업을 만들겠다고 다짐했다. 가족 같은 공동체로 회사를 운영하고 싶었다. 그것은 가장 비자본주의적인 것이 자본주의에 오히려 잘 통할 수 있다는 믿음 때문이었다.

내가 처음에 가장 역점을 둔 것은 최고의 근무환경을 만드는 것이었다. 회사는 창업시절부터 지금까지 철저하게 팀워크와 창의성을 바탕으로 운영되고 있다. 세계 최고의 기업인 GE의 잭 웰치 전 회장은 "GE는 커뮤니케이션이 단절되고, 벽이 생기는 대기업이 아니라 서로 자유롭게 이야기하고, 재미있게 일하는 구멍가게 방식의 회사가 됐으면 좋겠다."고 말했다. 그의 말에 전적으로 동감했다.

매출은 목적이 아니라 결과라는 믿음을 갖고 고객과 직원, 즉 사람에 집중했다. 예상은 적중했다. 설립 초기에는 홍보 부족과 중소기업의 한계, 비즈니스 수익모델의 혼선 등으로 인해 어려움도 겪었지만 2013년 몇 개의 프로젝트를 성공적으로 진행하면서 안정적인 기반을 구축하였다. 우리는 프로젝트를 아주 새로운 방식으로 수행하였다. 그것은 고객을 매료시킬 뿐 아니라 우리를 흥분하게 하고 도전의식을 불러 일으켰다. 물론 결과도 훌륭했다. 우리는 별도의 영업을 하지 않았다. 우리의 영업전략은 고객이 직접 찾아오게 하는 것이었다. 설립 2년 후에는 회사의 매출이 50억으로 성장했고, 2015년에는 100억의 매출을 달성했다. 2016년에는 포춘지가 선정한 '아시아에서 일하기 좋은 회사' 500순위 안에 포함되었다.

언젠가 내 꽃도 피리라 _● 소설가 김훈의 명문장 중에 이런 글이 있다. "내일이 새로울 수 없으리라는 확실한 예감에 사로잡히는 중년의 가을은 난감하다." 이 문장에서 중년을 직장인으로 살짝 바꾸어도 전혀 난감하지 않다. 인생의 중반에서 새로 시작해야만 하는 시대가 되었는데, 새로 시작할 거리가 없는 건 참 난감하다. 평균수명이 늘어나면서 삶은 자꾸만 버거워진다. 해는 아직 중천에 떠있는데, 갈 길은 아득하다. 좋은 직장에서 잘릴 위험 없이 정년까지 보내거나 자신의 전문분야에서 정년까지 최고의 경쟁력을 유지하고 싶지만, 대부분의 직장인은 이 꿈이 거의 불가능하다는 것을 알고 있다. 나이 50세가 되기 전에 아마도 직장인의 90%는 직장을 떠나게 될 것이다. 직장을 나와서 프리랜서로 살아가거나, 자영업을 하거나 또 다른 직장을 찾아서 전전할 것이다. 분명 지금보다 그때가 더 불안하고 초라해 보인다. 그 후로도 남은 30년 이상의 시간을 어떻게 보내야 하는지, 무엇으로 먹고 살아야 하는지 정말 난감하다. 그때는 홀로 서야 하는데, 대타도 내세울 수 없고 자신이 직업 뛰어야 하는데 막막하다. 그래서 평생직업을 찾으라는 이야기를 수없이 듣지만 정작 지금 무엇을 어떻게 해야 하는지 갑갑하기만 하다. 그냥 "어떻게 되겠지."라는 근거 없는 낙관주의에 꼭꼭 숨어버리고 싶다. 도대체 어떻게 살아야 하는 것일까?

IT 분야의 현실은 더 열악하다. 프로그래머의 정년은 삼십 세 중반이라는 말이 심심찮게 들린다. 열악한 현실에서 체력이 뒷받침되는 마지노선이 그 나이라는 게 이유다. 만약 이 말이 사실이라면 우리는 절박하게 대책을 강구해야 한다. 나는 프로그래머의 성장 경로Career Path가 지금보다 훨씬 다양해져야 한다고 생각한다. 반드시 프로그래머의 길로 평생 갈 이유도 없고 그렇다고 프로그래머의 길을 포기하라는 것도 아니다. 그러나 현실적인 여건이 당장 개선되기를 기대하기는 어렵다. 프로그래머로서 일하다가 어느 정도 위치가 되면 분석, 설계자와 관리자의 역할을 수행해야 하는 게 현실이다. 서글프지만 회사에만 들어가면 어느 정도 미래가 보장되던 시절은 이제 끝나고 오로지 자신의 실력, 브랜드, 네트워크의 자산에 의지해야 하는 시대가 도래했다. 지금은 조직이 거의 전부인 것처럼 보이지만 조직은 결코 개인을 기억해주지 않는다. 〈코끼리와 벼룩〉(2005)의 저자 찰스 핸디는 이렇게 말한다.

"조직이란 기억력이 좋지 못해서 과거 익숙했던 얼굴과 이름도 금세 잊어버린다. 한때는 내 말에 따라 움직이고 내 이름이 누구보다 중요하던 곳이라도 시간이 지난 뒤 가보면 아무 의미가 없다."

조직형 인간에서 독립적인 인간이 되어야 한다. 이것이 지상명제인 시대가 되었다. 자신이 스스로 길을 만들어가야 한다. 꼼꼼히 준비해야 한다. 준비 없이 기회 없고 기회 없이 미래는 없다. 그렇다면 무엇을 준비해야 할까?

먼저 철저하게 자기 자신을 연구해야 한다. 보편적인 유망직종은 없다. 자신에 맞는 직업이 유망 직종이다. 자기가 아닌 것은 과감히 버리고 자신이 가지고 있는 내면의 자산을 활용하여 유의미한 것을 만들어 낼 수 있어야 한다. 3개의 원을 그려보라.

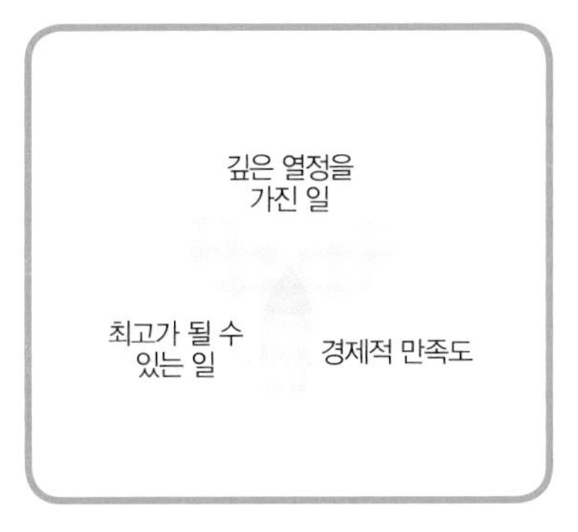

3개 원의 교집합이 자신이 나가야 할 길이다. 이것이 자신의 전문분야다. 이 교집합을 깊게 고민하면 분명 평생직업이 떠오르고 확신 같은 느낌이 든다. 회사를 뛰어넘어 업계에서 통용될 수 있는 필살기를 계발하라.

둘째, 사람이 재산이다. 당신이 꿈꾸는 직업으로 성공하려면 그대의 성공을 도와줄 수 있는 사람을 모으고 끌어당겨라. 사람이 먼저고 그 다음이 비즈니스와 기술이다. 사람에게 투자하라.

셋째, 협소한 엔지니어 마인드를 탈피하라. 프로그래머가 빠지기 쉬운 함정은 기술 만능주의다. 기술은 은빛 총알silver bullet이 아니다. 최고의 제품을 만들겠다는 장인정신을 추구하되 오픈 마인드를 가져라. 전문가란 전문지식만을 보유한 사람을 의미하지 않는다. 자신의 지식과 경험을 다른 사람에게 이해시키고 설득시키는 능력을 함께 갖추어야 한다. 자신의 실수와 오류를 겸허히 받아들이고 해결할 수 있는 능력이 필요하다.

넷째, 도전 정신을 갖고 자신의 관심사를 확산시켜 풍부하게 만들어라. 지금의 자리에 안주하지 말고 시야를 넓혀 적극적으로 개척하라. 자신의 관심사를 공유할 수 있는 인적 네트워크에 참여하거나 직접 만들어 집단지성을 실현시켜 나가라. 자신의 관심사를 브랜드로 창조할 수 있도록 자신만의 컨텐츠를 개발하라. 책을 써도 좋고 교육 매뉴얼을 만들거나 자료를 정리, 지속적으로 축적하라. 지금하고 있는 일이 부가가치가 없다면 과감히 새로운 길로 들어서라. 이질적인 분야와의 결합과 포용을 통해 새로운 부가가치를 창출하라. 인생을 시시하게 살지 마라. 나는 스티브 잡스의 "Stay Hungry, Stay Foolish(늘 갈망하고 우직하게 나아가라)." 라는 말을 좋아한다. 거리의 부랑자를 떠오르게 하는 그의 이 말은 현실에 안주하지 말고 늘 새로움을 추구하고 자신의 길을 뚜벅뚜벅 걸어가라는 메시지로 들려온다.

아직 늦지 않았다. 늦었다고 생각할 때가 시작점이다. 답이 보이지 않는다고 생존에 굴복하지 마라. 어쩌면 인생의 묘미는 고은의 시처럼 정점에서 하강하기 시작할 때 찾아오는지 모른다.

"내려갈 때 보았네, 올라갈 때 보지 못한 그 꽃."

나는 성공한 사람은 아니다. 성공이란 사회적으로 주어진 것이 아니다. 저마다의 정의가 있어야 한다. 이 글은 성공의 길을 향해 걸어가는 사람의 이야기다. 음악가 윤이상이 어려울 때 아내에게 한 말이 "내 꽃도 한번은 피리라."는 말이었다. 나는 이 말을 가슴에 품고 있다. 끝이 보이지 않는 치열한 경쟁과 구조조정의 험난한 시대를 살아가는 여러분에게 따뜻한 위로의 말을 건네고 싶다.

"그대의 꽃도 한번은 찬란히 피리라."

이 땅의 프로그래머,
당신을 응원합니다.

Story 03

데이터아키텍트의 마스터로 살련다

_이춘식

IT 전문성 20년을 앞둔 나의 모습은?

"여보, 내 와이셔츠 다려져 있어요?"

"아니요, 참 내가 어제부터 아이들 학교 중간고사 시험 준비에 바빠 와이셔츠 다림질을 못했네. 당신이 다려 입고 가세요."
"나 아침 안 먹으면 속이 거북한데 밥은?"

"응, 내가 지금 큰아이 공부시켜야 해서 오늘은 대충 가스레인지에 있는 국하고 밥하고 먹고 가줘요."

어느새 나에 대한 관심보다는 태어난 아이의 학습에 관심이 기울여져 있는 아내가 서운하기는 하였지만, 극심한 학습의 경쟁 속에 있는 아이들에게 어쩔 수 없이 모든 관심을 기울이는 아내를 이해하듯 밥을 해결하고 와이셔츠를 손수 손질하고 출근길에 올랐다. 어느덧 가정에서 주 관심은 남편보다는 또는 아내보다는 성장하는 아이들에게 초점이 맞추어진 모습은 한국의 여느 일반적인 가정의 모습을 닮았을 것이다.

IT인으로 살아가면서 항상 바쁘고 일에 몰입된 남편의 모습에서 이제는 남편이 가족을 위해 많은 것을 해주기를 기대하기보다는 열심히 일하는 사람으로서 존재해주는 것으로 타협했을는지도 모르겠다. DBA가 무엇인지는 모르지만 무언가 어려운 일을 하면서 항상 비상 때는 며칠 밤낮을 집에도 들어오지 않고 살아가는 남편의 모습을 보면서 '기대보다 이해'로 방향을 잡은 듯하다.

회사에 입사한 시점에는 인천의 부개동과 부천의 상동 사이에는 논이 넓게 형성되어 있었고 나름대로 습지도 넓게 펼쳐져 있는 곳이었다. 가끔 차가 지나다니다가 논 속에 빠져 곤란한 경우도 많이 있었는데 15년 정도가 지난 이곳은 꽉 찬 현대식 아파트와 각종 대형 쇼핑몰 등이 들어선 복잡한 도시 환경이 되어 버렸다. 입사할 때나 지금이나 생각은 그대로인 것 같은데 순식간에 많은 환경이 변해버린 이곳, 출근을 위해 외곽순환도로 진입하며 입사 때와 비교하여 지금의 나를 돌아보니 참 많은 것이 변해 있다. 내가 나를 볼 때 모든 것이 그대로인 것 같은데 머리카락도 제법 빠지고, 흰머리도 제법 늘어 나이가 들어가고 있음을 느끼게 해주고 있다. 나와 내 주변의 많은 것들은 시간의 마법 앞에서 그대로 변한 모습을 보여주고 있는 것이다.

입사 때 살았던 20평의 집이 지금은 40평으로 바뀌었고, 50만 원을 주고 산, 길거리에서 자주 멈추어 새 신부에게 힘쓰는 주문을 했던 추억의 차, 중고 엑셀 차량은 탈 만한 SUV로 바뀌어 있다. 결혼 이후 축복의 결과로 생긴 두 딸은 아내와 나에게 빠질 수 없는 사랑의 대상이 되어 버렸다. 이전에는 없었던 두 사람이 지금은 어떻게 이렇게 사랑할 수밖에 없는 대상이 되는지 사람의 오묘함은 참으로 대단한 것 같다.

습관처럼 빠지지 않게 누르는 차 안의 라디오 버튼은 예나 지금이나 똑같은 것 같지만, 라디오를 통해 들리는 내용의 관심사항은 많이 바뀌어 있는 것 같다. 예전에는 음악, 스포츠 등에 더 많은 관심이 있었는데 언젠가부터 정치와 사회적 이슈에 많은 관심을 돌리고 있다. 자연스럽게 정치와 사회이슈에 몰입하게 하는 아침 시사 라디오 프로그램을 들으면서 나는 깨끗한 사람인 것처럼 정의감을 불태

우며 운전을 하곤 한다. 외곽순환도로에서 한강의 김포대교를 지나 일산 쪽에서 진입하는 자유로에 들어서 이내 상암동 데이터센터에 도착할 때면, 항상 내가 해야 하는 일에 대한 야릇한 긴장감과 기대감이 지금도 밀려들고 있다.

〈데이터베이스와 설계와 구축〉(2002)을 저술한 시점이 회사에 입사하여 대리 때였는데, 어느새 내 명함에는 부장이라는 타이틀이 선명하고, DB와 미들웨어분야를 담당하는 54명의 전문가가 있는 팀의 리더가 되어 있다. 회사에 들어서면 가장 좋은 창가 쪽에 자리가 배치되어 있고, 회사의 많은 구성원이 팀장에 대한 존칭을 부여하여 대우해 준다. 이제 위의 직급자보다 아래 팀원들과의 일이 훨씬 많아진 시기가 되어 버린 것이다. 공학을 전공하여 비전공자로서 IT 분야로 업무를 시작하여 처음에는 개발자에서 DBA로 전공분야를 변경하였으며, DB 분야에 대한 문제점 진단 및 문제 해결 업무 등을 수행하다가 DB 분야 전문가팀의 리더로 일을 수행하게 된 것이다.

그러나 지금의 나에게 이러한 외형적인 모습은 안정감은 줄지 몰라도 나의 일에 대한 열정을 불태우게 하거나, 나로 하여금 새로운 일에 대한 에너지로써 자극하는 요소가 되는 것은 아니다. 현재의 나에게 가장 에너지를 주는 것은 다름이 아닌 사람에 대한 나의 관심과 삶의 원칙이다.

사람에 대한 나의 관심이란,

회사에서 업무적인 관계로 만나는 직장동료, 그리고 다른 회사 사람들,

기술사/감리사 학습을 하는 대한민국의 수많은 IT 분야의 사람들,

교회에서 만나는 다양한 사람들이라 할 수 있다.

다양한 사람과 일을 하면서, 회의하면서 비로소 내 속에 열정이 지속적으로 뿜어져 나오는 것을 느낀다. 회사를 벗어나서는 기술사, 감리사 학습을 하는 다양한 분야의 사람들과 매주 만나고 얘기를 나누면서 내 속에서 새로운 도전과 생각들을 정리한다.

직장생활을 하면서 나에게 정립된 삶의 원칙이 몇 가지가 있는데, 이것은 내가 새로운 일을 할 때나 새로운 생각을 하는 데 끊임없이 에너지를 제공해 주는 원동력이 되고 있다. 나의 삶의 있어서 몇 가지 원칙을 공개하면,

첫 번째는 1년에 1권씩 책을 집필한다.

두 번째는 전문리더로서 후배들을 코칭하면서 전문화된 팀으로 만든다.

세 번째는 많은 사람에게 도움이 되는 멘토로서 역할을 한다.

네 번째는 내가 일하는 데이터베이스 분야에서 꼭 해야 하는 프로세스와 기술적인 체계를 만들어 낸다.

두 번째를 제외한 세 가지 원칙은 회사의 직급이나 역할과 상관없이 내가 열심히 전문성을 쌓아가고 발휘할 수 있는 이유가 되고 있다.

1년에 1권씩 책을 집필하겠다는 목표는 첫 번째 책을 집필한 이후에 나의 삶의 방향처럼 설정하였다. 집필을 잘해서가 아니라 집필을 통해 삶을 끊임없이 돌아보고 내가 하는 일에 대한 전문성을 끝까지 회고하면, 발전의 원동력으로서 역할이 가능함을 깨달았기 때문이다.

어쨌든 이러한 목표 때문이었는지 2002년부터 지금까지 9번의 집필을 할 수 있었다. 물론 공동 및 개정 집필이 포함되어 있어 많은 노력이 들어간 책도 있고

비교적 쉽게 저술한 책도 있기는 하다. 이 목표를 지속적으로 이어나가면서 매년 내 삶의 엄청난 에너지가 되고 있다. 집필 원칙은 내가 일을 하면서 대화를 하면서 생각나는 아이디어를 쉽게 버리지 않도록 하게 해준다. 틈나는 대로 스마트폰 등에 메모하여 활용할 수 있도록 하는 원동력이 되고 있는 것이다. 무엇보다 중요한 것은 아이디어를 계속해서 생각하고 그것이 사라지지 않도록 항상 기록하는 습관을 갖게 되었다. 다음은 회사에서 워크숍을 가서 회의하는 도중에 생각난 아이디어를 기록했던 내용이다.

회사생활을 하다 보면 수많은 보고서를 작성하게 된다. 오른쪽 페이지의 그림은 일반적인 보고서를 구성하는 형식과 내가 생각했을 때 가장 적당한 보고서의 형식을 Impact vs Time으로 구성한 아이디어를 정리한 것이다.

일반적인 보고서는 기-승-전-결의 구성에서 보통 기(서론)에서 일반적인 개요사항을 이야기하고 본론에서 중요한 점을 이야기한다. 그런데 이러한 보고서를 가지고 보고를 하거나 발표하게 되면 많은 경우 보고받는 사람의 관심을 받지 못하거나 발표 자리에서 신선미가 떨어진다는 평을 받고 퇴짜를 맞는 경우가 많이 있다. Impact가 적은 형식의 서론이 되기 때문에 보고받는 사람은 평범한 내용으로 보는 것이다. 서론부터 단순하게 개요 형식으로 접근하지 말고 어떤 문제점Why을 강렬하게 이야기하고 접근하면 보고받는 사람은 강한 인상을 받고 보고서의 내용에 관심을 두게 된다.

보고서를 신선하게 보게 되며 전체적인 구성이 참신하게 되어 있다는 느낌을 받게 되는 것이다. 또한, 결론을 낼 때 보통 간략한 방향성, 제언 등을 통해 결론을 내게 되는데 이 또한 보고받는 사람이 감동이 없어 용두사미가 될 수 있다. 결론부에서도 보고받는 사람이 흥미를 끌 수 있는 관심 키워드, 시장 트렌드 등을 제시함으로써 감동적인 보고서가 된다는 느낌이 들게 할 필요가 있다. 즉, 서론 부분의 강조점과 결론부의 강조점이 꼭 포함될 수 있도록 보고서를 작성해야 한다.

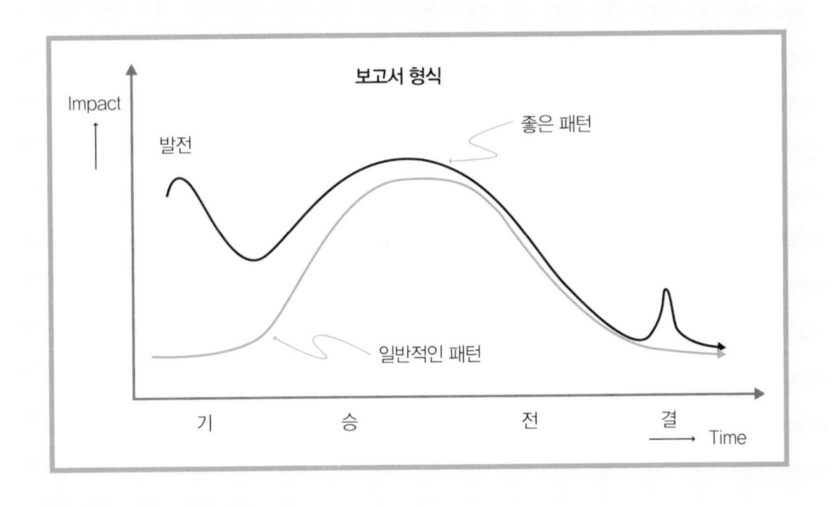

이처럼 일상적으로 생활하면서 그냥 지나칠 수 있는 어떤 아이디어들을 여기저기 모아두면서 집필의 소스로 활용하는 것이다. IT는 업무를 분석하고 설계하고 구축, 운영 등을 하는 지식에 기반을 둔 산업이다. 항상 생각하는 산업이기 때문에 아이디어가 많이 필요한 산업이라고 할 수 있다. 그 생각의 흐름 속에 항상 익숙한 것만 생각하지 않고 나만의 새로운 것들을 생각하면서 일을 하면 일도 재미있을 뿐만 아니라 새로운 아이디어에 기반을 둔 자신만의 차별화된 방식을 만들어 갈 수 있는 것을 발견했다. 바로 이점이 일함에 있어 특별한 재미를 갖게 해준 나만의 생각의 포인트였던 것 같다.

80세가 넘어서도 집필을 하겠다는 앨빈 토플러의 글을 읽으며 나도 나이가 많이 들어도 내가 좋아하는 일을 통해 전문성 있는 활동을 하겠다는 변함없는 의지로 살아가고 있다. 이것이 현재 내 삶을 기름지게 하고 새로운 생각들을 생각의 샘에서 끊임없이 퍼올리게 하는 원동력이 되고 있다.

몇 년 있으면 내가 IT로 입문한 지 20년이 다 되어 간다.

그동안 많은 것이 변했다. 개발자에서 리더로, 영향을 받는 사람에서 영향을 주는 사람으로, 이러한 변화 속에 지금 내가 에너지 있게 전문가로서 살아갈 수 있도록 하는 것은 무엇인가? 분명한 것은 책상 위에 놓인 부장 이춘식이라는 명패와 많은 팀원이 내가 지금 일하는 데 있어 엄청난 에너지를 주는 요소는 아니라는 것이다. 여전히 신입사원 때 가졌던 기술에 대한 호기심, 내가 좋아하는 데이터베이스 분야에 대한 끊임없는 탐구심과 문제 해결에 대한 생각, 현재 하는 일에 대한 창조적인 변화 등이 마치 맛있는 밥상 앞에 앉아 먹을 것을 기대하는 식탐가처럼 나의 일에 대한 욕구를 자극하고 있다.

데이터아키텍트로서의 일이 겉에서 보는 것처럼 신선하고 유쾌한 일만은 아니다. 해결되지 않는 어려운 난제 때문에 스트레스를 받고, 데이터베이스 장애로 심하게 인상이 구겨지고 업무 처리 지연이나 정지로 심각한 문제에 처하는 경우도 많이 나타난다. 깨끗하게 다려진 와이셔츠를 입고 IT 전문가로서 일에 몰입하여 경쾌하게 키보드를 치는 모습은 전문가 이미지를 표현하는 아이콘처럼 되어 버린 IT의 표준 형상이다. 그러나 나의 모든 IT 활동이 그러한 우아한 모습으로 모두 보이게 할 수는 없지만, 나는 나이가 30대이든 40대이든 50대이든 나에게 가치를 창출할 수 있는 데이터베이스 전문가, 데이터아키텍트로 살아가려 한다. 다른 이유는 없다. 단지 그것이 나의 삶의 즐거움이 되기 때문이다.

DBA에서 전문성에 기반을 둔 진단, 문제해결, 기술사 그리고 전문리더로

"퍽!", 갑자기 데이터센터의 전원이 나갔다. 순간 사무실에 있던 사람들이 정신없이 전화하고 뛰어와 자기 자리에 앉아 시스템을 점검하였다.

"00 대리 지금 빨리 시스템 점검해 봐! 서버 상태 확인하고 데이터 깨진 것 없는지 철저하게 확인해!"

순식간에 주위는 아수라장이 되었으며 시스템에 문제가 발생하지 않았는지 점검하기 시작했다. 데이터센터에 전원이 나가면 일정 시간 동안 전원이 공급될 수 있도록 하는 장치 UPS를 모두 장착한다. UPS가 일정 시간 전원을 유지하기 때문에 크게 문제는 나타나지 않지만, 간혹 수많은 서버 중에서 설정 문제 등으로 전원이 나감과 동시에 서버가 정지되는 경우도 있다. 그러한 위험 때문에 DBA를 포함한 서버 관리자는 문제를 빨리 식별하고 복구하기 위해 재빨리 문제점을 파악하는 것이다.

2011년도 어느 날에 발생한 데이터센터의 일을 간략하게 기술한 사항이다. 회사에 입사하여 지금까지 지내오는 동안 참 많은 일을 경험하였다. 프로그래머로서 DBA로서, 그리고 DA로서 살아오는 동안 IT가 얼마나 중요한 것이고 IT 덕분에 얼마나 많은 업무가 효율성이 향상되었는지를 보아왔다. 단순 개발자로서 고민하고 문제를 해결하는 나의 모습에서 이제는 시스템 종합적인 관점에서 서비스의 안정성을 생각하고 그것을 해결하려는 대상과 규모만 달라졌을 뿐 나의 미션은 처음이나 지금이나 비슷한 여정을 가고 있는 듯하다.

올림픽과 월드컵은 4년마다 한 번씩 열린다. 아주 큰 대회의 특성인지 1년에 한 번도 아니고 4년에 한 번씩 열리게 된다. 만약 1년에 아니면 2년에 1번씩 올림픽이나 월드컵이 개최된다면 지금과 같은 관심을 받지 못할 수도 있겠다는 생각이 든다.

IT인으로서 20년 차로 다가가는 이 시점에서 뒤를 돌아보면 나에게는 4년에 한 번씩 환호하는 월드컵처럼, 나의 경력에는 타는 목마름의 변화와 성장의 갈증이 있었다.

개발자 입문으로부터 _ ● 프로그램 개발자로 입문한 4년 차에는 응용Application 개발자에서 데이터 분야의 전문가로 변화를 생각하게 되었다. 사실 개발자로서 4년 차 때는 개발자로서도 어느 정도 성숙하여 충분히 코아Core 영역의 개발자(프레임웍, 컴포넌트)로서 역할을 수행할 수 있었음에도 내가 더 좋아하는 영역은 데이터베이스라고 판단하여 과감하게 새로운 직무로 변화를 꾀하게 된 것이다. 처음 데이터베이스 담당자가 되었을 때 4년의 경력이 무색하게 다시 처음이 되어버린 느낌이 들었지만, 개발 기간 가지고 있었던 문제 해결에 대한 역량을 바탕으로 이른 시일 안에 DB 설계와 구축의 담당자로 변화를 꾀할 수 있었다. DB 쪽 업무담당자로 변화되었지만 개발자로서 가지고 있었던 문제 해결 역량 및 프로그램 소스에 대한 이해도는 이후 DBA로서 업무를 수행하는 데 있어 프로그램의 구조 변경 튜닝을 하거나 데이터베이스 설계를 할 때 개발의 높은 효율성 등의 Know-how를 정립할 수 있는 소중한 밑거름이 되었다.

과장 진급 때 나는 _● 두 번째 변화의 시기는 7년 차 시점이 되었을 때다. 이때쯤 되면 LG CNS에서는 과장으로 진급하는 시기가 된다. 즉, 이전까지는 Follower로서 역할을 기대했다면, 이때부터는 Leader로서 역할을 기대하는 시점이 되기도 한다. 나는 이 시점에 과장으로 진급하는 것도 중요하지만 내가 가지고 있는 경력에 날개를 달 필요가 있겠다는 생각을 했다. 이때 변화의 과제로서 그동안 생각해 왔던 집필이라는 엄청난 도전을 마무리하게 되어 〈데이터베이스 설계와 구축〉이라는 책을 시중에 내놓게 되었다. 당시에는 내가 경험했던 프로젝트 경험, 특히 H 프로젝트와 6-Sigma 프로젝트가 나에게 저술할 수 있는 아이디어의 기반이 되었다.

집필이라는 것이 단순하게 책을 집필하여 돈을 버는 것보다 훨씬 많은 동력이 있음을 이때 알게 되었다. 나 자신의 지식체계에 대한 정립이 잘 되었고, 또한 많은 질문과 답변 속에서 나의 전문성을 향상하고자 하는 학습의 노력이 선순환되어 지식과 경험이 무한자가발전하는 나의 모습을 가져갈 수 있었다. 즉 실력이 있어서 책을 집필한 것이 아니라 책을 집필하고 보니 실력이 쌓여 갔다고 말할 수 있게 된 것이다. 이때가 내가 IT인으로서 겪었던 두 번째 변화의 시기였다고 할 수 있다.

경력 10년 차에서 변화의 모멘텀 _● 세 번째 변화의 시기는 좀 빨리 오게 되었다. 누구에게나 경력 10년 차라고 하면 한 번씩은 자기 생활을 돌이켜 보게 된다. 또한, 이 시점을 전후하여 삶에 대해서 한번 반추하면서 동시에 남아 있는 생활에 대해서도 내가 잘살고 있는지, 앞으로 무엇을 할 수 있는지에 대해서 생각하지 않을 수 없게 된다. 사람은 딱 떨어지는 숫자에 왠지 무엇인가를 느끼고 싶어 하고 그냥 지나치지 못하는 습성이 있는 것 같다. 결혼 10년 차에 부부가 여행이나 의미 있는 일을 해야 한다고 생각하듯이 직장생활 10년 차에는 무언가 또 다른 모멘텀이 필요하다고 생각한 것이다.

LG CNS에서는 회사에 근무한 지 10년 차가 되면 축하의 의미로 근속포상금이 지급되면서 부서의 임원과 축하연을 하게 된다. 그만큼 10이라는 숫자에 의미를 부여한 것이다. 당시에 데이터베이스 위험에 대해서 진단을 하고 문제해결 업무를 하고 있었다. 나는 10년 차가 되기 전 내가 전문가로 살아가면서 나 자신은 데이터베이스에 대해서 잘 알고 또한 자신 있게 내가 잘하는 영역에 대해서 문제해결 등을 한다고 생각은 하였지만, 다른 사람도 나의 전문성을 인정하고 또 기꺼이 내가 하는 일에 대해서 공신력을 부여해 줄까? LG CNS라는 회사를 떠났을 때 나의 전문성은 얼마나 인정받을 수 있을까? 개인의 능력보다 회사의 이름 때문에 내가 있는 것은 아닌가? 라는 생각이 밀려 들어왔다. 물론 이 당시에 〈데이터베이스 설계와 구축〉이라는 책이 IT 베스트셀러로 있으면서 인지도가 많이 올라가기는 하였지만, 나 스스로 경력에 대한 객관적인 상태에 도달하고 싶다는 욕구가 생겼다. 그래서 엔지니어링 분야의 국가 최고 자격인 기술사에 도전하기로 한 것이다.

기술사 공부는 내가 가지고 있었던 오솔길지식을 포괄적이며 종합적인 지식체계로 완성하는 데 가장 큰 역할을 하게 되었다. 마치 우물안의 개구리가 우물을 뛰쳐나와 드넓은 세상을 보고 이해한 것처럼 기술사 공부는 그동안 개발과 데이터베이스 영역의 일부에 갇혀 있던 나를 드넓은 IT 지식의 세상으로 인도한 것이다. 엄청난 학습량과 치열한 경쟁이 기술사로서 합격을 담보할 수 없다는 것을 알면서도 반드시 된다는 도전정신으로 학습하였다. 기술사 시험 도전 3번째 시험에서 정보관리 기술사에 합격하게 되었다. 또한, 비슷한 시기에 비슷한 학습 영역을 가지고 있는 정보시스템 감리사시험에도 도전하여 합격함으로써 국가가 부여하는 IT 최고의 자격증 2개를 모두 갖게 된 것이다.

기술사/감리사는 국가 최고의 자격으로서 평가위원, 감리, 기술지도, 공무원 특채 등 여러 가지 기회의 요소를 제공하고 있다. 그러나 그와 같은 기회요소를 뛰어넘어 IT 지식에 대한 포괄적인 이해와 그것을 표현하는 방법을 집중적으로 훈련함으로써 무엇보다 시각이 넓어져 숲과 나무를 동시에 이해할 수 있는 통찰력을 제공하는 것이 가장 큰 효과였다. IT 전체에 대해서 모두 학습하고 이해해야 하며 그것을 표현하는 훈련을 집중적으로 하게 됨으로써 지식과 업무능력을 동시에 향상할 수 있는 계기가 된 것이다.

전문가에서 전문 리더로 _ ● 2008년 12월, 크리스마스 캐럴이 울려 퍼지며 연말로 치닫고 있었다. 12월은 기업에 항상 조직적 변화의 시기이기다. 나도 여느 때처럼 데이터베이스 진단을 위해 프로야구 시즌에 많이 사용하는 시스템에 대해서 문제점을 진단하고 개선하는 일을 수행하고 있을 때였다. 갑자기 전화 한 통화가 걸려왔다.

"이 차장, 이번에 데이터베이스 분야 전문팀이 새로 창설되는데 그 팀의 리더로 추천했네. 이 팀을 맡아 줄 수 있겠는가? 인사는 빠르고 신속해야 하니 오후 5시까지는 회신을 주기 바라네."

사실 내가 리더(팀장)가 된다는 것에 대해서는 경력상 꼭 필요한 변화의 기회라고 생각을 하고 있었다. 대신 그 시점을 약 4년 정도는 더 필드 경험을 하고 리더가 되겠다고 생각하고 있었는데 생각보다 이른 시점에 제안을 받은 것이었다. 짧지만 많은 고민을 하였다. 그리고 그 순간 나에게 멘토가 되어 줄 수 있는 몇 분에게 전화를 걸어 어떻게 결정하는 것이 현명한 방법인지 자문하였다. 8대2 정도로 지금 그런 제안을 받았다면 리더로 열심히 하는 것이 기회가 된다는 의견이 많았다. 데이터베이스 전문팀의 리더이기 때문에 일반적인 팀이 아닌 기술 분야의 팀으로서 도전할 만한 가치가 있는 직무라 생각하였다. 곧바로 수락의 메시지를 전달하였고 이듬해 데이터베이스 전문팀의 리더로 보임되었다.

리더 결심의 배경에는, 나 스스로 회사의 발전과 개인의 성장을 위해서 부지런히 노력하겠지만, 한편으로 팀원들에 대해서 DBA로서 미들웨어 전문가로서 한 사람 한 사람이 국내 최고를 지향하는 전문가로 성장할 수 있도록 이끌고 코칭한다는 목표도 의미가 있어 보였고 도전하고 싶었다. 기술팀의 리더는 단순히 관리적인 부분만이 아니라 자신의 전문성에 기반을 두어 팀의 모든 문제를 보아야 하고 그 문제를 해결하기 위해 사람, 프로세스, 기술을 모두 고민해야 하는 위치임을 알게 되었다. 단순히 사람들에게 에너지를 전달하거나 관리만 하는 관리자가 아니라 기술에 대한 통찰과 문제 해결에 대한 역량을 바탕으로 사람들을 도전하게 하고 조직화하며 프로세스를 체계화하고 기술적인 능력을 발전시켜 나가는 중심 역할을 하는 사람이 되고 싶었던 것이다.

예상했던 대로 팀장이 된 이후에 역할과 함께 권한(인사, 급여 등)을 충분히 소유하고 있기 때문에 이전에 구성원 중 기술 선배였을 때보다 훨씬 강력한 리더십을 발휘할 수 있게 되었다. 이때부터 시야가 넓게 트이고 더 많은 현상을 바라보고 의사결정을 할 수 있는 능력을 갖추게 되었다. 물론 리더가 되었다고 하여 기술자로서 역할을 포기한 것은 아니다. 데이터베이스 분야의 모든 서비스를 담당하는 팀이었기 때문에 끊임없이 문제가 터져 나오고 이슈가 나타나기 때문에 오히려 개별적인 엔지니어일 때보다 훨씬 많은 문제를 분석하고 솔루션을 내야 하는 역할을 수행하게 되었다.

나는 비전공으로 입사하여 개발자→DBA→DB 진단/문제 해결자→리더로 역할이 계속하여 변경됐다. 개발자, DBA, 리더라고 하여 이름이 마치 이일 저일 수행한 것처럼 보이지만, 사실은 지금 하고 있는 데이터베이스 분야의 실무적인 전문성을 향상하는 데 모든 경력이 집중되었다고 할 수 있다. 개발 경험도 데이터베이스를 업무 시스템 레벨로 이해하는 데 있어 중요한 계기가 되었고 특히 데이터베이스 진단과 문제 해결 경험은 다양한 프로젝트의 다양한 운영 환경을 보면서 최고의 데이터베이스, 최악의 데이터베이스는 어떻게 만들어지고 어떤 설계가 되어야 하는지를 이해하게 되었다. 수많은 경험이 나에게는 체계화된 지식으로 전달된 것이다.

또한, 전문팀의 리더도 단순히 관리적인 분야의 사람이 아니라 데이터베이스 기술을 더 많은 다른 사람과 같이 생각하고 솔루션을 찾아가는 것을 조직화하여 하게 되는 계기가 되었다. 앞으로는 이러한 경력Career을 바탕으로 데이터베이스 분야의 의사결정을 주도할 수 있는 CDOChief Data Officer가 되는 것이 내가 바라보는 조직에서 성장한 나의 투비이미지ToBeImage가 되고 있다.

가장 힘들었던 H 프로젝트가 가장 많은 지식을 남게 해주었다 _● "이춘식 씨, 이번에 회사에서 수백억 규모의 대규모 프로젝트를 수행하고 있는데, 상황이 상당히 안 좋습니다. 그곳에 데이터모델링을 하고 데이터베이스를 설계하고 구축하는 역할을 수행하는 사람으로 들어가야겠습니다. 같이 들어갈 사람은 모두 9명인데, 어려운 프로젝트인 만큼 잘 수행해주시기 바랍니다."

당시 팀장님과 프로젝트 PM으로부터 들은 이야기였다. 마치 전쟁터에 나가는 특전사처럼 9명의 전문인력이 회의실에서 만나 조직 책임자 및 PM으로부터 상황 설명과 현장의 분위기를 전해 들었다. 이 이야기를 들었을 때 나는 대리 직급으로, 어떤 일이든 열심히 하겠다는 자세였지만, 대규모 프로젝트에 다양한 이해관계가 얽혀 있고 또한 기술적으로도 내가 알고 있는 부분에 한계가 있었기 때문에 두려움도 컸다.

우려했던 것처럼 프로젝트에 투입되었던 인력 중 상당수가 도중에 프로젝트를 옮기거나 회사를 떠나버리는 경우가 발생하였다. 그만큼 프로젝트가 쉽지 않았으며 여러 가지 기술적인 난제를 헤쳐나가기가 어려웠다.

"이걸 데이터모델링이라고 한 겁니까? 도대체 당신과 당신의 회사는 어떻게 이 정도밖에 안 되는지, 답답하군요!"

"눈이 있으면 이걸 한번 보세요. 우리 회사의 비즈니스를 똑바로 이해하기는 한 거요?"

회의 중에 설계서를 집어던지는 것은 예사였고, 적절한 의사결정이 되지 않아 일의 진척이 없을 정도로 수렁에 빠지는 경우도 많았다. 우리가 제공하는 기술력에도 문제가 있었지만, 프로젝트 계약관계에서 복잡한 문제가 개입되어 기술적인 문제와 함께 감정적인 일 처리 또한 다반사였다.

나는 술은 전혀 하지 못했지만, 프로젝트 수행 중에 스트레스를 심하게 받은 동료끼리 가끔 들른 호프집이 있었다. 그곳은 맥주잔이 얼음잔이었는데 맥주를 그곳에 따라 먹은 다음, 중앙에 던져서 와장창 깨뜨릴 수 있는 곳이었다. 이곳에서 일하면서 받은 스트레스를 날려버린다는 의미에서 그날 심하게 스트레스를 주었던 주체를 생각하면서 얼음잔을 부셨던 기억도 있다.

당시 나에게는 높은 수준의 기술력이 있는 것도 아니었다. 또한, 데이터베이스와 데이터모델에 대한 경험도 걸음마 수준이었다. 그렇기 때문에 감정과 사실로 도전해 오는 여러 가지 여건이 어쩌면 당연한 결과로 받아들였다. 그러나 당시 나의 유일한 자산은 인내심과 지구력 그리고 젊음의 체력이었다. 수천 개의 엔티티에 대해 통합 데이터모델을 꼼꼼하게 설계하고 그것을 플로터(대형 프린터)로 출력하는 것을 반복하였다. 한 번 출력할 때마다 20~30분 정도 걸리는데 그 작업을 매일 수회에서 수십회를 반복한 것 같다. 프로젝트 종료까지 기백 장의 대형 데이터베이스 설계도를 출력하였다. 한 장당 출력원가도 상당히 들어가는 일이었다. 수많은 선이 그려진 데이터모델을 오랫동안 보고 있으면 마치 복잡한 건물 속에 끼어 있는 사람처럼 헤매고 있는 듯한 느낌이 자주 들곤 했다. 복잡한 프로젝트 구성원들, 까칠하고 감정적으로 엉켜 있는 사람들을 모아놓고 업무에 따라 설계된 데이터모델을 설명하고 문제를 찾고 해결하기를 무수히 반복하였다. 당연히 매일 야근에 월화수목금금금이 반복되었다.

프로젝트가 너무 힘들어 9명의 투입인원 중 6명은 회사를 나가거나 다른 곳으로 가버렸다. 최후에 3명 정도가 끝까지 남게 되었으며 그중 한 사람은 독하게도 내가 되었다. 지구력과 체력이 나의 버팀목이 되어주었던 것 같다. 나의 장점인 지구력을 살려 데이터베이스 설계 부분에 대한 다양한 사례와 책을 학습하려 했고 실제 현장에 그것을 응용하려는 시도를 끊임없이 하게 되었다.

은근과 끈기의 지구력이 적절하게 발휘되었는지 엄청나게 까다로운 고객은 내가 설명하는 이야기에 귀를 기울이기 시작했다. 싱가포르, 미국 등에서 비싼 돈을 주고 초빙해온 사람과 수개월 동안 업무관련 정보에 대해서 논의하다가 결국 내가 제시하는 방향으로 의사결정을 하였다. 논리적으로 선진적인 사상은 받아들이도록 하되 한국에 있는 회사의 비즈니스를 충분히 고려한 나의 제안을 받아들여 구축도 3개월 연기하면서 진행했던 기나긴 기술논쟁을 정리하였다. 나는 그때 당황하던 미국 컨설턴트 표정을 잊을 수가 없다.

나는 이 어렵고 힘든 프로젝트를 내 인생의 엄청난 영향력을 미친 프로젝트로 보고 있다. 이 대규모 프로젝트에서 수천 개의 엔티티가 있는 데이터모델을 통합 설계하면서, 밤을 새우고 주말에 나와 업무와 설계의 관계를 연구하고 솔루션을 찾아가면서 내 전문지식을 확장해 갔던 것이다. 이후 프로젝트가 종료되고 다른 프로젝트에 투입되었을 때 나는 고시원에 들어가 데이터베이스 설계와 관련된 많은 책을 다시 한 번 읽고 내가 경험했던 사례와 결합하여 저술한 책이 바로 〈데이터베이스 설계와 구축〉이었다.

힘든 과정을 겪는 동안 내 안의 생각의 공장은 더 빠르게 작동되고 있었으며 새로운 생각을 정립할 수 있는 원동력이 되었다. IT인으로서 살아가면서 시스템을 만드는 일이 절대 쉽지 않다는 것을 이제는 많은 사람이 알고 있는 것 같다. 그래서인지 편하고 쉬운 길을 가려고 하는 사람이 많이 있는데 기억해야 할 것은 편하고 쉬운 길일수록 자신이 가질 수 있는 경험과 지식도 그만큼밖에 될 수 없다는 점을 기억해야 할 것이다.

일부러 높은 산을 오르는 산악인의 마음을 한 번쯤 생각해 볼 필요가 있다. 겨울의 극한 온도에 언 땅을 봄의 햇볕과 비로 정리하면서 여름 뙤약볕과 폭풍우를 견딘 가을의 열매는 깊은 맛을 낼 수밖에 없는 것 같다. 생각할 수 있고 고민할 수 있는 환경은 짧은 기간 동안 보이는 고통스러운 상황이 될 수 있지만, 그것이 또 다른 자아를 성장시키는 무진장한 에너지원이 되는 것 같다.

나는 수확체증의 법칙을 좋아한다 _ ● '수확체감의 법칙 'Diminishing returns of scale'이란 자본과 노동 등의 생산요소가 한 단위 추가될 때, 늘어나는 한계생산량은 점차 줄어든다는 것을 의미한다. 즉 생산요소를 추가로 계속 투입해 나갈 때 어느 시점이 지나면 새롭게 투입하는 요소로 발생하는 수확의

증가량은 감소한다는 것이다. 이 이론을 좀 더 확대하면 어떤 산업이든지 일정 수준에 도달하면 성장이 정체될 수밖에 없다는 결론에 도달한다. 삶이 수확체감의 법칙과 같이 움직인다면 정말 재미없는 생활이 될 것이다.

이와 대비되는 개념이 '수확체증의 법칙'Increasing Returns of Scale이다.

수확체증의 법칙이란 투입된 생산요소가 늘어나면 늘어날수록 산출량이 기하급수적으로 증가하는 현상을 말한다. 이는 지금까지의 전통 산업경제에 적용되던 수확체감의 법칙과 상반된 현상이다.

사람이기 때문에 잠재력이 있고 또한 다양한 경험을 통해 수집된 정보가 집약되어 일정한 수준을 넘어서면 이전에 증가하였던 상태보다 엄청난 속도로 그 성과 등이 나타난다는 것이다. 사실 이 법칙은 다양한 현상에서 나타나고 있다.

멧칼프의법칙은 '통신망 사용자에 대한 효용성을 나타내는 망의 가치는 대체로 사용자 수의 제곱에 비례한다'는 이론이다. 사용자의 제곱에 비례하기 때문에 늘어나는 자원 대비 기하급수적으로 망의 가치가 증대된다는 것이다. 이러한 이론에 근거한 것이 바로 페이스북, 트위터, 카카오톡과 같은 것이다. 나는 기술사 학습을 할 때도 이런 이론에 근거하여 학습에 대한 에너지를 불태웠는데 내용은 다음과 같다.

눈덩이 굴리기

DB/기술사 학습은 눈덩이 굴리기이다. 처음부터 크게 생긴 눈덩이를 보면 겁이 난다. 어떻게 저렇게 큰 걸 만들었을까? 눈사람은 처음에 주먹만 한 걸 굴리면 언제 큰 눈덩이를 만들지 내심 걱정하게 된다. 그런데 눈을 굴리다 보면 주먹만 한 게 수박만 하게 되고, 그러면 눈이 붙는 속도에 가속도가 붙게 된다. 웬만큼 커진 눈덩이를 굴려 더 크게 만드는 건 일이 아닌 것을 알게 된다. 시골에서 한 번쯤 눈을 굴려본 분들은 알 것이다.

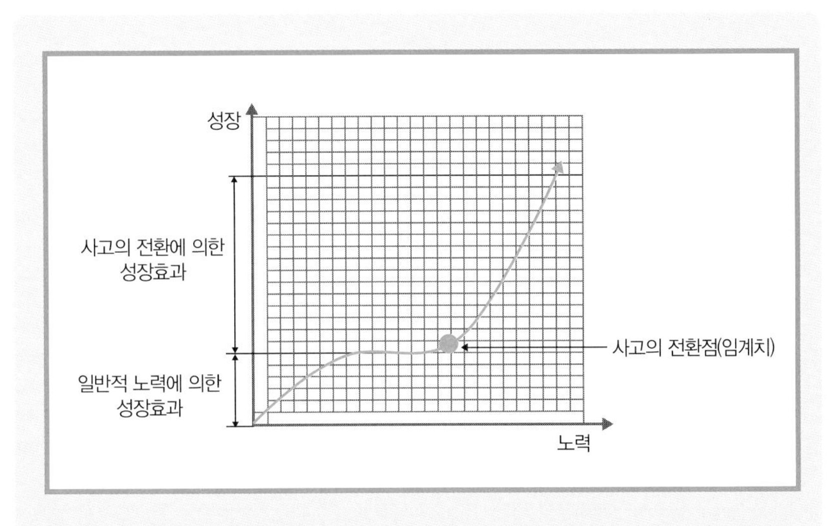

위의 그래프는 일정한 구간까지는 노력대비 효과가 그렇게 많이 나타나지 않지만, 어느 정도 노력이 차고 또한 사고를 새롭게 하는 순간, 투입되는 노력대비 그 효과가 훨씬 배가된다는 그래프이다. 나는 데이터베이스에 대해 학습을 하든, 기술사 공부를 하든, 감리사 공부를 하든 위의 원리를 실제 업무와 학습에 적용하기 위해 노력하였다. 일하면서 학습을 하면서, 같은 일을 하는 데 있어 사고의 전환점이 무엇이 되는지를 항상 고민해 보았던 것이다.

– 학습을 하는 사람에게 –

2000년 초기에 힘들게 수행했던 H 프로젝트에서 수천 개가 되는 엔티티를 설계할 때, 한 번 출력을 하면 플로터 전지에 깨알같이 쏟아져 있는 엔티티와 엔티티를 연결하는 복잡한 선들을 보면서 좌절했던 기억이 있다.

'이제 DBA로서 얼마 되지도 않았는데 아직 이렇게 복잡한 업무를 설계한 경험도 없는데....'

그때의 심정은 초가집 정도 짓는 기술을 가진 사람에게 초고층 건물을 설계하라는 심정과 같았다. 나는 먼저 데이터모델링을 해보았던 사람에게 하나하나 꼼꼼히 질문하였으며 내가 배웠던 책뿐만 아니라 서점에서 데이터베이스 설계에 관련된 모든 책을 하나하나 읽어 나갔다. 그러나 이런 매뉴얼과 같은 책은 프로젝트의 다양한 현실을 충분히 반영하지 못해 책에 표현되지 못하는 다양한 현상들을 적시에 설명하지 못하고 있었다. 즉, 일반적인 학습만으로는 그렇게 많고 복잡한 업무를 통합적으로 설계하는 능력을 확보하는 것은 불가능하다는 것을 알게 되었다고 할 수 있었다.

국내외 유명한 사람은 모두 프로젝트에 다녀갔고 미국의 유명한 회사도 설계된 내용에 대해 끊임없이 컨설팅하면서 문제를 해결해나가던 어느 날, 나는 왜 내가 주체가 되어 이 복잡하고 어려운 데이터모델에 대해서 스스로 주인의식을 가지고 설계하려 하지 않는 것일까? 라고 자문하였다. 끊임없이 어딘가에 정답이 있을 것으로 생각하고 책을 찾고 컨설턴트에 의지했던 나 자신의 생각에서 벗어나 업무적인 상황과 다양한 문제 속에서 스스로 답을 찾기 위해 사고를 바꾸었던 것이다. 신기하기도 그때부터 그 복잡하던 데이터모델이 업무에 따라 물이 흘러가듯 원리가 보이기 시작했으며 교과서에 나와 있지 않은 현상에 대해서 스스로 업무에 따라 해석하고 효율적으로 만들어가는 모습을 도출할 수 있게 되었다. 그리고 그 현상 하나하나에 대해 사례를 수집하고 지식체계를 정립하게 되었다. 이후 이 지식체계는 다른 기본적인 지식의 체계와 결합하여 〈데이터베이스 설계와 구축〉이라는 책으로 정립되어 가장 많은 사람이 이용하는 데이터베이스 설계 서적이 된 것이다. 스스로 생각하고 문제를 해결하려고 생각하는 순간부터 지루하게 성장해왔던 나의 지식이 제곱에 비례하는 체증의 곡선을 탔다고 할 수 있었다.

버리면 새로운 것이 솟아나올 수 있다 _ ● 400분 동안 긴 문장을 작성하는 기술사 시험의 특성상 수검자의 심리적인 상태는 대단히 중요하다고 할 수 있다. 심리가 다운되면 곧바로 논리를 전개하는 흐름이 무너지고 그 결과 좋은 점수를 획득할 수 없게 된다. 기술사 학습을 하면서 내가 깨달은 중요한 원리가 하나가 있다. 그것은 '버리면 새로운 것이 솟아나올 수 있다.'라는 것이었다.

이것은 마치 옛날 두레박으로 퍼내는 우물과 같이, 퍼내면 지하에 있는 새로운 물이 위로 올라오는 경우와 같으며, 성형수술에서 얼굴 외피를 벗겨 내면 새로운 피부가 생기는 것과 같고, 늦가을 나뭇잎이 떨어지고 겨울에 앙상하게 남아 있는 나무에서 다시 초록색의 잎이 올라오는 자연의 현상과도 비슷한 것이었다. 6개월이고 1년이고 심혈을 기울여 만든 기술사 노트를 버리지 않으면 이전의 불합격의 습관이 그대로 몸에 배어 있어 쉽게 합격하지 못하는 것도 이러한 원리로 해석해 볼 수 있다. 기술사 학습을 하다 보면 정리된 좋은 자료가 너무나 많이 있음을 느끼게 된다. 또한, 학습할 주제도 이전에 학습한 주제의 범위를 벗어나는 경우는 별로 없음을 알게 된다. 기술사 학습의 정리된 자료는 전통적인 IT 기술이 정확하고 누락이 없게 되어 있다고 하더라도 과언이 아닐 정도로 지속적으로 발전되며 정리되고 있는 것이다. 그러나 완성도가 높게 자료가 정리되었다는 데에 자칫 함정에 빠질 수가 있다. 자신만의 논리를 가지고 새로운 답안을 작성하는 데 자신만의 선을 긋지 못하고 이전에 그어져 있던 폭 패인 공간에 자신의 선이 그어져 버리는 것처럼 기술사 학습을 하는 많은 사람이 자신의 선을 그려내지 못하고 이전

선배가 그려 놓은 공간을 따라 그려 버리는 함정에 자주 빠지게 되는 것이다. 기술사 채점방식은 암기형 답안이나 신선한 자극이 없는 답안에 대해서 고득점을 부여하지 않는다.

이것을 극복하는 방법은 두 가지 방법을 적용해야만 극복될 수 있다.

첫 번째는 기존에 정리된 자료에 새로움을 덧입히는 작업이다.

두 번째는 새로운 주제에 대한 학습을 늘려 융합시키는 것이다.

첫 번째 방법은 기존에 정리된 자료를 학습하고 그것보다 더 새로운 자료를 찾아보거나 경험을 융합하여 자료를 신선하게 만들어가는 방법이다. 예를 들어 프로젝트 위험관리라고 기존에 정리된 위험관리 자료를 참조하고 프로젝트 위험에 대한 내용을 CISA 교재라든지, 다른 논문에 정리된 내용을 추가하여 정리하는 것이다. 또한, 자신이 경험한 프로젝트 위험에 대해 일목요연하게 정리하여 답안에 활용할 수 있도록 준비하는 것이 기존 주제에 대한 새로움을 덧입히는 방법이 된다.

두 번째는 새로운 주제에 대해 학습을 하는 것이다. 잘 나오지 않을 것 같은 새로운 주제를 많이 학습하게 되면 해당 주제가 출제되지 않는다고 하더라도 다른 문제를 풀 때 학습한 내용을 이용하여 답안을 작성하게 되므로 답안의 구성이 훨씬 참신하게 보일 수 있게 된다. 따라서 출제가 되지 않더라도 해당 개념을 얼마든지 이용 가능한 새로운 주제에 대해서는 정리 학습을 하는 것이 자신의 답안을 새롭게 하는 요소가 될 수 있음을 기억할 필요가 있다. 지속적으로 새로움을 추구하여 자신의 학습 내용과 답안 표현이 낡은, 고정화된, 창조적이지 않은, 옛것을 반복하는 패턴에서 벗어나는 것이 요구된다.

내가 담당하고 있는 DB 관리팀에서 나는 항상 이전에 그리지 않았던 새로운 그림을 그리기 위해 이전에 해왔던 익숙한 것의 일부를 버리는 것부터 시작했다. 개인의 지식을 조직의 지식으로 엮어낼 수 있는 활동의 지식을 묶어 낸다든지Mash-up, 팀 내 소그룹 스터디를 장려하여 다양한 학습 활동을 유도한다든지, 장애에 대해서 조직적이고 체계적인 처리를 위해 장애대응 프레임웍Incident Framework을 만든다든지 하는 활동을 수행했다. 매년 새로운 활동을 계획하여 이행하게 되면 이것을 수행하는 팀원들은 처음에는 생소하게 생각을 했다가 이내 이전보다 더 적극적으로 활동하는 경우가 많이 나타났다. 이전부터 잘해 온 것은 그대로 계승 발전하는 것이 적합하겠지만, 때로는 이전에 했던 익숙한 것을 벗어던지고 새로운 것을 만드는 것을 계속하는 것이 더 생활을 재미있게 하는 열쇠가 될 수 있었다.

IT 전문가로서 능력 있는 리더가 된다는 것

● 내가 과장 때 근무했던 곳은 서울 남산 3호 터널 앞 50M 전방에 있었다. 자리에 앉아 있다 가끔 눈을 오른쪽으로 돌려 창문 너머로 바라보면 붉게 물든 남산의 모습과 서울을 한눈에 바라볼 수 있는 남산타워가 바로 보였다. 서울 중심가에 있으면서도 남산의 정화된 공기를 마실 수 있는 곳이므로 나름 괜찮은 곳에 사무실이 있었던 것 같다.

1990년대 중반에 회사에 입사하여 지금까지 순식간에 시간이 흘러 금방 다른 위치가 되었다. 사원 시절 과장이라고 하면 왠지 높아 보이고 감히 함부로 이야기도 할 수 없는 분이라고 생각한 때가 있었는데 과장이 되어 나를 돌아보면 사원 때 느꼈던 높은 과장이라기보다는 아직 많이 성장해야 할 사원의 모습이 아닌가 생각도 되었다. 아침에 출근하면 엘리베이터 앞에 길게 늘어서 줄을 서 있는 사람들의 인상을 살피면 많은 스트레스로 머리가 벗겨진 사람도 보이고 일의 중압감인지 인상이 밝지 않고 찌그러진 사람도 있다. 평균적으로 보면 직급이 높아진 사람일수록 인상이 더 많이 사회에 찌그러져 있는 것을 볼 수 있다.

대다수 사람은 조직에 들어가게 되고 다른 사람으로부터 관리를 받다가 점차 관리하는 영역으로 이동하게 된다. 기술 중심의 IT 서비스 회사 역시 회사나 단체에 속해있는 사람은 리더로서, 관리자로서 일을 하지 않을 수 없는 영역이다. 자신이 언어 개발자이든, DBA이든, 패키지 전문가이든 어느 정도 직장경력이 쌓이면 사람을 거느리고 일할 수밖에 없다. 그러나 준비 없이 시간만 흘러 높은 직급이 그냥 되었다가는 여러모로 곤욕을 치르거나 다른 사람을 괴롭게 하는 일을 하게 되는 경우가 종종 있게 된다.

신입사원 때부터 리더로 있는 다른 사람 아래에서 열심히 일하는 대리 때를 거친 이후에 다른 사람을 거느리면서 일하는 리더로서 능력 있는 모습을 정의하는 것은 매우 중요하다. 또 이것을 미리 알고 있는 것과 연차가 차서 준비가 안 된 채, 리더가 되어 다른 사람을 리딩하는 것과는 많은 차이가 있다.

능력 있는 리더자가 되는 비법을 한마디로 정의하라고 한다면,

'비전이 있으며 긍정적인 사고로 즐겁게 일하면서 강한 실행력을 발휘할 수 있

으면 능력 있는 리더자'라 말할 수 있다. 능력 있는 리더에 대해서는 여러 경영 서적에 많이 나와 있기는 하다. IT인으로서 또 직장인으로서 직접 부딪혔을 때 능력 있는 리더의 모습은 실질적으로 어떤 모습이 될 수 있는지 다음과 같이 생각해 보았다.

여러 가지 항목으로 분류할 수 있지만 대체로 다음과 같이 정리된 7가지에 대해서 자신감 있게 Yes라고 대답할 수 있으면 자질이 우수한 리더라고 할 수 있을 것이다.

1) Goal
일의 목표는 분명한가?
2) Value & Performance
일에 가치가 부여되고 있고 일의 성과를 내고 있는가?
3) Communication
다양한 성격의 사람과 대화를 잘할 수 있는가? 협상의 기술이 있는가?
4) Presentation Skill
프리젠테이션 스킬이 우수한가?
5) Document Skill
기획 문서를 쉽고 빠르게 작성할 수 있는가?
6) Time Management
시간 관리를 하고 있는가?
7) Insight
변화와 개선점을 파악할 수 있고 제시할 수 있는가?

위 7가지 항목 중 가장 중요한 세 가지에 대해 살펴보도록 하자.

1) Goal: 일의 목표는 분명한가?

과거 대 히트작 영화 '벤허'에서는 주인공이 노예선에 잡혀 배 밑창에서 노를 젓는 장면이 나온다. 배 밑창에 있는 노예들은 배가 어디로 가고 있는지 도무지 알 수가 없다. 그저 앞에서 북소리가 들리면 열심히 노를 젓는 일만을 수행한다. 그 일의 방향은 배를 담당하는 관리자(선장)가 결정하고 그에 따라 배의 키를 담당하는 사람은 키를 돌리고 배 밑창에서는 노를 젓는 것이다. 이 배에서 만약 배의 관리자가 정확한 방향을 설정하지 못하고 아래에 있는 사람에게 열심히 노를 저으라고 했다면 원하는 목적지에 가지도 못하고 노를 젓는 사람은 힘만 들게 된다.

나는 97년도에 객체지향에 관련된 파일럿 프로젝트를 회사 내에서 수행하였다. 당시에는 신기술이었던 객체지향기술을 적용하여 연구 프로젝트를 수행하여 전사적으로 지식을 확산하는 것이 목적이었다. 즉 시스템 구축이 완료되어도 업무에서는 전혀 사용하지는 않고 객체지향 개념을 적용한 시스템 구축에 관련된 Know-how를 회사 내 다른 사람이 적용할 수 있도록 확산하는 것이 목적이었던 것이다.

그러나 프로젝트를 진행하면서 어떻게 하면 정해진 시간 안에 업무를 분석하고 설계하여 개발을 완성할 지에만 초점을 맞추어 개발했고 원래 계획했던 전사 확산이라고 하는 목표는 슬그머니 사라져 버렸다. 프로젝트를 이끌고 있던 프로젝트 관리자가 목적을 잊어버리고 당장 눈앞에 보이는 시스템의 완성에만 급급했던 것이다. 결과적으로 시스템은 완성되었지만, 지식 확산을 위해 관련 문서를 정리하거나 다른 사람에 대한 교육 계획을 수립하지 않았고 지식으로 정리하지 않아 전사 확산이라고 하는 목적은 달성할 수 없었다. 6개월 동안 프로젝트를 수행했던 사람들은 다른 프로젝트에 투입되어 버렸고 개발된 시스템은 전혀 사용되지 않는 휴짓조각이 되어 버렸다. 프로젝트가 정확한 목적을 잃어버렸던 것이다.

프로젝트에 참여했던 모든 팀원이 목적을 잘못 설정하여 모두에게 잘못이 있지만, 그중에서도 프로젝트를 계획하고 책임지고 있었던 관리자의 책임이 가장 크다고 할 수 있었다. 한 사람당 비용을 700만 원씩 계산하여 투입인원이 8명이었으므로 700만 원 × 8명 × 6개월 = 3억3천600만 원이 소요된 프로젝트가 개인의 기술 향상(대략 5천만 원) 효과 이외에는 거의 무용지물이 되어 버린 것이다. 그런데 많은 조직에서 수행하고 있는 일을 살펴보면 위와 같이 분명한 목적의식이 없는 상태 또는 잘못 설정된 상태에서 어떤 일이 실행되고 있는 경우를 종종 본다.

리더로 선임된 사람은 하는 일에 대해 목적에 맞게 분명하게 진행되고 있는지를 반드시 점검해야 한다. 시스템 구축 프로젝트를 할 때 프로젝트 구성원은 하는 일이 업무에서 어떤 부분을 개선하려고 하는지, 그러한 차원에서 업무 분석이 정상적으로 수행되고 있는지를 집중적으로 검토해야 한다. 그 일을 담당하는 리더는 지속적으로 목적에 대비하여 일의 방향이 올바른지 검증하고 다른 방향이면 다시 교정하는 작업을 수행해야 한다. 서버 장비, 디스크, 네트워크 장비 등을 담당하는 팀의 관리자라면 그 일에서 가장 중요한 목적이 무엇이고 그 목적에 맞게 모든 일의 기능과 프로세스가 확립되어 있는지 확인해야 한다. 시스템을 구축하는 팀을 맡고 있다면 해당 시스템의 목적은 무엇인지 그 일을 왜 실행하고 있는지를 정확하게 인지한 상태에서 다른 팀원에게 계속 그 목적을 알리는 역할을 수행해야 한다.

나는 시스템 구축을 하는 여러 프로젝트에서 개발자에게 다음과 같은 질문을 많이 하곤 했다.

"당신이 개발하고 있는 이 화면은 이전 시스템과 비교했을 때 어떤 개선의 효과가 있습니까? 사용자에게 어떠한 장점을 제공하고 있습니까?"

이런 질문을 하면 개발자는 "나는 그저 계약에 의해 업무가 분석되고 설계된 내용을 가지고 개발할 뿐입니다. 무엇이 개선되는지는 저도 잘 모르겠군요."라고 이야기하는 경우가 아주 많다. 프로젝트를 담당하고 있는 관리자나 개발의 리더는 모든 개발자가 자신이 하는 일의 목적이 무엇인지 반드시 전달하여 목적에 맞는 일을 수행할 수 있도록 지속적으로 관리해야 한다.

분명한 목표점을 먼저 설정하고 그 일을 실행할 수 있도록 전 구성원과 공유한다면 이루고자 하는 목표를 더 빠르고 쉽게 달성할 수 있게 된다.

2) Value & Performance : 일에 가치가 부여되고 있고 일의 성과를 내고 있는가?

때로는 많은 사람이 "당신은 회사에서 얼마만큼 일하고 있습니까?"라고 질문을 받으면 "나는 하루에 12시간 이상 회사에서 일합니다." "나는 종일 밤을 새웠습니다. 그리고 사우나에서 몸을 회복한 뒤 다시 일한 적도 많아요."라고 이야기한다. 그리고 일을 수행한 시간으로 자신의 일의 가치를 이야기하거나 성과를 이야기하는 경우가 많이 있다.

그러나 이러한 일의 수행 방식과 그 사람의 측정 방식은 명백하게 잘못되었다. 문제는 내가 얼마나 책상 앞에 앉아서 일을 수행했느냐가 아니라 내가 책상에 앉아서 일했는데, 어떤 품질로 어떤 성과를 나타냈느냐가 중요한 것이다.

팀의 리더는 팀원들이 구체적인 성과를 낼 수 있도록 해야 한다. 얼마나 열심히 일했느냐에 초점을 맞출 게 아니라 팀원으로부터 어떤 일이 수행되어서 목적이 달성되고 있는지 어떤 성과를 만들어 내고 있는지에 초점을 맞추어야 한다.

나는 시골 촌 동네에서 자라났다. 꼼꼼하기로 소문난 할아버지는 무슨 일이든 가장 확실하게 하곤 했다. 시골에서 농사를 지으셨기 때문에 어떤 재료에 물건을 묶어서 일하는 경우가 많았다. 어린 내가 밧줄로 물체를 묶어놓고 할아버지에게 다 되었다고 말씀드리면 90% 정도는 할아버지가 묶어놓은 줄을 풀어서 다시 꼼꼼하고 단단하게 묶었던 적이 있다. 농촌에서는 가을에 벼가 누렇게 모두 익으면 벼에 달린 벼 알갱이를 모두 털어내고 나머지 볏짚은 잘 묶어서 단을 쌓게 된다. 낮게는 2미터 높이에서 높게 쌓아올리면 7~8미터 정도로 쌓아올린다. 잘 쌓아놓은 볏짚은 그해 겨울에 먹을 풀이 부족한 소에게 외양간 여물통에 끓여서 주기도 하고 날것으로 주기도 하면서 소의 영향을 보충하는 가장 긴요한 농사의 부산물이다. 쌀이 사람을 위한 부산물이라면 볏짚은 소의 생명을 위한 부산물이다.

늦은 가을에 동네에서는 거의 모든 집이 볏짚을 쌓아 올리고 겨우내 아래에 있는 볏짚부터 소에게 제공한다. 아래에서 볏짚을 한단 한단 빼내다 보면 높이가 7~8미터인 볏짚이 쓰러지는 경우가 자주 있다. 그런데 할아버지가 쌓아놓은 볏단은 얼마나 꼼꼼하고 단단하게 쌓아두었던지 이른 봄이 될 때까지 거의 끄떡없이 서 있었다. 하단의 많은 볏짚을 끄집어내어 가분수 모양을 하고 있어도 신기하게 볏단이 쓰러지지 않았던 것이다. 많은 사람이 같은 시간을 투자하여 볏단을 쌓아 올렸지만 볏단 품질은 동네에서 제일 좋았던 셈이다. 그러다 보니 여러 이웃집에서 볏단 올릴 때면 할아버지에게 부탁하는 경우가 종종 있었다.

무슨 일을 할 때 누가 보지 않는다고 대충하고 누가 보고 감시하면 일하는 조직은 망할 수밖에 없다. 또는 그 조직에서는 상호 간의 감시체제가 일할 수 있는 원동력(에너지)이 되므로 감시체제가 조금이라도 허점이 생기면 그 조직은 무너질 수밖에 없다. 아무리 많은 시간을 책상에 앉아 있어도 일의 효율이 떨어져 있다면 그 조직은 심각한 병에 걸린 조직이나 다름없다.

진정한 일의 측정은 성과와 품질로 가능하다. 그 사람이 얼마나 많은 일을 했느냐에 초점을 맞추지 말고 그 사람이 무슨 일을 성취했느냐? 그리고 그 일이 가치 있는지 품질은 우수한지를 보아야 할 것이다. 리더로서 일할 때 밤늦게 일하라, 휴일에도 출근하라, 휴가를 반납하라고 이야기하면 안 된다. 어떤 일을 언제까지 어떠한 품질로 완성하라고 요청해야 한다. 정해지지 않은 시간에 추가적인 일은 해당 팀원이 스스로 알아서 할 수 있도록 해야 한다. 그리고 지속적으로 팀원이 전문적인 기술을 가질 수 있도록 배려하여 고품질의 성과가 나올 수 있도록 하는 데 중점을 두어야 한다.

경력 4년 차 정도에 공통 프로그램을 개발하는 역할로 S 프로젝트를 수행하는데 일주일에 한두 번은 밤을 새웠다. 그리고 토요일도 늦게까지 일하고 휴일, 명절에도 열심히 개발한 적이 있었다. 물론 그 당시 관리자는 우리가 가능한 모든 시간을 회사에 나와 열심히 개발하기를 원했다. 그러나 맑은 정신으로 일이 이루어지지 않아 내가 개발한 프로그램에 많은 버그가 존재했고 이 때문에 공통 모듈을 사용하는 개발자들이 끊임없이 내가 개발한 프로그램으로 곤욕을 치르고 있었을 뿐만 아니라 일의 진척도 늦어진 경우가 있었다. 8년 차 정도에 수행했던 K 프로젝트에서는 대부분 9시 이전에 퇴근했고 휴일에는 거의 출근한 적이 없었다. 그러나 일을 할 수 있는 낮에 맑은 정신으로 일할 수 있었고 의사 결정도 쉬웠으며 일의 효율성이 향상되어 이전보다 훨씬 적은 변경으로 개발자를 효과적으로 지원할 수 있었다. 이때 리더는 가급적 일과 시간 안에 집중력을 가지고 일하기를 원했고 그 사람에게 맡긴 일에 대한 성과를 분명하게 점검하고 관리하였다. 프로젝트에는 여러 가지 요인이 있었지만, 결과적으로 두 번째 프로젝트가 훨씬 더 안정적으로 오픈하게 되었다.

3) Communication : 다양한 성격의 사람과 대화를 잘할 수 있는가? 협상의 기술이 있는가?

사원 시절에 국내의 공공 기관을 대상으로 하는 프로젝트의 공통 컴포넌트 개발자로 있었던 적이 있다. 고객으로부터 편집이 쉬운 에디터 개발을 요청받아 몇 개월 동안 개발하여 거의 완성 단계에 이르렀는데, 갑자기 고객이 해당 에디터에서는 제공할 수 없는 기능을 추가로 요청하였다. 나는 그런 기능은 불가능하다고 하자 고객은 "그럼 이 에디터는 사용할 수 없겠군요."라는 의견을 제시하였다. 그 이야기를 들은 나는 수개월 동안 고생하여 만든 프로그램을 사용하지 않겠다는 고객의 이야기에 흥분하여 얼굴이 빨개지고 고객과 언성이 높아져 언쟁하고 있었는데, 옆에 있던 나의 리더가 내 손을 잡아주고 나를 진정시켜놓고 그러면 어떻게 할 것인지에 대한 대안을 찾으며 차근차근 풀어나간 적이 있었다. 만약 내가 계속해서 언성을 높이면서 대화했다면 계약 관계뿐만 아니라 프로젝트 여러 곳에서 문제가 발생할 수 있는 상황이었다. 당시 나의 관리사가 효과적으로 대화하고 협상하여 나중에는 내가 개발한 에디터도 효율적으로 활용할 수 있었고 프로젝트도 원만하게 진행할 수 있었다.

그때의 일을 거울삼아 상대방과 대화할 때 나의 상황이 불리할 때도 나름대로 감정을 억제하고 효과적인 대화를 하기 위해서 무척 애를 쓴다.

IT업의 특성상 엔지니어(개발자, DBA, 시스템관리자)로 일을 시작하는 경우가 많다 보니 상대방과 대화할 때 내가 개발한 소스나 개발된 내용에 대해 지적을 받게 되면 아주 과민하게 반응하는 경우를 자주 본다. 이러한 습성이 관리자가 될 때까지 이어져 다른 사람과 이야기할 때 불필요하게 과민반응하거나 협상의 자질이 낮은 경우가 IT업의 엔지니어에게 나타나는 현상이다. 그러나 리더는 반드시 여러 성격의 다른 사람과 대화할 때 원만하게 대화할 수 있는 기술을 읽혀야 한다. 또한, 어떤 대화를 할 때 내가 이야기하고자 하는 내용을 가지고 상대방을 설득할 수 있는 이른바 '입심'을 가지고 있어야 한다. 거짓말이나 사기꾼이 되어야 한다는 의미는 절대 아니다. 알고 있는 사실을 바탕으로 이야기하면서도 상대방을 얼마든지 설득할 수 있다는 것은 직접 해보면 알게 된다. 대화의 기술도 여러 가지 전문적인 방법이 많이 있지만, 상대방의 이야기를 경청하고 핵심을 파악한 다음 다시 나의 의견을 논리적으로 이야기하는 것이 핵심이다. 나는 지금도 데이터 모델링과 데이터베이스에 대한 기술을 무척 좋아하고 현재도 연구 중이다. 그리고 다른 한편으로는 내가 기술의 모든 것으로 생각했던 IT 외에 상대방과 대화하는 방법이나 협상하는 방법도 보이지 않는 고난도의 기술임을 알고 이 부분을 개발하기 위해 노력 중이다.

효율적인 대화를 이끌기 위해서는 상황에 적합한 적절한 유머 감각이 아주 중요한 것 같다. 보통 회사에서 여러 사람이 대화하는 자리는 주제에 대해서만 집중하다 보니 사람들의 표정도 쉽게 굳어지고 사무적인 대화만 오가면서 가벼운 내용도 심각하게 이야기되고 따라서 의사결정도 어려워지며 시간이 많이 소요되곤 한다. 이때 적절한 유머가 있게 되면 사람들의 얼굴 근육이 풀리게 되고 훨씬 원만하게 회의를 진행할 수 있게 된다. 어떤 회의를 주관할 때는 반드시 사람들이 한 번 정도 웃을 수 있는 유머를 던지려고 하는데, 유머가 통할 때 회의 분위기도 좋고 또한 원하는 지점까지 효율적으로 논의할 수 있게 된다.

이런 말을 들은 적이 있다. 우리나라 사람은 무언가 논의를 시작할 때 심각하게 목차를 설명하고 목표를 설명하는 등 매우 딱딱하게 시작하고, 선진적인 문화를 가지고 있는 사람들이 회의를 시작할 때 항상 전체가 한 번 정도 웃을 수 있는 간단한 유머를 던지고 시작한다는 것이다. 웃으면서 시작한 회의는 상호 간에 기분 좋은 에너지가 배출되어 그런지 회의가 상당히 긍정적인 경우가 많이 있고, 딱딱하게 시작한 회의는 무언가 꼬투리가 잡히기만을 기다렸다가 공격하는 것과 같은 분위기가 형성되어 무거운 경우가 많이 있다. 적절한 유머 기술을 구사할 수 있도록 스스로 노력하는 것이 리더로서 역할을 할 때 기대되는 중요한 기술임을 기억해야 한다. 단, 유머는 너무 상황과 동떨어지거나 저급하지 않고 상황에 적합한 주제로 하는 것이 가장 좋을 것이다. 사람의 얼굴 근육을 풀게 하는 리더가 되도록 노력할 필요가 있다.

4) Presentation Skill : 프리젠테이션 스킬이 우수한가?

"자 한번 지금부터 자신에 대해서 10분 동안 발표하기 바랍니다. 정해진 시간은 넘지 말고 자신의 강점을 최대한 부각하여 설득력 있게 표현하도록 하세요." LG CNS 승진 심사를 할 때 승진 대상자에게 하는 질문이다. LG CNS는 과장으로 승진할 때 별도의 심사를 보게 된다. 마치 신입사원을 면접하듯이 3명의 선배 심사위원이 앉아 있고 승진대상자는 미리 프리젠테이션 자료를 준비하여 약 10분 동안 발표하고 이내 질문과 답변으로 이어진다. 여기에서 높은 점수를 획득해야 승진에서 유리한 고지를 점령할 수 있다. 과장 승진이면 약 7년에서 10년 정도의 연차이지만 짧은 시간에 자신에 대한 경력 설명과 함께 과장으로 승진하기 위한 자신만의 경쟁력을 소개한다는 것이 그리 쉽지가 않다. 면접을 보다 보면 탁월하게 자신을 표현하는 경우가 있는데, 프리젠테이션 스킬이 매우 좋은 경우에 해당된다. 이 경우 심사위원으로부터 아주 좋은 점수를 받게 된다. 내실은 없는데 프리젠테이션만 잘하는 것은 문제가 되겠지만, 보통 프리젠테이션을 잘하면 자신의 업무도 자신감 있게 수행하는 것을 자주 보게 된다.

IT 서비스도 프로젝트 단위로 업무가 수행된다. 그 때문에 치열한 경쟁시장에서 프로젝트를 수주해야 기업의 생명력이 유지될 수 있다. 프로젝트를 수주하기 위해서 사전에 제안서를 작성하고 그리고 다른 제안서를 낸 회사와 함께 평가위원(심사위원) 앞에서 자신의 내용이 더 효과적이고 기술적으로 우위에 있다는 점을 주장하게 된다. 프리젠테이션 시간은 보통 20분에서 길면 40분 정도 소요되는데 작성된 내용도 중요하지만 발표하는 사람에 따라 당락이 좌우되는 경우가 많이 있다. 프로젝트 규모가 보통 20억에서 많게는 수천억에 이르기 때문에 프리젠테이션 역량이 얼마나 중요한지 이해할 수 있을 것이다.

따라서 리더로 갈수록 자신뿐만 아니라 자신이 함께 수행하는 사람들의 일들에 대해서도 효율적으로 설명해야 하는 경우가 많이 있기 때문에 효과적인 프리젠테이션을 할 수 있도록 평소에도 많은 연습을 해야 한다.

5) Document Skill : 기획 문서를 쉽고 빠르게 작성할 수 있는가?

프로그래머가 프로그램을 실제로 코딩하는 데 드는 시간은 얼마나 될까? 1985년 Fairly의 조사에 의하면 프로그래밍 작성에 13% 정도만 소요된다고 한다. 나머지는 프로그램을 읽고 문서 작성하는 데 16%, 의사소통 32%, 기타 39%의 시간을 사용한다고 한다. 프로그램을 전문적으로 하는 사람도 문서 작성에 상당 시간을 쓰게 되는데 리더로서 업무를 수행할 때는 더 많은 문서 작업을 할 수밖에 없다. 이때 문서를 단순한 작업이라고 생각하면 안 되고 의사소통 및 무언가를 기획하는 데 있어서 아주 중요한 일이라고 생각하는 게 중요하다. 보통 연차가 얼마 되지 않았을 때, 문서 작성에 대한 일을 부여하면 쓸데없는 일을 한다고 생각하기도 하는데, 절대 그렇게 생각하면 안 된다. 모든 의사소통은 작성된 문서를 통해 이루어진다는 것을 기억해야 하고 잘 정의된 문서 한 장은 몇억, 몇십억, 몇백억의 의사결정을 이끌어 내고 활용된다는 점을 기억해야 한다. 따라서 문서를 효율적으로 작성하기 위해서 '논리적 사고'에 대한 책을 읽는다든지, '컨설팅 장표 작성'에 대한 책을 읽는다든지, 또는 다양한 보고서 형식을 보고 아이디어를 생각해내는 훈련을 지속적으로 전개할 필요가 있다.

6) Time Management : 시간 관리를 하고 있는가?

"만약 회사가 저를 선택해준다면 온 힘을 다해 회사가 잘되도록 할 것이며 저의 능력 또한 최대한 개발하여 유능한 인재가 되겠습니다!"

신입사원 때 보통 마지막에 하고 싶은 이야기를 하라고 하면 이와 같은 이야기를 한다. 많은 사원이 입사해서 교육을 받고 주어진 일을 배우고 정신없이 프로젝트를 수행하거나 시스템을 운영하게 된다. 그러다 어느 순간 고개를 들고 자신을 바라볼 때, 자신이 신입 때 원했던 생활을 하지 않고, 또한 자신이 바라던 유능한 인재가 되지 않고 항상 허둥대는 듯한 모습을 바라보게 되는 경우가 있다. 시간관리가 필요하다. 주어진 일에 최대한 몰입하여 일하면서 자기계발을 끊임없이 해나가야 하며 인문학적인 시각을 키워 사람을 볼 줄 알고 정신을 순화할 수 있는 시간적인 통제력이 필요한 것이다. 신입사원 때부터 나의 일 년 계획 안에는 항상 책을 몇 권 읽겠다는 계획이 있었다. 되든 안 되든 기술적인 서적뿐만 아니라 자기계발서와 교양서적을 꾸준히 읽어서 정서가 메마르지 않도록 했던 것 같다. 2000년 초부터 이어진 집필하는 나의 모습은 IT업을 하면서도 적절하게 시간을 할애하여 끊임없이 책 읽는 시간을 가진 것이 원동력이었던 것 같다. 위로 올라갈수록 이전보다 더 많은 일이 나에게 쏟아지게 된다. 시간에 대한 통제력을 잃게 되면 또한 적절하게 역량을 배분하지 않으면 일이 쉽게 뒤틀어져 원하는 결과를 만들어낼 수 없게 된다. 시간에 대한 통제력을 위해 자신이 중요하다고 여기는 것에 집중할 수 있도록 시간을 관리해야 한다.

7) Insight : 변화와 개선점을 파악할 수 있고 제시할 수 있는가?

마지막으로 훌륭한 리더의 자질로서 통찰력Insight을 정리하였다. Insight는 한국말로 통찰력이라고 하는데 이것은 대학만 잘 나왔다고 해서 또는 일만 열심히 한다고 해서 생기는 것이 아니다. 끊임없이 현상에 대해서 생각하고 다른 사람의 의견을 듣고 많은 학습을 해야 생길 수 있다. 리더는 다른 사람이 현실만을 보고 있을 때 더 앞에 있는 것들을 미리 보고 그것을 향해 검증하고 드라이브를 걸어주는 역할을 해야 한다. 그래야 급변하는 이 세상에서 성공적으로 살아갈 수 있다. 어떤 사람은 인류는 수천 년이나 변화하였고 지금까지 전 세계적으로 수만 가지의 아이디어가 이미 특허 등으로 정리되어 있기 때문에 더는 변화 요소가 나오기 어렵다고 이야기하는 사람도 있다. 과연 그럴까? 무언가 안정적인 게 나와 이제 이 정도면 이곳에 변화가 더는 나오지 않을 것 같은 순간에도 또 새로운 것이 나와 세상을 지배하곤 한다. Yahoo가 검색 시장을 평정했을 때 Google은 새로운 검색 기법을 들고 나와 세계 시장을 제패해 버렸다. 세계 휴대전화 시장에서 LG, 삼성, 노키아가 확고하게 뿌리를 내리고 비즈니스를 하고 있을 때 애플은 아이폰 하나로 전 세계적으로 핵폭풍이 몰아치게 하는 효과를 가져왔다. 홈페이지와 포털의 개념이 웹 환경의 종착점인 것처럼 생각하고 있을 때 트위터와 페이스북은 SNS를 통해 전 세계에 있는 사람들을 묶어 주고 실시간Realtime 의사소통을 가능하게 하였다. 변화할 수 없을 것 같은 종점에 섰다고 느낄 때 새로운 변화와 개선점이 항상 나타날 수 있음을 보여주는 예이다. 이처럼 리더는 자신이 속한 조직 내에서 항상 변화하고 발전하게 하는 것을 제시하는 통찰력을 보유해야 한다. 그러기 위해서는 끊임없이 생각하고 전문적인 학습을 해야 그것이 가능하기 때문에 다른 사람보다 많은 책과 논문을 읽고 세미나 등에도 활발하게 참여하여 배우는 노력을 해야 한다.

대학생이나 아직 회사에 입사하지 않은 학원생은 IT 회사에서는 그저 컴퓨터 언어를 잘 구사하고 데이터베이스를 잘 관리하고 서버만 잘 관리하는 것으로 생각하는 경우가 많이 있다. 심지어는 회사에서 생활하고 있는 사람도 이러한 생각을 가지고 있는 경우가 많다. 그러나 시스템은 여러 사람이 함께 모여 완성해가는 특성이 있고 시스템은 비즈니스의 대상이 되고 비즈니스는 회사의 조직에서 창출되고 실행되는 영역이다. 즉 IT업이라고 할지라도 조직이 있고 관리라고 하는 영역이 있어 이 영역에 대해 IT 기술을 연구하듯 좀 더 전문적인 학습과 적용이 필요하다.

그저 연수가 차 리더가 되어 조직을 관리하고 다른 사람을 평가하는 사람이 되어서는 안 된다. 기술과 사람을 체계적으로 구성하고 다스릴 수 있는 준비된 리더가 되어야 한다.

조직에서 영향력을 받는 위치에서 영향력을 미치는 위치로 바뀔 때는 그 사람으로 하여금 단순히 관리의 영역만이 아니라 리더의 영역도 구성원이 기대하고 있음을 알아야 한다. John C. Maxwell은 〈리더십의 법칙〉이라는 책에서 "스스로 지도자라고 생각해도 따라오는 사람이 없다면 그저 산책만 하고 있었을 뿐이다."라고 말한다. 리더란 '내가 가는 길의 방향을 정확하게 알고 있고 어떻게 실행해야 할지 알고 있으며 나와 관련 있는 사람들을 함께 그 방향으로 갈 수 있도록 하는 사람'이다. 분명하게 내가 맡은 조직의 구성원에게 방향을 제시하여 기꺼이 나를 따라 일을 수행할 수 있도록 할 수 있는 능력(리더십)을 발휘하여 어렵고 복잡한 회사 조직에서 활기찬 직장생활을 할 수 있도록 해야 한다.

국가 엔지니어링 최고의 자격에 도전하다

● 2005년 6월, 내가 속한 팀에서 세 사람이 S 대학의 기술사 학습 설명회에 참여하였다. 많은 사람이 기술사 합격의 설명을 듣기 위해 참여하였다. 내가 갔을 때 7번 낙방하고 8번째 합격한 분이 발표하였다. 기술사 학습 도중 어머니가 돌아가시고 합격을 위해 조용한 절에 가서 학습한 사례 등 듣고만 있어도 감히 넘보기 어려운 게 기술사 시험이 아닌가 생각이 들 정도였다. 참 힘들고 어려운 시험이 이 시험이라는 것을 그 설명회를 듣고 알게 되었다. 학습 양도 많고 일반적인 학습 방법으로는 합격하기가 어렵다는 것을 알게 되었다. 설명회가 끝나고 나는 같이 온 두 명의 동료에게 어떻게 할 것인지를 질문하였다. 그 두 분은 시험이 아주 힘들고 어려우니 집에 돌아가서 아내와 상의하고 주변의 여러 가지 일을 학습을 위한 환경으로 정리한 이후에 학습 시작을 고려해보겠다 하

면서 모두 집으로 돌아갔다. 나는 이왕 여기 설명회까지 참석하였는데, 그리고 최고의 자격에 도전하려는 생각이 있기 때문에 이미 이 자리에 있다고 생각하여 그냥 학습하기로 하고 등록해 버렸다.

그때 집으로 돌아간 두 사람은 6년이 지난 지금도 만나 이야기하면 "언제 학습하지? 그때 같이 시작했으면 나도 합격할 수 있었을 텐데."라고 이야기하고 있다. 〈실행에 집중하라〉라는 책이 있다. 어떤 일을 할지 어떤 것을 해야 좋을지는 아는데, 실천하지 않아 달성하지 못하는 많은 사람에게 유익한 책이다. 용기를 내어 실천하면 그것이 원하는 목표를 달성하든 못하든 의미 있는 무엇인가를 남기게 된다. 나는 기술사 학습에서 곧바로 학습을 실천함으로써 내가 원하는 바를 달성할 수 있었으며 그 결과 위에 또 다른 기회를 위해 달려갈 수 있게 된 것이다.

학습의 목표를 구체적으로 설정하여 상기하다 _● 기술사 시험은 다른 시험과 다르게 상당히 전략적으로 학습하고 답안을 작성해야 합격의 가능성이 커진다. 나는 학습을 시작하기 이전에 아래 그림과 같은 학습 수칙을 작성하여 서재에 합격할 때까지 붙여놓았다. 심신이 피곤해지고 슬럼프가 올 때도 벽에 계속 붙어 있는 이 수칙을 보면서 다시 한 번 내 모습을 정리하고 마음을 다잡을 수 있었다.

기술사 학습 수칙은 내가 기술사를 학습하는 이유와 함께 합격에 대한 목표 인식을 위해 3대 원칙을 작성하였다. 기술사 합격을 위한 10대 원칙의 경우 답안을 작성할 때 나의 단점을 극복하고 장점을 극대화하기 위한 전략을 정리하였다.

기술사 학습 수칙

- 나는, 하나님의 영광을 위해 학습한다.
- 나는, 모든 시간, 모든 일, 모든 자료를 기술사 학습을 위해 활용한다.
- 나는, 2006년 3월은 기술사 면접에 대비하겠다.

2005. 10. 10 이춘식

기술사 합격을 위한 답안 작성 10대 원칙

1. 깔끔한 답안을 작성한다(글씨 Upgrade).
2. 반드시 3단표로 작성한다.
3. 창조적인 그림/표를 활용한다.
4. 정량화/계량화 지표를 적극 활용한다.
5. 핵심단어 강조기법(" ", ( ), :) 등을 적극 활용한다.
6. 핵심단락 강조기법을 적극 활용한다(핵심 원칙, 실전 주요논점, 반드시 필요한 기능 등)
7. 꽉찬 답안지를 작성한다.
8. 경험/사례를 적극 활용한다.
9. 정리한 문서는 10번 정독한다.
10. 12월부터 모의고사는 무조건 10등 안에 든다.

그림의 왼쪽에는 기술사를 학습하는 나의 수칙을 정한 사항이다. 첫 번째는 크리스천으로 나의 목표를 정의하였고 두 번째는 빠른 학습을 위해 모든 자원을 기술사 학습에 활용한다는 내용이다. 그리고 세 번째는 필기를 반드시 통과하여 면접을 보겠다는 다짐을 기술한 것이다. 오른쪽에는 논술형으로 작성하는 기술사 답안의 특성을 고려하여 주요한 사항을 답안에 녹여낼 수 있도록 나만의 10가지 실천사항을 기술한 것이다. 내용 중에 '12월 모의고사는 무조건 10등 안에 든다.'와 같은 비교적 유치한 목표도 있었다. 그러나 나에 대한 구체적인 목표와 행동강령이 결과적으로 내가 원하는 방향대로 답안의 수준이 지속적으로 고급화하여 바뀌어 가고 있었고 그것이 합격의 열쇠 역할을 하게 되었다. 물론, 모든 목표가 처음 목표와 같이 완벽하게 일치하지는 않았지만(2006년 2월 합격 목표가 8월 목표로 수정되었음), 목표가 일부 수정되었을 뿐 큰 흐름에는 그다지 변화 없이 초기 전략을 달성하게 된 것이다.

자신에게 의미 있는 목표를 분명하게 하고 자신이 지속적으로 변화할 수 있는 실질적인 수칙을 작성하여 그것을 계속해서 복기하는 것이 기술사 학습을 하는 데 중요한 동기부여가 된다. 대충 한두 번 시도해보고 나는 안 되는 것 같다고 하면 끝이 없다. 나에게 체화될 때까지 노력하지 않고 항상 새로운 전략을 찾아 나서기만 하면 답안 업그레이드는 요원한 작업이 된다. 한 번 가치 있다고 생각하고 정해놓은 전략이면 그 전략이 실질적으로 답안에 나타날 때까지 계속 훈련하는 것이 더 중요하다. 그것이 기술사와 같은 어려운 시험에 도전하는 방법이 된다는 점을 이때 알게 되었다.

기술사 학습 성공을 위한 7가지 습관 _ ● 스티브 코비 박사의 〈성공하는 사람들의 7가지 습관〉이라는 책은 동서양을 막론하고 많은 사람에게 삶의 지침처럼 되어 있는 책이다. 그리고 그 책의 내용을 통해 적용하는 많은 사람에게 분명한 삶의 에너지를 불어넣어 준다. 나도 이 책을 근거로 기술사 학습에서도 기술사 성공을 위한 7가지 마인드를 적용할 필요가 있다는 점을 강조한다. 내가 멘토링을 하는 많은 멘티들에게 7가지 마인드를 제안하였으며 같이 학습한 많은 사람이 같은 동기 부여에 의해 합격의 영광을 안게 되었다. 기술사 학습을 하는 사람에게 제안하는 학습마인드 7가지는 다음과 같다.

1. Vision을 명확하게 해야 한다.

2. Fun하게 학습한다.

3. Passion을 가지고 학습한다.

4. Pass 마인드를 갖자.

5. Never Give Up

6. Open/Share

7. Study 한다.

1. Vision을 명확하게 해야 한다.

맨 처음 기술사 학습을 하려고 했을 때 내가 왜 이 어려운 시험을 하기로 마음을 먹었는지 그리고 이 자격이 나의 인생에서 어떤 의미로 인식되었는지를 다시 한 번 정립해야 한다. 스스로 자신 인생의 비전에 비추어 이 시험에 도전한다는 분명한 비전을 다시 한번 정립하고 그것을 문서로 만들어 항상 볼 수 있는 책상이나 개인 PC에 나타나도록 해야 한다. 어려운 시험에서 합격하기 위해서는 비전이 명확하지 않으면 중간에 힘들고 어려운 일이 발생할 때 낙심하게 되고 포기할 가능성이 커진다. 왜 공부를 하려고 하는지 왜 국가 최고의 자격에 도전하려고 하는지 명확한 목표를 알고 시작하면 마치 높은 산에 올라가는 것이 나의 목표가 되면 중간에 눈을 만나건 험한 낭떠러지를 만나건 그것을 극복하고 올라가는 산악인과 같은 심정이 되는 것이다. 어려움이 극복의 대상이지 포기의 대상이 아니게 된다.

비전이 명확한 사람에게는.

2. Fun하게 학습한다.

아무리 열심히 하는 사람도 재미있게 무언가를 하는 사람을 따라갈 수 없다고 한다. 히말라야 같은 높은 산을 오르는 사람은 그 과정이 어렵고 고통스럽더라도 정상에 대한 희망과 또한 등반 자체에 큰 즐거움을 갖는 사람들이다. 기술사 학습을 즐겁게 하는 사람은 언젠가는 자격을 획득할 수 있는 충분한 준비가 되어 있는 사람이다.

나도 기술사 학습 당시 지식을 체계화하고 알아가는 그 자체가 너무 즐거웠다. 10년 이상 실무에서 적용했던 내용도 정리하고 연관된 지식도 함께 체계화하며 비슷한 IT 분야였지만 이전에는 관심 밖이었던 영역에 대해 이렇게 집약적으로 학습할 수 있는 이 기회가 얼마나 행복한 일인지 알게 되었다. 학습할 때 그동안 무지하면서 마치 아는 것처럼 허풍떨었던 나 자신의 모습도 돌아볼 기회도 되었지만, 한편으로는 등골이 오싹할 정도의 희열을 느끼면서 학습한 적도 많이 있었다. 학습의 즐거움이 물밀 듯이 밀려오면 밤낮으로 학습한 내용이 힘들지만은 않았다.

3. Passion을 가지고 학습한다.

이 시대의 우수한 인재상은 IQ가 높은 사람이 아니라고 한다. 정확한 스케줄에 의해 움직이는 관료적인 인재상도 아닌 것 같다. 항상 성실하게 일상적으로 움직이는 성실만도 이 시대에 필요한 우수한 인재상이 아니다. 이 시대는 자신에게 주어진 일에 대해 열정을 가지고 움직이는 열정가를 원하고 있다. 그 열정가가 해당 조직의 비전을 채울 수 있고 자신에게도 성공을 불어넣을 수 있는 에너지를 가지고 있다.

기술사 학습을 할 때 절대로 끌려가서는 안 되는 점이 있다. 스터디 그룹의 진도에 끌려가고 밀려 있는 업무에 지쳐 숙제에 끌려가고 매일 학습할 자료를 책상 언저리에 쌓아놓고 마음에 부담만 가져가는, 그래서 삶이 항상 다른 환경에 이끌려 가는 형태의 생활이 되게 해서는 안 된다. 나 스스로 시간을 지배하고 해야 할 일은 열정 있게 할 때 명확한 성공의 기회가 온다. 자기 주도형의 학습자가 최후에 승자가 된다고 한다. 힘든 학습의 과정 동안 스터디 그룹에서 부여되는 숙제에 허덕이면서 자신만의 리듬을 갖지 못한다면 결코 승자가 될 수 없다.

기술사 학습을 하는 사람 중에 Y 기술사는 하루에 2시간만 자면서 학습했다고 한다. 한 달 동안 매일 그렇게 수면을 취하면서 학습하다 보니 몸이 근지러워 잠을 늘여야겠다고 생각하고 3시간 수면을 취했다고 한다. 모든 개인의 생활과 업무의 상황을 기술사 합격을 위한 스케줄로 조정하고 자신의 신체 바이오리듬과 업무 패턴도 그와 일치시켜 지속적으로 학습하는 그 열정이 Y 기술사를 6개월 만에 합격에 이르게 한 비결이었다. 누구나 2~3시간 잘 필요는 없다. 나는 보통 5시간 정도 수면을 취했었다. 문제는 열정 있게 학습을 하고 있는지 자신의 내면을 정확하게 진단하고 그렇게 되도록 하는 것이 중요하다. 열정은 학습자를 기쁜 마음으로 능동적으로 학습하게 하는 내면의 감정 상태이다. 수동적이고 이끌림을 당하는 감정은 열정이라기보다 고된 노동이라고 표현할 수 있다. 내가 힘들고 어려운 기술사 학습을 재미있게 학습하게 된 배경에는 마음속에서 끊임없이 샘솟는 학습에 대한 열정이었다고 할 수 있겠다.

4. Pass 마인드를 가지자.

아이러니하게도 기술사 시험을 치르는 많은 사람은 그저 경험 삼아 해본다는 사람이 의외로 많다는 것이다. 처음에 기술사 시험을 보는 사람 이외에 오랫동안 공부하는 사람도 "막상 시험 때가 되면 과연 내가 이 시험에서 합격할 수 있겠어? 되면 좋고 안 되면 그다음을 준비하지."라고 하는 마음으로 시험장에 들어간다는 것이다. 그리고 이 내면의 습관이 지속적으로 반복되면서 계속해서 시험을 치르는 안 좋은 상태가 지속하게 된다.

나는 이번 시험에 반드시 합격의 깃발을 꽂고야 말겠다는 의지가 분명한지 냉정하게 돌아보아야 한다. 만약 그 의지가 분명하다면 그 의지를 자신과 가족과 스터디팀원과 그리고 필요하다면 회사에도 천명하여 자신을 채찍질해야 한다. '○회 합격'이라는 단어를 대문짝만 하게 적어 자신의 서재에 부착하고 매일 상기하도록 할 필요가 있다. 분명한 합격 정신이 있어야 비로소 합격에 이르게 된다. 나는 합격할 때까지 집 서재에 합격에 대한 목표와 실천사항을 크게 출력하여 부착하였으며 거실의 대형 유리에 기술사와 관련된 모든 토픽을 기술하여 학습에 대한 능률을 높였을 뿐만 아니라 합격에 대한 분명한 의지를 천명하곤 하였다. 내가 지도했던 여성 멘티 중 한 명은 자신의 PC 입력 비밀번호를 '합격'이라고 하여 회사에 들어가 로그인을 할 때마다 합격하겠다는 의지를 입력하게 하였다. 물론 그렇게 준비한 여성 멘티도 기술사에 등극하게 되었다.

5. Never Give Up

5~10%를 선발하는 기술사 시험은 확률적으로 10~20회를 봐야 합격하는 시험이다. 그런데 지속적으로 사람이 들어오고 빠져나가기 때문에 확률적으로 대략 10회에서 30회를 보면 합격하는 시험이라고 할 수 있다. 20회를 본다고 하면 10년 동안 시험을 봐야 합격할 수 있는 셈이다. 그런데 학습 능률과 시간에 따라 지속적으로 내공이 향상되기 때문에 이 능률을 고려하면 대략 5년 안에는 합격에 이를 수가 있다. 조건은 포기하지 않는다는 조건이 있어야 하지만 말이다.

많은 사람이 한두 번 기술사 시험을 보고 포기한다고 한다. 안타까운 일이다. 냉정하게 생각해서 자신감이 없다면 포기하는 것도 방법이 될 수 있다. 그러나 그 포기가 너무 쉽게 이루어진다는 데 문제가 있다. 자신의 잠재력을 충분히 발휘하지 못하고 그저 복잡한 자신의 주위 환경을 문제 삼아 쉽게 포기해 버리는 그 태도에 문제가 있다. 자신이 충분히 능력 발휘를 할 때까지 포기하지 말고 시도해 볼 필요가 있다.

6. Open/Share

나는 기술사 시험의 가치 중 하나로 자신을 오픈하는 것이라 생각한다. 최근에 미국에서 인기 있는 교육 중 하나가 커뮤니케이션에 관련된 교육이다. 미국 아이

비리그 명문대에서 이 과정을 전문적으로 가르치는데, 최근 기업에서 능력 있는 리더의 모습은 커뮤니케이션을 얼마나 효과적이고 정확하고 리더십있게 하는가에 달려 있다고 한다. 사실 직장 내에서는 전문적인 커뮤니케이션을 훈련할 수 있는 장이 쉽게 마련되지 않는다. 더군다나 기술적인 주제에 대해서 상호 인터랙티브하게 논의하고 결과를 도출하기 위한 노력이 유연하게 잘 진행되지 않는다. 그런데 기술사 학습을 하다 보면 많은 토론이 자연스럽게 이루어지고 어려운 주제에 대해서도 상호 이해하기 위한 집중화된 나눔의 시간을 갖게 된다.

이때 자신에게 필요한 마인드가 바로 자신을 오픈하는 것이다. 나 자신을 먼저 오픈하고 자신이 가진 지식의 뚜껑을 여러 논의 테이블에 능동적으로 표현하는 것이 중요하다. 보물인 양 자신의 것을 쌓아두지 말아야 한다. 내놓고 먼저 자신의 것도 검증받고 자신의 것이 정확하다면 그것을 다른 사람에게 설득력 있게 설명해서 이해시키는 것도 중요하다. 이 과정이 오픈과 나눔Open & Share의 과정이다. 또한, 다른 사람의 이야기에 대해서도 자신의 지식과 비교해서 필요할 때 수정도 하는 작업을 해야 한다.

나의 것을 고집하지 말고 드러내어 나누고 배우고 하는 시간을 반복해야 한다.

7. Study

단순히 '공부하다'라고만 알고 있는 Study란 단어는 다음과 같은 의미가 있다.

1 연구하다;배우다, 공부하다, 학습하다

2 (자세히) 조사하다, 검토하다

즉, 무언가를 '깊이 있게 연구하는 것'이 Study란 단어 안에 포함되어 있다. 기술사 학습을 하면서 어떤 개념이 나오면 기존 자료뿐만 아니라 자신이 검색할 수 있는 지식 저장소를 뒤져 관련 내용을 찾아보고 정리하는 것, 그래서 집약적이고 간결한 용어로 정리하는 것 자체가 Study이다. 나는 주요 웹사이트와 사내 지식몰, 도서관 서적 등의 자료를 활용하여 Study를 하였다.

자신이 연구할 수 있는 환경을 정의하고 기술사 학습에서 주어진 주제에 대해 빨리 개념을 정립할 수 있도록 연구 환경을 만들어야 한다. 기술사는 '실무박사'라고도 이야기한다. 실무적인 모든 보고서, 학회지, 서적, 기고문, 전문 잡지 등을 집약하여 연구하는 그것이 정말 멋있고 할 만한 학습 방법이다. 서재를 기술사 학습 연구실로 만들고 목적에 맞게 자료를 연계화하고 연구의 능률이 오르도록 하여 마침내 '실무박사'를 취득할 때 부족함이 없는 지식을 체화할 수 있도록 환경을 준비해야 한다.

이와 같은 사항을 실천함으로써 나는 2006년도에 기술사를 취득하게 되었고 학습의 산물로 다음 노트, 다 쓴 볼펜, 그리고 무수히 훈련한 답안이 학습의 결과물로 남게 되었다.

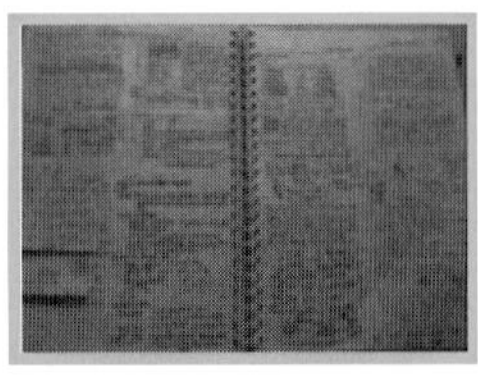

- 기술사 A4용지 2500페이지 분량의 학습노트
- 1/8 압축 복사한 3권 노트
- 요약 수첩 2권

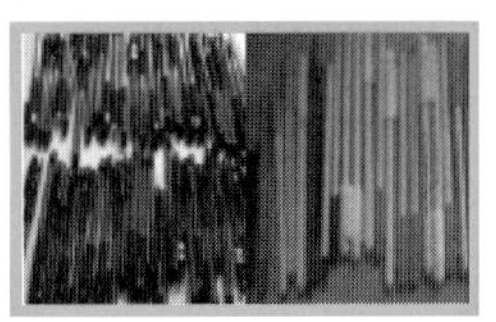

- 100자루 정도의 다 사용한 SUPER-GP 1.6 볼펜
- 30자루 정도의 형광펜과 빨간펜

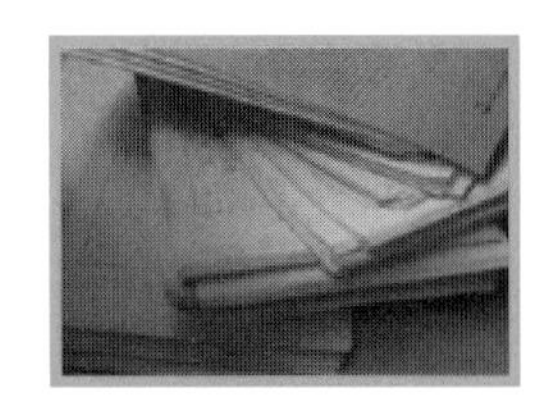

● 버려도 끝이 없는 기술사 답안 양식
● 약 200권 답안양식 작성
(200권 * 14페이지 = 2800페이지 분량)

기술사/감리사에 대해서 정리한다 _● 같은 업무로 10년이라는 직장 생활을 하다 보니 타성에 빠져드는 것 같고 무언가 싫증이 나려 하는 시점에 나는 경력에 새로운 모멘텀이 필요함을 느꼈다. 10년을 기점으로 3가지 이유를 가지고 국가 최고 기술자격인 기술사/감리사 자격 획득에 도전했다.

첫째는, IT 지식에 대한 정리

둘째는, IT 기술 공신력 인증 획득Certified Expert

셋째는, 개인적인 성장 모멘텀 발견

IT 지식에 대해서는 소프트웨어공학, ISO 표준, 네트워크 및 신기술 영역까지 기술사 학습을 하면서 광범위하면서도 구체적으로 정리하였다. 이렇게 정리된 지식은 내가 진단 업무를 수행하는 데 많은 도움이 되었고 특히 해당 기술에 대한 커뮤니케이션에 있어 놀라운 이해력을 전달하는 효과를 보게 되었다. 둘째 목표인 공신력 부분에서는 기술사/감리사라는 자격이 국가가 인정하는 자격이기 때문에 취득 자체만으로 원하는 목표가 완성되었다. 마지막 세 번째 개인적인 성장 모멘텀 부분이 남은 과제인데, 기술사 자격을 취득하고 보니 많은 기회 요소가 있는 것을 발견했다. 또한, 현장에 나가더라도 기술사/감리사라는 타이틀이 있어 고객 CIO, 팀장이 다른 눈으로 바로 보는 부분이 더 부담스러워 공부를 더 많이 할 수밖에 없음도 알게 되었다. 결국, 자격증이 지속적으로 학습할 수밖에 없는 상태로 나 자신을 변화시켰던 것이다. 학습하면서 IT 기술 전체에 대해 숲을 정리하고 나니 전자신문 기사나 테크니컬 글들을 읽어도 부담이 없고 지식 정리가 깔끔하게 잘되는 느낌이 든다. 두 가지 자격 취득 과정을 통해 새로운 지식 습득과 정리를 자신감 있게 할 수 있게 된 것이다. 두 개의 자격은 단순히 자격을 얻었다는 것 외에 새로운 안목을 갖게 하고 새로운 기회를 잡을 수 있도록 해주는 촉매제가 되었다고 할 수 있다.

IT 전문가 Career를 생각하다

● 회사생활을 하다 보면 가끔 이런 고민을 한다. 나에게 LG CNS 소속, 부장, 팀장 등의 타이틀이 벗겨졌을 때 나는 어떤 정체성을 가질 수 있는가? 과연 나는 객관적인 상태에서 다른 사람으로부터 충분히 가치 있게 인정받을 수 있는 Career의 소유자인가? 사람은 모두 주변 환경에 의해 주어지는 껍데기를 벗어났을 때 자신에게 주어지는 정체성을 고민하게 된다. 실제로 그런 고민을 할 필요가 있다. 소속된 조직, 회사라는 틀을 벗어났을 때 과연 주변에서 나를 어떻게 평가해 줄 것인지 냉정하게 생각해야 한다는 의미이다. 혹자는 그것을 개인 브랜드, 개인 경쟁력 등으로 부르기도 한다.

마패 _ 암행어사를 주인공으로 다루는 드라마 등을 보면 암행어사가 허름하게 이곳저곳 다니다가 탐관오리를 만나면 결정적인 순간에 마패를 보여주고 탐관오리를 제압하는 장면이 나오게 된다. 옷도 남루하게 입고 말도 어눌하게 보이는 사람에게 어떤 권력이 없는 것처럼 보이지만 임금으로부터 받은 마패를 보여주는 순간 그 사람이 엄청난 권력을 행사할 수 있는 사람임을 알고 그 권위에 모두 복종하게 되는 것이다.

이미 앞에서 나의 경력에 대해서 설명하였듯이 나는 10년을 전후하여 회사에서의 경험과 저술 활동 이외에도 나의 전문성을 객관화하기 위해 고민한 부분을 소개하였다. 지금은 IT 전문가, 개인의 전문성에서 있어서도 이러한 마패와 같은 것이 필요한 시대가 되었다. 누구나 자신의 일을 할 때 자신의 전문성을 인정하게 할 수 있는 그러한 것이 필요한 시대가 된 것이다. 이러한 맥락에서 개인의 브랜드를 강화하여 전문성을 더 높이고 그것을 인정할 수 있는 체계에 들어가, 다시 그 전문성을 발휘할 수 있는 기회는 어떻게 얻을 수 있는지를 생각해 보고자 하였다.

전문성 경력에 대한 관리는 입사 때부터 정년까지 해야 한다. _

● "IT 분야의 최고 전문가가 되기 위한 꿈을 가지고 있고 그 꿈을 이루기 위해 최대의 노력을 다했다고 생각합니다, 준비된 저를 꼭 뽑아주십시오!" 회사에 입사하기 위한 면접을 볼 때 내가 면접관에게 했던 마지막 하고 싶은 이야기의 내용이다. 처지가 바뀌어 입사 후 많은 시간이 지난 최근, 회사에서 신입사원을 면접하게 되면 지금도 대부분 지원자는 이와 같은 이야기를 한다.

여의도 30층 높이에서 밖을 바라보면, 한강 고수부지의 자연과 인공의 조화된 모습과 한강물이 유유히 흘러가는 풍경 그리고 이곳에 조화롭게 건축된 도시가 한 폭의 그림 같은 풍경으로 눈앞에 시원하게 펼쳐진 것을 볼 수 있다. LG 그룹은 신입사원 채용 면접을 할 때 여의도 쌍둥이 빌딩의 전망이 좋은 곳을 자주 이용한다. 아마 신입사원들로 하여금 LG 그룹에 대한 멋진 환상을 심어주고자 한 것 같다. 1990년 중반에 나도 그곳에 면접을 보러 갔는데 시원한 전망, 그리고 근사한 고층 빌딩에 매료되어 꼭 입사해야겠다는 더 간곡한 마음이 들었다. 물론 입사해보니 그 좋은 전망이 있는 사무실에 배치된 것도 아니었고, 또한 쌍둥이 빌딩에 있는 전망 좋은 곳에 가도 그 전망을 즐길 수 있는 마음의 여유를 가질 수 없음을 알게 되었다.

전문성을 발휘하여 비즈니스를 하는 회사에서 최고의 전문가가 되겠노라고 다짐하고 성공적으로 면접을 치르고 어렵게 경쟁을 뚫고 입사한 신입사원의 눈에는 대부분 광채가 나고 매일 회사 생활이 즐거운 듯 무언가를 하고자 하는 꿈과 열정으로 처음 배우는 일부터 아주 열심히 일한다. 시간이 흘러가는 얼마 동안은.

그러나 무슨 일을 하든 시간은 흘러가고 그에 따라 개인이 느끼는 환경의 변화 그리고 요구되는 사항에 의해 열정이 식고, 딜레마에 빠지는 직장인이 많아진다. 시간에 따라 아주 서서히 피폐해져 가는, 그리고 일에 대한 열정보다 경제적인 목적에 따른 수단으로서 지속하고 있는 자신을 바라볼 때, 현실에 대한 내면의 울림으로 정체성의 고민과 방향성의 혼란을 겪게 된다. 이러한 생각은 직장 생활을 하는 누구나 한 번쯤은 하게 될 것이다.

나도 역시 이러한 고민을 하게 되었다. 집에 가면 2명에서 4명으로 늘어 있는 가족식구, 아이들이 성장하면서 더 많이 생기는 재정적 문제 때문에 직장생활을 필요한 재정을 채워주는 역할로서만 생각하게 되는 경우가 많았다. 대학을 졸업하고 순수하게 일하겠다는 생각이 결혼하고 집을 사고 차를 갖추게 되면서 재정적인 문제로 생각의 방향이 훨씬 많이 이동하게 되었다. 하지만 돈은 내가 많이 벌고 싶다고 하여 순식간에 많아지는 것도 아니고 또 걱정한다고 하여 무언가가 바로 해결되지도 않고 또 그러한 고민이 전문성을 향상하고자 하는 동기에 있어 결코 충분하지 못함을 알게 되었다. 일에 대한 전문가적인 열정, 기술적인 문제 해결에 대한 지적 호기심, 그리고 설정된 목표의 성취 등이 돈에 대한 바람보다 훨씬 큰 동기를 제공하고 일에 대한 열정을 불어넣을 수 있는 것을 알게 되었다. 그래서 항상 일을 하면서 나의 현재 상태를 생각해보고 각 시점별 성장을 위한 모멘텀은 무엇인지 항상 생각하게 되었던 것이다.

인생에서 전문가로서 생활은 4기로 나눌 수 있다 _ ● 개인마다 조직의 분위기마다 조금씩 다른 사이클을 보이겠지만, 일반적으로 꿈과 희망을 품고 시작한 전문가로서 직장 생활은 4기의 라이프사이클Life Cycle(시작과 성장기 → 발전기 → 유지기 → 준비 및 은퇴)을 가진다. 물론 이 사이클에서 임원으로 승진하거나, 비즈니스를 만들어 활동하거나 하는 아주 다양한 경로도 있지만 많은 사람은 전문 역량에 따른 직장 생활을 이 사이클의 범주에서 벗어나지 않는다.

단계	이름	주위 시선	특징	연차/직급
1기	시작/ 성장기	"한번 보자"	• Low Performer, Low Cost • 일을 배우는 시기 • 새로운 환경 적응 시기 • 잘할 수 있는지 지켜봄	0~4년차, 사원
2기	발전기	"일 잘하네"	• High Performer, Low Cost • 인건비 대비 효과 좋은 시기 • 몸값 비싼 시기(전직 생각해봄) • 많이 보유하고 싶은 계층	5~10년차, 대리, 과장
3기	유지기	"잘하는데 비용만큼?'	• High Performer, High Cost • 일은 잘하나 몸값이 올라가 서서히 기피함(눈치가 보임)	11~16년차, 과장, 차장
4기	준비기	"저사람 바꾸면 대리 2명인데!"	• Middle Performer, High Cost(이유 : 미션이 많이 달라짐) • 소수 의사 결정 Position • 일에 대한 관록은 우수함 • 노골적으로 기피 대상이 될 수 있음	17년차 ~ 퇴임

처음 회사에 입사하여 조건 없는 열정을 가지고 일을 시작하게 된다. 대략 어려운 프로젝트를 수행하거나 힘든 일을 반복적으로 수행하는 4년 차 정도까지 평균적으로 초심의 꿈과 비전의 에너지가 지속한다. 대략 이 시기가 전문 직장 생활 1기 정도로 표현될 수 있다. 이 시기에는 일하는 습관이 중요하다. 긍정적인 사고와 주인의식을 바탕으로 한 열정이 필요하며 항상 주도적으로 학습하는 태도가 중요하다. 대학에서 시험을 준비하듯이 정해진 문제를 풀어나가는 것이 아니라 다양한 선택사항이 있는 환경에서 어려운 문제를 해결하는 IQ와 EQ를 모두 요구하는 환경 속에 자신이 있음을 알아야 한다. 따라서 다양하게 도출

될 수 있는 여러 가지 사례에 대해서 충분히 숙지하고 자신도 그러한 내용에 대해서 이해할 뿐만 아니라 스스로 도출할 수 있는 능력을 이 시기에 배양하는 것이 가장 중요하다 할 수 있다. 대학에서 무엇을 공부했든 다시 초기화하여 하얀 백지상태가 되었다고 생각하고 자신에게 주어진 그림을 그려나가기 위한 준비를 해야 한다.

1기를 지나면서 2기에 접어들게 되면 일이 익숙해지고 숙련도가 높아지고 예전에는 자신이 배우면서 생산성도 나지 않다가 자신만의 노하우를 바탕으로 이제는 자신이 없으면 일이 제대로 수행되지 않을 때도 많기 때문에 자신의 존재감이 많이 느껴지기도 한다. 그래서 뿌듯하기도 하고 나름대로 다른 곳에 가기 위한 배짱을 부려보기도 한다. 그래서 자신만이 그 일을 할 수 있고 솔루션을 제시할 수 있을 것이라는 착각 속에서 나름대로 핵심적인 역할을 수행한다. 대략 1기 이후 5년 차~10년 차 정도까지는 이 시기에 해당이 된다. 이 시기에 IT 시장에서 그 사람의 인기도는 최고에 달한다. 대충 몇 군데 경력을 포함하여 이력서를 제출하면 적어도 면접까지는 볼 수 있다. 헤드헌터로부터 전화가 가장 빗발치는 시점이라고도 할 수 있다. 내 주위에서도 회사 생활 잘하다가 헤드헌터의 전화를 받고 여기저기 전직한 동료, 선배, 후배들이 많이 있다. 어떤 사람은 미국으로 가기도 하였고 어떤 사람은 호주로, 또 어떤 사람은 유사직종의 대기업으로 가기도 하고 벤처 기업으로 갔다가 크게 성공한 사람도 있고, 회사가 망하는 경우도 있어 곤란에 처한 사람도 있었다. 모두 시장에서 경력은 있으면서도 비용은 적게 들고 충분한 일을 수행할 수 있는 상태가 되어 있기 때문에 많이 찾게 되는 시점이 바로 2기에 해당된다.

그리고 9년이 지나면서 어느덧 높아진 자신의 몸값을 부담스러워하는 주위의 분위기 그리고 자기가 하는 일 속에서 배울 것, 다 배워 정체된 자기 자신의 모습, 높아진 직급 속에서 갑자기 IT 분야 전문성에 대한 정체성의 고민에 빠지는 때가 많이 있다. 이 기간이 3기에 해당하며 대략 11년 차~16년 차에서 이러한 고민을 하게 된다. 이 정도 시기이면 우리나라에서 군대를 다녀온 남자는 38~43, 여성은 36~41세 정도가 된다. 남성이든 여성이든 개인의 성장에 대한 고민을 이 시점에 심각하게 하게 된다. 내가 계속 엔지니어로서 이 일을 계속할 수 있을까? 나보다 젊은 사람들이 훨씬 복잡한 소스 이해도 빠른 것 같고 변화하는 다양한 프로그램들에 대해 찾아내고 적응하는 것도 빠른 것 같은데 내가 계속 우월적 기술력을 가지고 엔지니어로서 일을 수행할 수 있을까에 대해 고민하게 된다. 또한, 여성은 출산과 육아 문제가 겹치면서 회사 생활을 계속할지 아니면 가정으로 돌아갈지 고민하는 시기이기도 하다. 과도한 고민, 과도한 자신의 정체성에 대한 평가절하가 이 시기의 많은 사람에게서 나타난다. 그래서 자신감 없어 전직하거나 아니면 새로운 일을 경험하고 싶어 하는 경우가 나타난다.

나는 이 시점에 전문성을 더 향상하기 위해 학습하고 책을 읽고 쓰는 일을 했으며 새로운 것을 주도적으로 만들기 위해 시간을 투자하는 일을 수행하였다. 주어진 업무의 몰입은 당연하게 하면서도 회사 내 강의 개발, 다양한 사람과의 교감을 위한 멘토링 수행, 프로세스 체계화 등을 수행하면서 내가 그동안 쌓아왔던 전문성을 발전시켜 새로운 것을 정립하고 창출하는 데 시간을 할당했었다. 항상 그렇지만 변화하는 환경에서 그 변화를 자신이 주도하게 되면 일은 재미가 있어지고 자신만의 창조성이 있는 무엇인가를 만들 수 있게 된다.

직장 생활의 4기는 대략 17년 차부터 정년퇴임을 할 시점까지를 보면 될 것 같다. 회사/공공기관/학교마다 일부 다르기는 하겠지만 55세가 정년이라고 가정하면 대략 남성기준 44세부터 10년, 여성기준은 41세부터 13년을 직장생활의 4기로 이해하면 될 것 같다.

'위기와 기회', 4기에 해당하는 사람의 공통적인 상황을 표현한 단어일 것이다. 더 중요한 일을 수행하면서 많은 사람을 거느리며 일하고 주도적으로 성과를 창출하는 측면에서는 이 시기가 기회에 해당한다. 반면 자신만의 뚜렷한 경쟁력이 없다면 조직에서도 뒤떨어지고 회사를 벗어나 오픈된 환경에서 자신만의 색깔을 가지고 일을 수행하기가 어려운 상태가 된다.

위의 사이클에 있는 것과 같이 나도 역시 기점별로 경력에 대해서 고민하였으며 나만의 변화를 위해 여러 가지 시도를 해왔다. 일반적으로 평상시에도 자신의 경력에 대해서 많은 생각을 하겠지만, 2기 후반부터 3기 정도가 되면 일의 방향성 그리고 경력 관리에 대해서 심각하게 고민하게 된다. 이 시기에 어떤 사람은 회사나 부서를 바꾸기도 하고, 대학원에 다니기도 하며, 자격증 등을 많이 취득하는 시기가 되기도 한다. 그리고 4기가 되면, 뭔가 하려고 해도 할 수 없는 확 변해버린 주위 환경을 발견하고 난감해하는 경우가 많이 있다.

일반적으로 통용되는 개인에 대한 전문화된 인식은 다음과 같은 '전문성 공식'으로 정의할 수 있다.

전문성 = 학력 + 경력 + 자격 + 전문가 활동

학력 : 객관적 성향, 일반적으로 처음 일을 시작할 때 비중이 큼. 전문적인 일을 시작할 때 큰 역할을 함

경력 : 주관적 성향이 강함, 전문성 있는 일에 투입할 경우 비중이 큼, 프로젝트 수행, 경력 사항에 따라 인정이 천차만별, 객관화되어 있다고 담보할 수 없음

자격 : 객관적 성향, 따라서 공신력 있는 일을 수행할 경우 비중이 큼, 법적인 요건 감리/컨설팅, 평가, 인증 등을 수행함

전문가 활동 : 객관성+주관성, 집필, 논문, 기고, 발표 등 전문성을 인정받을 수 있는 활동, 학력+경력+자격의 시너지로 활동하게 되며, 활동의 방법과 능력에 따라 모든 것을 뛰어넘을 수 있는 항목임

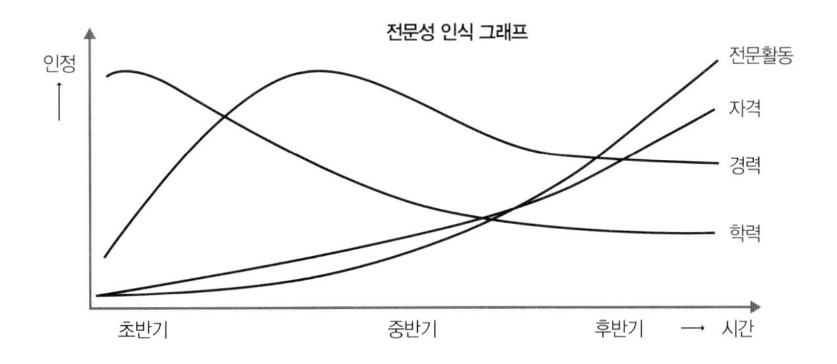

학력에 따른 선입견 에너지는 평생 따라다니는 것이기는 하지만 자신의 실질적인 가치를 계속하여 보여주는 척도로 항상 작용하지는 않는다. 물론 처음 사회에 진출할 때 좋은 조건일수록 출발점을 다르게 가져갈 수 있고 또한 생활하면서 자신의 능력발휘만 적절히 한다면 좀 더 좋은 조건으로 많은 기회를 가질 수 있는 항목이 학력이 될 수 있다. 그러나 이것만이 자기의 전문성을 향상하고 그에 따른 기회 요소를 항상 받게 된다고 생각하면 그것은 큰 오산이며 그로 인해 자신의 정체가 더 심화될 수 있음을 경계해야 한다.

팀장을 하면서 참 많은 사람을 서류심사하고 면접을 보는 일을 하게 된다. 보통 서류를 받았을 때 나이가 35세 이하이면 그 사람의 경력사항을 보고 서류를 심사하여 가부 여부를 결정하게 된다. 그러나 35세 이후 특히 40세 이후 경력자에 대해서는 매우 엄격하게 서류의 내용을 검토하게 된다. 그 사람이 늦은 나이에 우리 회사에 입사하여 어떤 기여를 할 수 있을까? 기존 사람과 다르게 특별하게 차별화된 기술이나 역량을 보유하고 있는가를 꼼꼼하게 보게 된다. 매우 엄격한 심사이기 때문에 서류를 통과하기가 쉽지 않다. 이른바 명문대학교를 나왔어도 사회생활을 한지 꽤 오랜 시간이 지났기 때문에 학력만을 보고 채용하지 않는다는 것이다. 시간이 지날수록 자신의 학력은 근본에는 깔려 있지만, 그것이 자신의 전문성을 발휘하는 결정적인 사항으로 지속적으로 발휘되지 않는다는 점을 꼭 알아야 한다.

경력은 개인이 사회에 들어와 경험하는 바에 따라 지속적으로 전문적인 업무능력이 향상되기 위한 가장 기본적인 역할을 하게 된다. 학력이 이론적인 전문성을 커버한다면 경력은 실질적인 일의 수행능력을 결정하는 실무적인 영역을 커버하게 된다. 그러나 실무적인 경력이 많다고 하여 그 사람이 지속적으로 전문성을 가진 일을 가지고 살아갈 수 있을까? 냉정하게 그렇지 못하다는 것을 심각하게 생각해야 한다. 환경은 언제든지 변하고 자신이 하는 업무를 이후세대가 더 싼 값에 더 빠르게 언제든지 하게 될 수 있다는 점을 기억해야 한다.

회사에서 경력사원 채용을 위해 이력서를 받아보면 너도나도 할 것 없이 경력란에 화려한 이력을 기재하여 제출하는 경우가 많이 있다. 서류를 심사하는 입장에서는 그 경력에 대해서 신뢰도에 대한 의심도 어느 정도 있으면서 일을 하면서 얼마만큼의 품질로 했는지를 모르기 때문에 100% 경력 사항을 신뢰하지 않게 된다. 나이가 들어갈수록 누구든 화려한 경력을 가지기 때문에 그 경력만 가지고 계속해서 자신의 전문성이 충분하여 다른 사람보다 우월하게 잘한다는 것을 입증하는 것은 더 어려운 상태가 된다. 즉 자신이 실력이 있음을 충분하게 입증하지 못하는 무언가를 수행했다는 사실에 입각한 경력은 나이가 들어갈수록 그렇게 크게 작동되지 않는다는 것이다.

자격은 어떤가?

내 주위에 사회적으로 잘 나가는 50대 정도의 S씨가 있었다. 이 분의 아내는 간호사 자격을 취득하여 소싯적에 간호사로서 일하다가 아이를 출산하고 양육하면서 간호사 일을 약 15년 동안 그만두었다고 한다. 어느 날 아이들이 학교에 안정적으로 모두 다니게 되고, 또한 더 많은 수입이 필요하고 일에 대한 열망도 생겨 어느 날 병원에 간호사 자격증을 두 군데 제출하여 직장을 알아보았는데 그 다음 날 두 군데 모두 연락이 왔더라고 한다. 오랫동안 일을 하지 않아 경험에 의한 전문성은 거의 없어진 상태이고 신입이 아니기 때문에 학교에 의한 전문성 인정이 거의 없어졌음에도 그 사람이 가지고 있는 자격증만으로 바로 다시 일할 수 있게 된 것이다. 바로 자격은 개인에게 전문성이 있다는 객관성을 입증한 증빙이기 때문에 이와 같은 결과가 가능하게 된 것이다.

나이가 들어갈수록 우리가 하는 일에 있어 객관적인 경쟁력이 있음을 다른 사람이나 집단에 증명할 필요가 많아질수록 이와 같은 전문적인 자격증이 필요하게 되는 것이다. 그렇다고 자격증이 전부라는 것은 절대 아니다. 그 자격증에 의해 진입한 이후에 본인의 전문성을 최대한 발휘하여 일을 잘해야 함은 말할 것도 없이 중요한 항목일 것이다.

나는 집필도 하였고 다양한 외부기관이나 프로젝트에서 충분한 강의도 하였지만 나 자신의 전문성을 객관화하고 이후 지속적인 활동을 위해 자격을 획득하게 되었다. 고급 자격의 특징상 정해진 일의 범위가 있고 어디에서든 공신력 있게 인정받을 수 있었기 때문에 이전에 내가 활동하지 못했던 다양한 전문적인 활동이 가능해져 이전보다 더 큰 활동의 그림을 그려 나갈 수 있게 되었다.

마지막으로, 전문가 활동에 대한 이야기이다.

직장생활의 후반부로 갈수록 어떤 사람의 전문성은 바로 집필, 기고, 논문, 세미나, 강의, 컨설팅 등으로 표현될 수밖에 없다. 이 전문가 활동은 자기 스스로 하고 싶다고 해서 할 수 있는 것이 아니라 앞에 있는 학력+경력+자격의 요건들이 동력이 되어 발휘할 수 있는 활동이라고 정의할 수 있다. 특히 실무적인 경력이 어느 정도 없는 상태에서 전문가 활동은 자신 있게 할 수 없을 것이다. 그러므로 이러한 활동의 가장 기저에는 실질적인 가치, 즉 실무적인 경험(경력)이 가장 중요함을 기억해야 한다. 전문가 활동의 시작점이 학력+경력으로부터 출발한다면 전문가 활동을 급격하게 활성화하는 에너지는 자격으로부터 나온다. 객관성이 담보된 자격을 가지게 되면 자신감을 바탕으로 많은 전문가 활동을 하게 되는 것이다. 특히 강의, 집필, 기고뿐만 아니라 공신력 있는 기관의 심사위원, 평가, 자문 등을 수행하면서 상당한 탄력을 받게 되는 것이 자격의 영역이 된다. 인생의 후반으로 갈수록 이 전문가 활동이 가장 중요하고 이 활동으로 자신의 전문성이 인정받게 됨을 알 수 있게 된다. 내가 수행했던 강의, 집필, 기고, 심사위원 등의 활동은 내가 또 다른 영역에서 전문성을 생각하고 그것을 다시 정리할 수 있게 하는 원동력이 되고 있다.

다시 한 번 전문성에 대해서 생각해 본다. _● 그러면 어떻게 하는 것이 전문가로서 자신의 일을 고유하게 수행하면서 살아갈 수 있을 것인가? 입사하여 주어진 시간에 따라 막연하게 일만 하다가 어느 날 나를 바라보는 시선이 곱지 않고, 내가 이 조직에서 부담을 주는 자로 남아 있는 정체성이 부족한 상태의 전문성 자아를 형성할 것인가? 아니면 처음 출발부터 삶의 계획을 세워 단계별 전략에 따라 개인의 Career를 체계적으로 관리하여 인생의 후반부까지 하고 싶은 일을 하며 자신의 전문성을 지속적으로 발전시켜 경제적으로 사회적으로 기여하고 개인의 만족을 증진시키는 삶을 살 것인가? IT인은 누구나 자신의 전문성 향상과 지속적인 실현을 위해 깊이 고민하고 생각해 보아야 할 것이다.

전문성 향상의 제1의 열쇠는 현장의 업무와 연관하여 항상 학습하는 습관이라고 생각한다. 입사 후 업무를 배우기 위해 학습하고 대리~과장 때 책을 쓰기 위해 학습하고 강의를 위해 기고를 위해 체계화된 프로세스를 위해 학습했던 내용은 지금 나에게 있어 글의 소재가 되기도 하고 강의의 자료가 되기도 하고 있다. 또한, 많은 멘티에게 경험과 함께 정리된 지식체계를 이야기해 줌으로써 다른 사람에게 영향력을 미치는 에너지가 되고 있다. 따라서 항상 학습할 필요가 있다. 논문이 되었든, 책을 쓰든, 기술사가 되었든, 감리사 되었든, 변리사가 되었든 자신의 Career를 객관화할 수 있는 방향으로 자신을 이끌어 가도록 할 필요가 있는 것이다. 학습은 절대적인 자가발전 엔진이다. 학습이야말로 개인을 바꾸어 놓는 가장 중요한 인간의 속성이다. MBA를 취득한다거나 대학원에서 원하는 전문성을 학습한다거나 여러 루트를 통해 교육을 듣는다거나 스스로 책을 보는 방법 등 무수히 많은 학습방법이 있을 것이다.

나에게 기술사 학습은 개인에게 학습하도록 강제화하는 아주 좋은 장치가 되었다. 그것도 IT 전체 영역에 대해서 그것을 이해하고 정확성이 있으면서도 창조성 있게 표현하는 적극적인 훈련을 해온 것이다. 그러한 능력의 최고점으로 인정된 자격이 바로 기술사이다. 한국정보통신산업협회의 통계정보(2011년)에 따르면, SW 및 컴퓨터 관련 약 14만, 정보통신 약 13만, 정보통신기기 약 46만 명으로 파악되었다. 약 75만 정도가 IT 산업에 직접 연관이 있거나 종사하는 사람이라고 할 수 있다. 이중 IT와 관련된 기술사는 아직도 2000명 이내의 극소수만 이곳에 포함되어 있다. 즉 그 소수의 분들은 국가가 인정한 권한을 가진 소수의 전문가적 권위자라 할 수 있는 것이다.

기술사 취득을 위해 수많은 자료 등을 학습하고 그것을 효율적으로 표현한 것을 훈련한 기술사는 자신의 전문영역을 기반으로 분야별로 전문가적인 활동을 하는 데 제격인 사람들이다. 회사에서 분야별로 최고의 전문가로서 위상을 가져가면서 각 분야별로 능동적이고 적극적으로 활동하게 되면 그것이 회사 성장에 강한 에너지가 될 뿐만 아니라 자신의 전문성 경력을 향상하는 데 또 한 번 큰 획을 만들어 나가는 계기가 되고 있다.

나에게 있어 1995년 비전공자로 시작하여 데이터베이스 분야의 전문가로 인정받고 지금은 국가적인 자격을 취득하여 공신력 있는 활동까지 수행하게 된 것은 단계별로 성장을 위한 적절한 변화와 실천이 있어 가능하게 된 것 같다. 나는 전문성 향상을 위한 그래프에서 이제 마지막 단계인 4단계로 접어들고 있는데 이 4단계를 다시 1단계로 수정하여 새로운 그래프를 만들 수 있는 인생의 베이스Base를 기획할 계획이다. 그것은 회사를 기준으로 나를 바라보는 것이 아니라 내가 이 세상을 떠날 때까지를 시간의 축으로 두고 현재부터 그때까지를 인생의 일정한 마일스톤을 가지는 단계로 생각하고 새로운 전문성과 그에 따른 익사이팅한 활동계획을 수립할 예정이다.

마당쇠 이춘식이 되고 싶다

처음 리더가 되었을 때 나의 모토

- 실천하는 리더
- 섬기는 리더
- 즐기는 리더

많은 권한을 가지고 있으므로 안주하는 리더가 아닌 필드에서 뛰어다니는 엔지니어처럼 뛰어다니면서 일하고 싶었다. 또한 팀원이 성공을 느낄 때까지 실망하지 않고 끝까지 섬기는 리더가 되는 것과 함께 일하기 싫어지지 않도록 즐겁게 일할 수 있게 해주는 것을 모토로 정하였다.

리더 보임 이후 리더십에 대한 책을 30권 정도 읽은 것 같다. 지금까지 전문가로서 설계하고 구축하고 튜닝하는 등의 일도 재미있었지만, 다른 사람을 리딩하고 DB에 대한 문제 해결을 지원하는 이 일도 역시 재미가 있다. 그래서 지금은 단순 리더가 아닌 전문가형 리더로서 최고의 기술 인재가 모인 전문성이 우수한 팀을 만드는 것이 나의 목표이다. 이제 나의 성장만을 위해 일하는 것이 아니라 팀원이 성장하고 팀원이 잘되게 하는 부분에 더 많은 초점을 맞추고 일하는 것이 나의 목표가 되고 있다.

1년에 1권의 전문서적 집필, 사내외 강의를 통한 지식역량의 연구 및 확산 등은 단기적으로 계획하고 있는 나의 경력개발 계획이다. 장기적으로는, C-Level이든 전문위원이든 최고의 위치에서 일하고 싶은 욕망은 부인할 수 없는 것 같다. 그러나 직위의 차원을 떠나 많은 사람이 가치 있게 느끼는 데이터서비스의 틀을 연구하여 서비스할 수 있는 체계를 만들고 싶다. 나 자신도 데이터베이스 권위자로서 컨설팅, 강의, 논문, 기고 등의 활동을 지속할 수 있는 에너지를 찾고 활동하여 그 활동이 회사와 개인에게 다시 원동력이 되는 개인 프로세스 혁신 체계를 만들어 나 자신뿐만 아니라 내가 일하는 조직과 대외적으로 만나는 많은 사람에게 순수한 IT 전문가로서 영향을 미칠 수 있는 마당쇠로 살아가는 것이 지금 내가 생각하고 있는 나의 꿈이다.

Story 04

30년 외길 인생, 은퇴를 앞둔 노병의 메시지

_이주연

귀향의 꿈! _ ● 그 봄! 송창식의 '나는 피리 부는 사나이'라는 유행가가 한창 뜨고 있던 봄에 나는 첫 직장인 한국전력 울산화력발전소에서 고향을 그리워하고 있었다. 그도 그럴 것이 울산에서 고향인 전라도 화순까지는 꼬박 하루가 걸리는 거리이기 때문이다. 울산에 있는 발전소는 노란 자동차에 대나무 사다리를 싣고 오가는 그런 한전이 아니었다. 첫 교대근무를 시작하던 날을 잊지 못한다. 울산 앞바다 멀리 현대 자동차의 불빛이 졸고 있던 밤에 해파리가 둥실둥실 떠밀려와 인테이크(발전소 냉각수를 흡입하는 곳)에 걸리는 바람에 급기야 발전소 출력을 내리는 사태가 발생하고 말았다. 신입사원인 나와 동기생은 밤새도록 해파리를 걷어내는 데 매달렸다. 해파리는 봄이 되면 해류에 의해 밀려오기도 하고 밀려가기도 한다. 미끈미끈한 해파리는 삽으로 퍼 올리기가 쉽지 않다. 기껏 한 삽을 떠도 결국 한두 개만 떠질 뿐, 수도 없이 밀려오는 해파리를 퍼내느라 허리 한 번 펼새 없이 아침을 맞았다. 나는 진화 중인 갈라파고스 섬에 격리된 것처럼 물 설고 낯선 타향에서 정을 붙이지 못하고 힘겨운 시간을 보내고 있었다. 항구 멀리 정박한 화물선이 육중한 몸을 바닥에 깔고 꼼짝 않던 그 삭막한 바닷가에, 소리 없이 밀려오던 물안개 너머로 나의 젊음이 해파리처럼 둥실둥실 멀어져가는 것만 같았다.

그러던 중 내게 행운의 기회가 다가왔다. 본사에서 광주와 부산에 컴퓨터를 들여온다며 희망자를 모집한단다. 고향으로 갈 수 있도록 컴퓨터란 놈이 나에게 미소 짓고 있었다. 컴퓨터가 뭔지 모르지만, 고향으로 갈 수 있다니 생각만 해도 어깨춤이 벌렁벌렁 이미 내 몸은 고향 땅에 가있는 것만 같았다. 국내에는 통계청을 비롯한 몇 군데 정부기관에만 컴퓨터가 있던 시절이니 컴퓨터를 보는 것만으로도 마치 닐 암스트롱이 달 착륙을 하던 것처럼 신비스럽던 때였다. 아직 대학에서조차 컴퓨터관련학과가 개설되지 않았고 일부 경영학과에서 간단한 개념 정도만 가르치던 전산화 초기 단계였다. 70년대 중반 한전의 전기요금은 상업고등학교 출신인 사무직 근무자들이 주판을 굴려 수작업으로 요금을 계산하고 있었고 허구한 날 야근을 밥 먹듯이 해도 계수가 부정확하니 컴퓨터를 도입하기로 한 것이다. 은행에 취직하기 위해서는 주산 자격증이 필수적인 요소였고 한전도 주산 잘 놓는 사람을 선호하고 있었다. 본사에서는 수작업 전기요금업무를 벗어나서 단순반복업무를 전산화하고자 컴퓨터를 들여오기로 결정을 내리고 전산직군이라는 새로운 직군을 만들었다. 그 전산직군에 종사할 인력을 뽑는다니 난 무슨 수를 써서도 합격해 고향으로 가야 한다.

적성검사는 뭘 어떻게 보는 걸까? 이곳저곳 수소문하여 기가 막히게도 적성검사라는 책을 찾아냈다. 하지만 그 책은 기이하게도 영어시험을 보듯 영문으로 되어 있었다. 하기야 컴퓨터란 놈이 머큐리와 에커트에 의해 발명되고 폰 노이만이 프로그램을 내장시켰으니 당연히 영문 적성검사일 수밖에 없었겠지만.

만약에 떨어지면 고향 꿈은 사라질 판이라 영어단어 외우듯 적성검사 책을 달달 외웠다. 미리 공부하여 적성검사를 본다는 것 자체가 우스꽝스럽고 잘못되었지만, 발전소 귀신을 면하려는 내 처지에서는 이것저것 따질 게재가 아니었다. 휴가를 내고 몰래 본사로 올라가 시험을 보고 내려오는 내 마음은 이미 고향에 가 있었다. 그러던 어느 날 서무과에서 호출 명령이 떨어졌다. 자신들도 모르는 전산직군

전환시험에 합격한 나를 마땅찮은 눈으로 바라보며 합격 사실을 통보해준다. 이 얼마나 기다리던 소식인가? 고향으로 갈 생각을 하니 고막을 찢을 듯 시끄럽게 돌아가는 발전기 소음도, 연기를 내뿜는 높은 굴뚝도 정겨운 그림처럼 느껴졌다.

언제쯤 발령이 날까? 나는 이곳을 떠나 신천지로 가는 꿈을 꾸며 이제나저제나 발령을 기다리고 있었지만 웬일인지 발령이 나지 않았다. 서무과에는 배신자로 낙인이 찍혀 있으니 물어볼 수가 없어, 본사로 직접 알아보니 이미 발령이 났단다. 하늘이 노래지고 가슴이 벌렁거렸다. 합격한 나는 놔두고 누가 발령 났다는 말인가? 사연은 발전소 인력이 부족하여 타 직군에서 응시한 차점자들을 대상으로 충원했단다. 한순간에 내 꿈은 허망하게 산산조각이 나고 말았다. 그 봄에 나는 붙들고 놔주지 않는 발전소를 원망하며 처음으로 소주를 한 병도 넘게 마시고는 밤새도록 울고 있었다.

울산의 봄은, 그리고 가을 겨울은 모두 내게 무의미한 시간이었다. 장생포 횟집도 단풍놀이하던 포항 보경사도 넋을 빼앗긴 유체이탈자처럼 허우적거리는 나를 붙들지 못했다. 고향집 뒤 뜨락이 그립고 충장로(광주 번화가)가 어른거려 향수병에 걸린 듯 매사가 허무하였다. 하지만 이듬해 봄 또다시 기회가 찾아왔다. 이번에는 하늘이 땅과 맞붙어도 기어코 이곳을 떠나야 한다. 재수(?)하여 적성검사를 통과하고 2차 관문인 면접장에 들어섰다.

"컴퓨터는 무슨 랭귀지language를 사용합니까?"

'랭귀지? … 언어?'

난 여기에서 떨어지면 영영 고향으로 못 돌아갈지도 모른다. 발전직군이라 기껏 고향 가까이 간다고 해도 여수에 있는 발전소로 갈 수 있는 것이 고작이다. 왜 나는 고향에 대한 집착이 이렇게도 많은 것일까? 장남이라는 보이지 않는 멍에 때문일까? 진땀을 흘리며 기어들어가는 소리로 말했다.

"영어입니다." 컴퓨터는 미국에서 만들었으니 순발력을 동원해 영어라고 대답했지만 애당초 모르는 문제라 올바른 대답인지 나로서는 알 길이 없었다. 순간 면접관은 나를 빤히 바라보며 빙긋이 웃는다. 웃는 모습을 보니 정답을 맞힌 것임이 틀림없는 모양이다. 컴퓨터와 언어가 어떤 상관관계가 있는지 모르지만, 컴퓨터도 사람처럼 언어가 있다는 게 이상하긴 했다. 이번에도 지난번처럼 또 다른 사람이 발령이 날까 봐 잔뜩 신경을 쓰며 야간 교대 근무를 마치고도 점심때까지 퇴근을 하지 않고 서무과를 들락거렸다. 혹시나 발령요청을 거부할 수도 있기 때문에 감시는 아니지만, 눈도장을 받아 놓기 위함이었다.

그러던 어느 날 야간 교대근무를 들어가자 오후 근무를 마치고 인계하던 선임 직원이 발령이 났다며 뜨악하게 말한다.

"에? 누가 어디로?"

"당신이 전자계산소라카등가? 그리 발령났다카드라."

꿈인가 생시인가? 지금쯤은 잠에 취해 있을지도 모르는 서무과 직원에게 확인해 볼 수는 없지만, 빈말은 아닐 것이다. 로그시트(체크리스트)를 들고 기기들을 점검하러 나갔다. 연돌 허리에 매달린 에어프리히터(Air pre-Heater, 연돌의 폐열을 이용하여 보일러에 공급하는 공기를 사전에 뜨겁게 덮이는 기기)는 이 밤도 찢어지는 소리로 바람을 빨아들이고 있었다. 이제 이 소음도 추억이라는 이름표를 달고 오겠지? 건너

편 해안에서 가물거리는 불빛은 바닷물과 어우러져 나를 축복하고 있었다. 지난 여름 진아해수욕장의 낭만적인 밤바다처럼 삭막한 발전소 앞바다도 낭만끼를 가득 담고 또 다른 얼굴로 다가왔다. 나도 몰래 헤벌쭉 웃음이 나온다. 나와 정들었던 이 모든 기기는 이제 이별이다. 신입사원 시절 해파리를 걷어내던 인테이크 앞에 서니 가슴이 짠해진다. 손전등에서 뽑아낸 꼬마전구를 귀에 끼워 넣고 검은 먼지가 가득 낀 책상에 앉았다. 꼬마전구를 뽑으면 금방이라도 고막을 찢을 듯이 고래고래 소리를 내지르는 발전소 소음 때문에 이튿날은 머리가 지끈거리기 때문이다. 윙윙대는 발전기 소리를 들으며 깜박깜박 졸다 아침을 맞았다.

지금 생각해보면 난 왜 그리도 고향에 집착했는지 모르겠다. 장남이어서일까? 장남들보다는 차남들이 개척정신이 강한 편이다. 마치 민들레 홀씨가 바람에 날려 멀리 퍼져 나가듯 그렇게 자신의 삶을 도전하는 마음으로 개척했어야 하는데 아쉽다. 가끔 미국영화에서는 부모와 자식이 무려 2천 킬로 이상 떨어진 곳에 거주하는 모습이 나오지만 난 그것을 그때는 이해할 수가 없었다. 농촌과 컴퓨터라니 전혀 어울리지 않는 조합이지만 아무튼 컴퓨터란 놈은 노스탤지어를 일거에 해소해주었고 이제 이순이 된 나를 아직도 그 물에서 놀게 하였다.

나는 프로그래머_ ● 울산을 빠져나와 고향으로 간다니 아무리 생각해도 실감이 나지 않는다. 전자계산소라는 이름도 멋진 곳, 그것도 서울에서 입문교육을 받았다. 교육을 맡은 선배 프로그래머들은 한결같이 넥타이를 매고 있었고 컴퓨터라는 새로운 세계로 우리를 안내했다. 발전소에서는 양복을 입을 일이 없어 작업복이 평상복이었는데 완전히 딴 세상으로 들어온 것이다. Logic, File, Flow-chart, Memory, Job Scheduling, 온통 모르는 단어들을 설명하는 그들은 어떻게 이러한 경이로운 세계에 들어왔을까? 프로그램은 코볼이라는 언어로 짠단다. 코볼! 코와 볼이 어떻게 됐다는 말일까? 프로그램 언어가 영어라고 대답했던 면접 때의 그 생각을 떠올릴 때마다 귀밑이 붉어져 왔다. 파일이 무엇이고 임시 저장소가 무엇인지 모르지만, 하여튼 나는 드디어 프로그래머가 된 것이다.

교육을 마치고 꿈에도 그리던 고향으로 발령을 받아 호남선 열차에 올랐다. 과거시험에서 장원 급제한 참판 댁 아들처럼 금의환향한 것이다. 프로그래머인 나는 펀치카드에 프로그램 명령어를 천공(구멍을 뚫어 명령어나 데이터를 표현함)하여 컴파일하고 출력물을 뽑아내는 정도였지만 어쨌든 프로그래머였다. 내가 작성한 프로그램이 돗트Dot 프린터 꽁무니에서 자글거리며 인쇄를 하던 신기함을 잊지 못한다.

돗트프린터

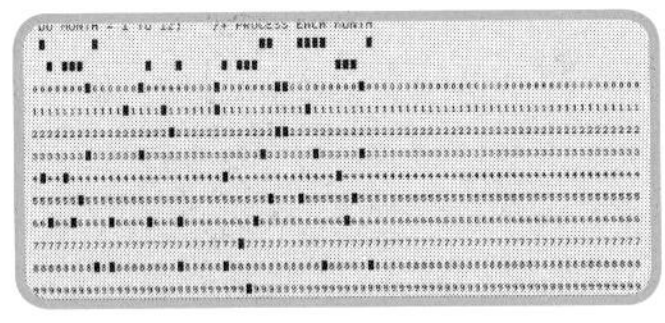
펀치카드

특히 모나리자 프로그램은 멀리서 보면 영락없는 모나리자 형상을 찍어내었고 나는 견학 온 학생들 앞에서 마치 내가 그 프로그램을 짜기나 한 것처럼 어깨를 으쓱하곤 했다. 펀치카드에 숫자와 특수기호를 미리 천공하여 입력파일로 만든 후 단순히 출력 명령(Write 문장)만을 돌리는 프로그램이었는데도 그 원리조차 이해하지 못하고 있었으니 나는 무늬만 프로그래머였던 것이다. 월 1회 급여계산 프로그램을 돌릴 뿐 프로그램 소스를 함부로 손댈 수조차 없는 유지보수담당자였던 것이다. 지방에서는 소스프로그램을 읽기만 할 뿐 직접 수정할 수 있는 권한을 주지 않았다. 그건 행여 착오가 발생할까 봐 철저하게 본사에서 통제하였기 때문이었다. 오퍼레이터면 어떻고 유지보수담당자면 어떻고 프로그래머면 어때? 행복한 날들을 행여 누군가에게 빼앗길까 봐 표정 관리하느라 바빴다. 테니스에 미치고 퇴근시간이면 막걸리 통에 빠져 개똥철학을 이야기하다 보니 어느새 꿈 같은 5년의 세월이 흘렀다. 선배들이 하나 둘 간부시험에 합격하여 서울로 올라가고 이제는 내가 제일 선임이 되었다. '간부시험에 합격하면 서울로 떠나야 할 텐데 그깟 간부가 뭐 중요해?' 하지만 주변환경은 나를 가만 놔두지 않았다. 합격하여 서울로 올라간 선배들은 정말 의젓한 진짜 프로그래머가 되어 전국 전자계산소를 호령하고 있었고 동기들도 후배들도 눈에 보이지 않게 간부시험 준비를 하느라 차츰 막걸리 모임도 뜸해지기 시작했다.

첫 번째 다가온 간부시험을 보러 서울로 올라갔다. 짚신 둘러메고 과거시험 보러 한양 가던 선비의 마음도 이랬을까? 공부는 쥐뿔도 안 한 주제에 막상 시험지를 받고 보니 긴장이 되었다. 전공과목인 컴퓨터실무는 무늬만 프로그래머인 내게는 넘기 힘든 어려운 산이었다. '다음 중 소프트웨어인 것을 고르시오.'라는 문제에서 예시한 예제는 '하드디스크, 플로피디스크Floppy Disk, DBMS, 자기테이프'였다. 나는 별생각 없이 플로피디스크를 찍었다. 막 보급되기 시작한 플로피디스크는 얇은 플라스틱 원판에 자기 막을 씌웠기 때문에 부드럽다는 생각이 앞서기도 했지만 DBMS는 처음 들어본 말이었기 때문이다. 과거시험 보러 한양간 낭군이 이 정도인 줄도 모르고 속으로 은근히 기대를 하고 있을 아내 보기가 솔직히 민망했다. 놀자귀신이 붙어 테니스에 빠졌고 막걸리 귀신이 붙어 자다가도 불러내면 입이 귀에 걸려 뛰어나가기를 좋아했던 나는 보기 좋게 낙방을 하고 말았다. 그런데 함께 시험을 치른 선배가 드디어 3수 만에 합격했다. 축하연을 여는 자리에서 '계장'님이라는 호칭이 어색했지만, 그는 벌써 위엄이 넘쳐흘렀다. 그깟 간부는 별것 아니라고 치부해 버렸던 내 가슴에도 작은 불이 일렁이고 있었다. 선배가 계장이 되어 서울로 발령을 받아 올라가자 자극을 받은 동료들은 모두 눈에 보이지 않는 경쟁자가 되었고 선술집 아줌마는 주둥이가 튀어나오기 시작했다. 도전하는 것은 아름다운 것이다. 가치가 있든 없든 작은 것에 실패하면 더 큰 것은 당연히 실패할 수밖에 없다.

두 번째 도전을 하는 내 나이는 이미 30하고도 2년이 지나고 있었다. 그동안 오만 잡기에 빠져 있던 내게도 오기가 발동했던 것이다. 다시 간부시험 날짜가 다가오자 어머니는 어디선가 배내옷을 가져와 가방에 쑤셔 넣어주었다.

"엄니. 머여. 챙피하게?"

"뭐가 챙피해? 나참! 중핵교 갈 때 영험이 있었어!"

그렇다. 내가 중학교 입학시험 때 배내옷을 등에 차고 갔던 생각이 떠올랐다. 어머니는 그때의 영험이 또 있을 거라는 미신을 철석같이 믿고 계신 것이다. 어렵사리 간부시험에 합격하고 나니 이제는 정말 서울로 불려 올라가는 수밖에 없었다. 광주에는 자리 잡고 있는 선배 계장들이 자리를 비켜주지 않는 한 서울로 갈 수밖에 없었던 것이다.

미션, 두려움을 버려라_ ● 여의도 전자계산소에 살을 에는 칼바람이 불던 겨울!

나와 팀원들은 일주일이라는 짧은 기간에 대대적으로 프로그램을 수정해야만 하는 전기요금 인상이라는 미션을 받았다. 전기요금 인상은 극비리에 이루어지기 때문에 우리에게 주어진 시간은 항상 많지 않았다. 비장한 각오로 새로운 제도에 맞도록 프로그램과 씨름을 시작했다. 나는 그동안 그렸던 플로우차트를 꺼내놓고 어디를 어떻게 수정해야 할 것인지 역으로 유추해나갔고 직원들은 소스코드를 출력하여 수정할 부분을 체크해 나갔다. 분석이 끝나고 3일이 지난 후 프로그램 소스를 수정하고 컴파일을 시작했다. 한 바가지씩 쏟아지는 컴파일 에러를 잡느라 단말기를 쏘아보는 팀원들의 눈은 마치 서생원 눈처럼 반짝였다.

문서화라는 개념 자체가 정립이 안 되어 있다 보니 프로그램에 대한 로직은 모두 프로그래머의 머릿속에 들어 있었다. 어찌 보면 프로그래머는 로직을 꿰고 있는 무형문화재나 다름없었다. 각자 맡은 단위 프로그램들을 수정하고 컴파일을 거쳐 요금 계산을 시작하였다. 수많은 에디트 단계와 요금계산 루틴을 돌리고 나면 무려 세 시간이 지나야 요금계산작업이 끝나는 파일 핸들링 시스템이었다. 요금계산결과가 틀리면 또다시 세 시간을 기다려야 하는 메인프레임은 요즘 우리가 소유하고 있는 PC보다 메모리가 적었다. 어렵사리 착오원인을 발견하여 다시 요금계산을 돌리고 나면 마치 망치로 두더지 잡기 게임을 하듯 엉뚱한 곳에서 불쑥

요금착오가 발생하곤 했다. 전기요금 청구서를 사업소에 배송할 날짜는 하루밖에 남지 않았다. 늦어도 오늘밤 12시까지는 요금계산 루틴을 돌려야 밤새 청구서를 출력해 배송할 수 있다. 우리야 밤을 새우는 것은 당연하다 치더라도 주관하는 본사 백계장은 무슨 죄가 있는가?

"백계장님! 결과 검증해 보세요."

자정이 지난 12월의 여의도 찬바람은 만주벌판 말달리듯 휘파람소리를 내고 있었다.

"됐어요."

한참 출력내용을 검토하더니 OK 신호를 보내온다. 지난 일주일간 기나긴 터널을 빠져나오는 동안 팀원들은 파김치가 되어버렸다. 일에 미쳐 프로그램 로직과 함께한 시간이 절대 헛되지 않은 작은 성취감에 직원들은 마치 전쟁이 끝난 후 상처 입은 부상병들처럼 책상 아무 곳에나 널브러져 눈을 붙이기 시작한다. 개기름이 번지르르한 얼굴에 머리칼이 떡이 되어 달라붙은 그들의 안쓰러운 모습에 가슴이 아려온다. 내가 그들에게 해 줄 수 있는 것은 무엇인가? 내일 아침 해장국 한 그릇 먹여 퇴근시키는 것이 내가 할 수 있는 전부다.

"김 대리! 디자인 폼 걸어! 지방 전산실에 프로그램 다운받으라고 해! 소스 말고 ELIB Execution Library만! 알았지?" 소스를 내려줬다가 잘못하면 큰일이 벌어질 판이라 실행모듈만 내려보내는 것이다. 그 옛날 본사 급여 프로그래머가 그랬던 것처럼.

푸르스름한 새벽이 살그머니 커튼을 젖히는 새벽 5시! 전산실 프린터가 바쁘게 움직이고 우리의 분신인 전기요금 청구서가 쏟아져 나오기 시작했다. 이제 잠시 후면 차량이 몰려올 것이고 이들은 서울 시내 각 지점으로 시집갈 것이다. 전산실 오퍼레이터는 프린터에 용지를 갈아 끼우느라 여념이 없다. '그래! 도전 후 얻는 기분이 바로 이런 거야.' 장가간 새신랑 첫 애 낳아 받아들 듯 조심스럽게 전기요금청구서를 테이블에 펼쳐놓고 마지막 점검을 하던 나는, 순간 내 눈을 의심했다. 전기요금이 이번에는 또 다른 곳에서 틀리게 계산된 것이다.

"인쇄 중지해 주세요."

오퍼레이터에게 숨넘어가는 소리를 내지르고 사무실에 널브러진 직원들을 깨웠다.

"김대리! 전국 전산실에 인쇄 중지하라고 전화해!"

12월 그믐이 지난 새벽하늘의 별들도 힘을 잃어가고 노량진 쪽에서는 벌써 희뿌연 아침이 밀려오고 있었다.

"백계장님! 도와주세요!"

"왜요? 뭐가 잘못됐어요?"

본사 백계장의 도움 없이는 사태를 수습할 수 없다. 왜 어디서 요금이 틀린 걸까? 직원들은 용수철 튀기듯 벌떡 일어나 원인을 찾기 위해 소스프로그램을 뒤적이건만 무정한 시계는 째깍거리며 출근 시간으로 달려간다. 빵 조각 몇 개와 라면으로 아침을 대신한 직원들이 다시 단말기와 씨름하기 시작했다.

아침이 되자 타 부서 직원들이 하나 둘 출근하기 시작한다. 노숙자처럼 개기름이 흐른 우리를 보기가 차마 미안하던지 슬금슬금 눈치를 보며 말없이 책상에 앉아 우리를 지켜본다. 어쩌면 우리는 원하지 않는 매스컴을 탈지도 모른다. 전기요금이 인상되었으나 제때 송달하지 못한 원인을 놓고 기자들은 신이 나서 입방아를 찧을지도 모른다. 이미 잘못 출력해버린 영수증을 어찌할 것인가? 서울만 잘못 찍은 것이 아니라 전국 계산소가 잘못된 것인데, 사손을 입혔으니 징계에 회부될지도 모른다. 부장님에게는 뭐라고 보고할 것인가? 지나가던 프로그래머가 우리 눈치를 보다 말고 등 뒤에서 단말기를 들여다본다. '짜식들이 뜨뜻한 방에 등 대고 더운밥 먹고 출근하여 누구 약 올리는 건가?'

"미안한데, 업무 방해하지 말고 잠깐 비켜줘요."

나는 적개심이 치밀어 자리를 비켜달라고 말하고는 벌떡 일어나 그동안 그렸던 Flow-Chart를 추적해 나갔다.

"혹시 여기 점이 빠진 거 아닌가요?"

우리 등 뒤에서 얼쩡거리던 재무 프로그래머가 조심스러운 표정으로 내 눈치를 보며 중얼거린다.

'따식! 요즘 업무를 알기나 해? 업무도 모른 것이….' 그를 경멸하듯 힐끗 바라보고는 그가 말한 명령어를 노려 보았다. 조건문(IF 문장)이 이상한 듯도 싶다. 우리는 그의 말을 애써 무시하고는 화면을 바꿔 다른 곳을 검토하고 있었다. 우리가 못 찾은 에러를 상대방이, 그것도 단숨에 찾는다면 우리들의 자존심은 뭐가 될 것인가? 핀잔을 맞은 그가 돌아서자 우리는 다시 아까 그 문장을 꼼꼼히 살펴보았다. 그 직원 말대로 영락없이 점Period이 빠져 있었다. 이번 작업에서 우리는 그곳을 손댄 적도 없고 조건문장만 추가했기에 추호도 의심하지 않았다.

그 직원의 한마디는 우리가 밤을 새운 그 많은 날을 허망하게 만들었다. 새로운 각도에서 새로운 시각으로 사물을 관조하는 것이 곧 관찰의 기본요건이다. 사우나에 몰려간 우리는 지난 며칠을 떠올리며 스르르 잠 속으로 빠져들었다. 지나고 보니 무식이 용감했다는 생각이 든다. 두려움 없이 이번 작업에 도전했기 때문이다. 도전하는 것은 아름답다. 무슨 일이든 두려움을 떨쳐버리고 과감하게 도전하는 용기가 필요하다. 비록 도전 후 실패할지라도 결과적으로는 잃는 것 못지않은 값진 교훈을 얻을 수 있기에 도전은 가치 있는 일이다. 사람들은 대부분 어려운 일이 주어지면 과연 자신이 해낼 수 있을까 고민하며 지레 겁을 먹고 뒤로 슬슬 빼는 습성이 있다. 하지만 그동안 수많은 경험을 통해서 아무리 어려운 일도 시간이 지나면 해결방안이 나온다는 것을 알았다. 사실 이 원고를 청탁받으면서도 망설이다가 도전하는 마음으로 시작했다. 자기 스스로 해결하든 아니면 예기치 않은 누군가의 도움에 의하든 반드시 해결은 된다. 두려워하지 말고 과감하게 도전할 필요가 있다.

결단은 과감하게!_ ● 누구나 부러워했던 프로그래머의 길이 내게 족쇄가 되어 발목을 붙잡기 시작했다. 직장 내에서도 갑과 을이 존재한다. 예산을 쥐고 있는 힘 있는 부서가 갑이다. 이공계 출신보다 인문계 출신이 칼자루를 쥐고 있는 직장 분위기는 문신의 힘이 무신의 힘보다 강했던 역사를 떠올리게 했다. 내게 갑은 요금제도를 총괄하는 본사 요금부서다. 본사에서는 사업소 요구사항을 모아 수정 지시를 내렸고 우리는 반영할 수 없다고 버티는, 보이지 않는 갑과 을의 관계가 되어 있었다. 또 하나의 갑은 전산실 오퍼레이터였다. 작업을 의뢰하면 작업 우선순위가 오퍼레이터 권한에 의해 좌우되기 때문에 아양을 떨어야 했고 테이프 작업을 의뢰할 때마다 밉보이면 작업우선순위가 맨 뒤로 밀려 야근을 할 수밖에 없기 때문이었다. 입사한 지 17년이 되고 계장 보직을 받은 지 9년이 흘러갔지만, 승진은 다른 나라의 잔치일 뿐 나와는 거리가 멀어지고 있었다.

정보화 사회로 들어서면서 경영환경은 급격히 변화하였고 중앙집중식 처리방식에서 C/S Client/Server로 바뀌고 있었다. 기업들은 자체 전산조직을 떼어내어 전산 전문자회사를 설립하는 등 시너지를 높이기 위해 분사 열풍이 불고 있었다. 우리도 예외 없이 정보통신 전문자회사가 설립되었다. 남는 것이 옳을까 아니면 옮기는 것이 옳을까? 자회사로 이직하는 것은 직급 상승이라는 당근은 있었지만, 신분 변화 때문에 두려움이 앞섰다. 나의 미래는 어떻게 바뀔 것인가? 전산을 전공한 선배들이 없으니 벤치마킹할 대상이 없었고 불확실한 미래에 대해 판단 할 수 없어 자회사로의 이직을 유보하고 있었다. 프로그래머 정년은 몇 살일까? 40이 넘고 50이 되어도 프로그래머로 살아남을 수 있을까? 이곳에서는 승진을 바라보기도 어렵지만, 승진을 한다고 해도 더 이상은 올라갈 수 없는 종착역이 될 게 뻔하다. 기왕 프로그래머로 승부를 낼 거라면 자회사로 가자!

인생은 유한하지만, 그 한정된 시간을 어떻게 가치 있게 활용하느냐에 따라 무한하다고 생각한다. 우리는 살아가면서 자의든 타의든 수많은 변화와 맞닥뜨리게 된다. 내가 살아온 길은 먼 훗날 평가가 되겠지만, 어차피 살아가는 것은 과정이고 생을 마감할 때 평가를 받을 것이니 변화의 소용돌이에 몸을 던지는 것도 나쁜

지는 않을 것이다. 자회사로 전직하면서 많은 고민을 했지만 지나고 보니 같은 온실이라도 틈새에서 바람이 들어오는 온실이 오히려 나았다는 생각이 든다. 되돌아보면 전세를 옮기든 집을 사서 옮기든 이사할 때마다 내가 주도적인 적은 없었다. 대부분 아내가 결단을 내렸고 난 그저 구경꾼이었는데 내가 더 주도적이었다면, 아니 아내의 결단을 훼방 놓지만 않았다면 아마 지금보다 훨씬 낫지 않았을까 하고 생각한다.

SI PM이 되다_ ● 자회사로 전직하고 보니 정말 을이 되고 말았다. 함께 고생했던 후배들과 서로 다른 조직으로 갈라서고 보니 그들도 이제는 갑이 되었다. 지나가는 농담 한마디도 가슴에 응어리가 되어 화(禍)주머니를 하나 달고 말았다. 본사 요금부서 지시를 받았던 나는 이제 후배들의 지시를 받아 프로그램을 수정해야 하는 또 하나의 상전을 모시게 된 것이다. 아득한 옛날 함께 고생했던 기억들은 어느새 망각의 늪으로 빠져버리고 갑을 관계로 질서가 잡혀갔다. 사람이 미운 게 아니라 조직이 그렇게 만들어 놓은 것이다. 자회사로 전직했건만 그놈의 요금시스템은 나와 무슨 원수를 졌는지 나만 따라다녔다. 급기야 죽지 못해 돌아가는 누더기 같은 요금시스템을 전면 개편하는 작업이 기획되고, 난 그 시스템을 구축하는 PM이 되었다. 대규모 프로젝트는 아직 접해본 기회가 없는 내게 나와 고락을 같이했던 요금시스템은 SI라는 이름으로 포장을 하고는 거대한 공룡처럼 다가왔다. 프로젝트라는 이름도 생소한 내게 프로젝트 매니저라는 감투(?)를 씌워주는 바람에 누더기 같은 옷을 벗겨 내고 새 옷을 갈아 입혀야 하는 임무를 맡은 것이다. 프로젝트 매니저라니 갓 쓰고 양복 걸친 듯 어색하였다. 옛 동료였던 후배들은 그 프로젝트를 내게 줄듯 말듯 애간장을 태웠다. 아직은 신생 자회사인 우리가 거대한 SI 프로젝트를 해낼 능력이 없다고 판단하고 민간 SI 업체를 선호하고 있었던 것이다.

"부장님! 이 프로젝트를 해낼 실력이 있습니까?"

"업무를 아는 것이 실력 아닌가?"

"업무는 그렇다 치고 사람도 없고 SI라는 걸 해본 경험이 없지 않습니까?"

그 말이 틀린 말은 아니지만, 자존심을 건드리는 녀석들에게 따귀를 올려붙이고 싶었다. 옛정은 사라지고 조직 간의 비정한 논리만이 통하는 냉엄한 현실은 온실 속에서 자라온 내게 한없는 비애를 안겨 주었다. 업무를 알고 있는 것이 곧 실력이라는 궁색한 논리는 결국 SI 경험이 많은 민간업체에 하도급을 주기로 하고 프로젝트를 수행할 수밖에 없었다. 사실 민간 SI 업체는 영업력도, 경험도 프로였다. 민간 업체와 하도급 계약을 맺고 불안한 동거가 시작되었다.

팀 빌딩이 끝나자 굴러 온 돌이 박힌 돌 빼낸다더니 하도급사는 마치 점령군처럼 책상을 들여오고 명판을 걸며 신이 나서 희희낙락대었다. 그들의 모습을 멍하니 바라보다 말고 가슴에 불이 올라와 소줏집으로 향했다. 전쟁에 패한 힘없는 장수가 부하들에게 할 수 있는 일은 자결하는 길이 아닐까? 하도급사 말단 프로그래머인 그들이 무슨 죄가 있을까마는 미운 감정이 부글거려 참을 수가 없었다. 내가 왜 자회사로 이직하였던가? 3사가 프로젝트 성공을 위해 1박2일 동안 스킨십을 한다지만 난 속에서 불이 났다. 워크숍이 끝난 춘천 호반에서 그들이 가을밤에 취해 흥얼대건만 나와 팀원들은 내팽개쳐진 의붓자식처럼 씁쓸한 술잔을 기울이고 있었다.

갈등_ ● 삶에서 우리는 수많은 사람과 옷깃을 스치며 인연을 맺어간다. 아픔과 슬픔을 나누기도 하고 어깨를 토닥거리며 정답게 길을 가기도 하지만 어떨 때는 상대의 인격조차 짓뭉개며 야멸치게 얼굴을 돌리는 어리석음을 범하기도 한다. 삶의 교훈은 누가 가르쳐 주는 것이 아니라 터득하는 과정에서 불혹을 넘고 지천명을 하는 게 아닌가 싶다. 프로젝트를 시작한 지 한 달이 되었다.

PM인 나는 사람과의 관계가 이토록 힘들고 어려울 줄은 몰랐다. 갑을 관계가 아닌 직장 동료로서 서로 위해주던 그때가 요순시절이었던 듯 아득하다. 육체적인 고통보다 정신적인 고충이 오히려 견디기가 쉽지 않다. 울컥 울화가 치밀어도 이내 삭여야 하건만 아직도 프로의식이 몸에 배지 않은 나로서는 느는 게 짜증이고 불어나는 것은 책임뿐이었다. 개발자보다 감독자가 더 많은 프로젝트에서 어떻게 하는 것이 최선일까? 아무리 생각해도 해답은 떠오르지 않았다. 프로젝트는 공식적인 계약관계도 중요하지만, 비공식적인 인간관계에 의해서 더욱 더 성공적인 결과를 얻을 수 있다. 공식적으로 안 되는 일도 술집에 앉으면 해결방안이 나오는 것이 우리 문화다. 공문에 의존해 일하다 보면 작업도 지연되지만, 나중에 공문 그 자체가 걸림돌이 되어 낭패에 빠질 수도 있다. 하지만 나는 비공식 대화를 피했다.

갑은 지나가는 얘기로 한 마디 던질지라도 을은 통닭 가슴패기 쪼개듯 예리하게 와 닿는다. PM은 간도 쓸개도 빼놓고 요동치는 심장의 고동소리도 삭이며 느긋하게 대처하는 여유를 지녀야 하건만 나는 그런 가슴을 갖지 못했다. 장수는 화살을 맞아도 얼굴을 찡그리지 않고 의연하게 화살을 뽑아내야 하듯 PM은 하소연할 곳 없는 고독한 자리다.

"통합분야는 하도급사가 하는 것이 좋겠어요."

"머여? 그럼 우리는 껍데긴가?"

프로젝트의 핵심은 시스템 통합이다. 통합을 하도급사에게 넘기다니 그건 말이 안 되는 그야말로 소리다. 프로젝트를 총괄하는 나에게 허수아비가 되라는 얘기다. 하지만 나는 결국 통합을 하도급사에게 넘길 수밖에 없었고 더는 프로젝트를 쳐다보기도 싫었다. 마치 내가 소중히 간직하고 있던 소장품을 강탈당한 듯 허탈감 때문이었다. 하도급사에게 주도권을 빼앗긴 나는 을사보호조약 후 선인들이 느꼈던 분노를 알 수 있을 것도 같았다. 성격이 불같은 팀원이 히로이토에게 폭탄 투척하듯 울분을 못 참고 하도급사 PM에게 속사포처럼 한바탕 분풀이를 한다. 죽이고 싶도록 미운 사람!

"당신은 죽이고 싶도록 미운 사람을 용서할 수 있습니까?"

성당에서 영세할 때 신부님이 묻던 질문이었다.

"예. 용서하겠습니다."

엄숙했던 그 순간 이 세상 모두를 용서하고 사랑할 것 같았던 넓은 마음은 사라지고 미운 감정이 사그라지지 않는다. 미워하며 가슴이 숯덩이가 되어가건만 삐걱거리면서도 프로젝트는 굴러가고 있었다.

프로젝트는 규모가 크건 작건 다양한 이해관계자와 이견조율이 중요하다. 단위 시스템을 서로 엮어 통합시스템을 만드는 통합이라는 키워드는 의사소통을 통해서만 가능하기 때문이다. 프로젝트매니저는 프로젝트 성공이라는 목표만을 보고 앞으로 나아가는 관리자다. 다국적군으로 구성되었건 최고 사령관은 출신국가를 따져서는 안 된다. 오로지 승리를 위해서는 한 몸처럼 움직이도록 내 몸을 던져야 한다. 나는 큰 그림을 보지 못하고 손바닥만 한 도화지에 애꿎은 물감만 덕지덕지 칠하는 어린애였다.

푸른 눈의 프로그래머_ ● 프랑스 전력회사인 EDF와 미국의 작은 전력회사를 벤치마킹하였다. 허연 머리에 푸른 눈의 프로그래머가 직접 노트북을 두드리며 자신들의 시스템을 설명한다. 우리 같으면 중역은 되고도 남을 나이의 그가 직접 단말기를 조작하며 설명하는 것은 신선한 충격이었다. 엔지니어와 관리자를 확연히 구분 짓는 그들의 모습이 한편으로는 부럽기도 했다. 우리 프로그래머들의 미래도 그 엔지니어처럼 장수할 수 있을까? 그들의 기술은 의외로 우리보다 수준이 훨씬 낮았다. 우리는 C/S로 시스템을 구축하는데 그들은 메인프레임을 고집하고 있었다. 우리는 빨리빨리가 몸에 배어 있고 신기술이 나오면 혹시 누가 선수 칠까 봐 먼저 적용하는 얼리어댑터 기질을 갖고 있다. 더구나 외국이라면 맹목적으로 추종하는 잘못된 습성을 가지고 있다.

한복에는 곰방대가 어울리건만 자전거를 타고자 하는 어쭙잖은 모습을 보는 듯 씁쓸했다. 결론적으로 그들의 문화와 제도 그리고 업무 프로세스 차이로 벤치마킹은 효과를 거두지 못했다. 우리는 매월 검침을 하여 요금계산을 하는데 그들은 6개월에 한 번 검침하여 동일한 요금을 6개월 동안 내보내고 있으니 요금시스템 자체가 단순할 수밖에 없었다.

"이사를 가면 어떻게 처리하나요?"

이사는 그리 많지 않아 신고가 들어오면 달려가 요금을 계산해 준단다. 우리는 봄학기 때면 용달차에 이삿짐을 싣고 철새처럼 이사 다니는 것이 부지기수였다. 이삿짐 날라주는 품앗이를 당연한 것으로 알았고 가스통까지 싣고 다니는 이사철이라는 단어가 엄연히 존재하였다. 이사 가며 주인과 전기요금 시비는 일상화되었고 이사 오는 사람도 먼저 살던 사람의 전기요금 때문에 실랑이가 다반사였다. 그러다 보니 시스템화하기란 쉽지 않은 프로세스였다. 하지만 선진국인 그들은 주거가 안정되어 이사 빈도가 낮으니 이사정산이라는 제도를 굳이 시스템에 반영할 필요가 없었던 것이다.

"그럼 도전盜電을 하면 어떻게 처리합니까?"

"도전? 그게 뭔데요?"

푸른 눈의 프로그래머는 의아한 눈으로 빤히 우리를 쳐다본다. 도둑전기를 쓴다는 것은 상상조차 할 수 없기에 그런 시스템이 없다는 것이다. 우리의 치부를 드러낸 것 같아 부끄러워 화제를 돌리고 말았다. 이렇듯 그들과 문화의 차이로 그들 시스템을 벤치마킹한다는 것 자체가 무의미한데 선진국이라면 무조건 추종하는 것이 당시의 기조였다. 지금이야 오히려 우리가 IT 강국이라며 외국이 벤치마킹을 하고 있지만. 컨설턴트라 불리는 그들에게 특급호텔비용과 시간당 어마어마한 돈을 지급하면서 벤치마킹을 받았지만 쓸만한 것은 별로 얻지 못했다.

굳이 기억에 남는다면 푸른 눈의 나이 든 엔지니어가 노트북을 두들기며 우리의 질문에 대답하던 것뿐이었다. 우리도 선진국이 되면, 아니 내가 더 나이 들면 그 푸른 눈의 엔지니어처럼 할 일Job이 있을까? 우리는 나이가 들면 부하를 거느리고 직책을 갖기를 선호한다. 우리도 그들처럼 정년이 없는 시대가 언제쯤 올까? 전문가란 자신이 맡은 분야에서는 누구도 따라올 사람이 없는 최고의 실력을 보유한 사람이다. 전문가는 폭넓은 지식은 물론 기능Skill이라고 하찮게 여기는 것들도 섭렵하여야 한다. 직위가 올라가면 워드프로세서를 멀리하게 되고 문서에 토씨 하나 고치는 것도 부하직원 시키는 것이 위엄 있는 것으로 착각하고 있었다. 하지만 전문가는 문서작성은 물론 파워포인트, 엑셀도 능수능란하게 다룰 줄 아는 사람이어야 한다. 그 푸른 눈의 엔지니어가 직접 노트북을 두들기며 우리에게 설명해 주었듯.

어느덧 프로젝트는 중반을 향해 달려가고 있었지만 우리들의 가슴은 숯덩이가 되어가고 있었다. 업무범위가 불확실하고 기능적 요구사항은 물론 비기능적 요구사항이 예측을 불허할 만큼 바뀌어 힘들게 했다. 대학 교과서에 이론으로 등장하는 아직 상용화가 안 된 좋은 말들은 모두 주워 모아 시스템화를 요구했다. 'No'라고 대답하면 곧바로 실력이 없다는 화살이 되돌아왔고 아킬레스건을 건드리는 그 한마디에 결국은 초라한 모습으로 입을 다물 수밖에 없었다.

난 지금도 흰머리를 날리며 노트북을 두들기던 그 푸른 눈의 프로그래머를 잊지 못한다. 그는 지금의 내가 있게 한 스승이었다. 내가 직접 문서를 만들고 엑셀 시트를 작성하고 파워포인트로 제안서를 작성할 수 있는 계기를 만들어 주었기 때문이다. 문득 젊은 날 방직공장에 취직했던 기억이 떠오른다. 공원이었던 나는 지금의 내 나이보다 어린 반장님의 모습을 보고 충격을 받아 6개월도 안 되어 사직하고 말았다. 반장님은 야근수당이 포함된 노란 월급봉투를 받아 쥐고 그렇잖아도 가득한 주름이 더 깊게 패게 웃고 있었다. 그것이 바로 내 미래 모습이었기 때문이었다. 프로그래머 이후 우리는 무엇을 할 것인가? 선배들이 지나간 길은 어떠했을까? 마땅히 벤치마킹할 대상이 없는 것이 바로 IT인들의 초상화다.

실패한 프로젝트메니저_ ● 업무를 모르는 프로그래머가 현행업무 분석을 통해 업무를 파악한다고 하지만 쉬운 일이 아니다. 더구나 전기요금 업무가 1~2개월에 파악할 만큼 녹록한 것이 아니다. 하도급사 프로그래머들이 업무를 파악하는 데는 한계가 있었다. 하지만 그들이 비록 비즈니스 프로세스는 미숙하지만, CASE Tool을 이용하는 방법만은 알고 있었다. 우리는 종이에 몇 장 끄적거려 설계를 대신해왔고 후다닥 단말기에 앉아 프로그램을 개발하는 것이 몸에 배어있었다.

'문서화? 그것 뭐 그리 대단하다고? 그것도 기술이고 실력인가? 업무도 모르면서 뭔 프로그램을 개발한다고?' 나는 그들과 선을 그으며 애써 그들의 능력을 깎아내렸다. 단위 시스템이 아닌 대형 시스템은 빈틈없는 설계를 위해 ER-Win 이나 BP-Win 같은 CASE 도구를 이용할 수밖에 없는데도 억지를 부린 것이다.

CASE 도구를 이용하면 시스템 간의 상관체크는 물론 누락되기 쉬운 프로세스나 데이터를 검증하기 쉽다. 문서화가 중요하기는 하지만 아직 문서화는 귀찮은 일로, 신입사원들에게나 시키는 일쯤으로 치부하고 있었다. 방법론을 따라가다 보면 필수적으로 만들어야 하는 Document가 있다. 우리 프로젝트에서는 그동안 적용해왔던 구조적 방법론 대신 정보공학방법론을 적용하였다. 구조적 방법론이 지나치리만큼 많은 문서화를 요구하기도 했지만, 관계형 데이터베이스가 출현하면서 모델링이라는 개념에 걸맞은 정보공학방법론을 적용한 것이다. 기존의 Flow-Chart와 DFD[Data Flow Diagram]가 한순간에 사라지고 모델링이라는 개념을 알 겨를도 없이 프로젝트는 바쁘게 굴러갔다.

농사짓는 데 삽 한 자루가 연장 전부라고 한다면 그 농사짓는 방식은 얼마나 비효율적인가? 가을에 알찬 수확을 위해서는 이른봄에 한 해의 계획을 세운다. 옥수수는 어디에 심고 감자는 몇 두렁, 콩은 몇 이랑을 심을 것인가? 그것은 가족이 일 년 동안 필요로 하는 곡식을 수확하기 위한 중요한 계획이다. 마찬가지로 프로젝트에서 계획을 세우는 것은 성공을 위해 자원을 얼마나 투입할 것인지, 그 기간은 얼마나 잡을 것인지 등 중요한 계획이다. 농부가 밭을 갈기 위해 이웃집 소를 이용할 것인지 아니면 자신이 직접 삽과 괭이로 땅을 팔 것인지 결정을 내리듯 프로젝트에서는 어떤 절차와 얼개를 밟아 갈 것인지 방법론이 필요하다. 또한, 농부가 손으로 땅을 팔 수 없듯이 프로젝트에서도 도구가 필요하다. 물론 방법론이란 놈은 많은 산출물을 만들어 내도록 문서화 작업을 요구하다 보니 귀찮은 것이 사실이다. 나는 그러한 방법론과 설계도구를 귀찮은 존재로 여기고 있었다. 대형 프로젝트에서는 단위 시스템 간의 연계를 위해 시스템통합이 무엇보다 중요하고 통합을 위해서는 도구가 중요한데 난 그들이 맡은 분야라며 소 닭 보듯 바라보고 있었다.

지난 일이지만 난 실패한 PM이었다. 방법론도, 문서화도 소홀히 했고 경쟁하듯 하도급사의 결과가 나쁘게 나오기를 속으로 빌며 의사소통도 기피하였기 때문이다. 나는 하도급사인 SI 업체와 끝없이 경쟁하며 프로젝트를 끌고 갔다. 종국에는 그들이 맡은 분야가 삐걱거리기 시작하였고 통합시험단계에서는 아예 기능이 제대로 동작하지 않은 최악의 결과가 나왔다. '그럼 그렇지! 그렇게 실력이 좋은데 왜 그것도 제대로 못하나?' 나는 쩔쩔매는 그들의 모습과 좌불안석 우왕좌왕하는 발주자의 모습을 즐기고 있었다. 시스템통합을 그들이 맡았으니 그들 책임이다.

발주자도 하도급사도 실패를 깨달았지만 이미 시간은 기다려주지 않았다. 결국, 페널티가 부과되고 나는 기다렸다는 듯이 하도급사에게 페널티를 패스하며 그동안 쌓인 울분을 시원하게 풀었다. 하지만 그들은 가만히 앉아 페널티를 수용할 만큼 어수룩하지 않았다. 그들은 프로였다. 프로는 프로젝트를 시작할 때부터 법적인 문제까지를 생각하며 접근한다. 그들은 억울하다며 분쟁 조정신청을 내었고 결국은 내가 지고 말았다. 아무래도 공기업보다는 약자(?)인 그들의 손을 들어준 것이다. 한순간 통쾌했던 기분은 오히려 내 발등을 찍는 부메랑이 되어 돌아오고 말았다. 울화통이 터지는 것을 참아가며 우리 멤버들이 달려들어 다시 프로그램을 개발하는 동안 점령군처럼 들이닥쳤던 그들은 유유히 빠져나가고 말았다.

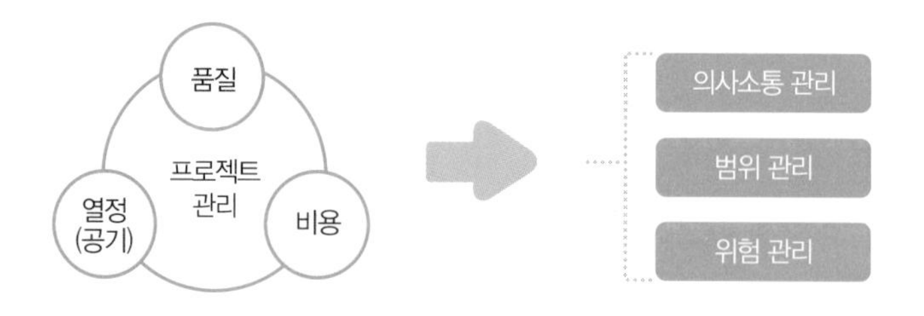

프로젝트를 시작하기 전 읽었던 나폴레옹 전집 속에서 기억에 남았던 '이 세상에 믿을 사람은 나 자신밖에 없다.'라는 말이 떠올랐다. 나폴레옹이 러시아 원정을 떠나 무혈입성을 했건만 퇴각하는 러시아군이 식량을 불태워버려 결국은 먹을 것이 없어지고 보급이 끊어진 나폴레옹은 힘들게 철수를 한다. 눈 덮인 알프스를 넘어오는 그 곁에, 믿었던 참모들마저 하나 둘 떨어져나가는 외로움에 오죽했으면 이 세상에 자기 자신밖에 믿을 사람이 없다고 말했을까? 장수로서의 위엄보다는 생사를 같이한 부하들이 자신을 버리고 떠나는 암담한 현실 앞에 그는 피눈물을 흘리며 러시아 원정을 끝냈던 것이다.

나는 그들이 그토록 엉망으로 망쳐놓을 만큼 최악일 거라고는 생각하지 않았다. 이 세상에 믿을 사람은 나 자신밖에 없다는 것을 뒤늦게 깨달았고 결국 자신과의 싸움에서도 지고 말았다. 하도급사를 다독거리며 혼신의 힘을 쏟아 붓도록 격려해야 했다. 무책임하게 떠나버린 그들을 원망한들 무슨 소용이 있는가? 우리는 모두 패자가 되고 말았다. 업무를 모르는 기술만으로는 성공할 수 없고 업무를 알더라도 문서화를 소홀히 하면 실패할 수밖에 없다는 교훈을 남겨주었다.

쏟아지는 신기술_ ● 내게 커다란 경험과 교훈을 안겨준 프로젝트는 한바탕 홍역을 치르고 어렵게 고개를 넘어 마쳤다. 내게 다시 그런 프로젝트를 맡기면 고맙지만 싫다고 정중히 거절하리라. 인연을 무엇보다 소중히 여기던 나는 결국 그들과 생채기만 남긴 채 헤어졌다. 왜 그렇게 아등바등 힘겨루기를 하며 인간관계마저 버려야 했던가? 알량한 자존심이 그리도 중요했던가? 어렵게 프로젝트를 마쳤지만, 의사소통에 실패했고 함께한 수많은 개발자와 담을 쌓고 말았으니 얻은 것이 없는 게임이었다.

내가 다시 PM을 맡는다면 어떻게 할까? 내가 갑이라면 어떻게 할까? 답은 신뢰와 소통이다. 개방과 공유와 소통이라는 웹2.0의 키워드가 왜 그때는 없었을까. 나는 불혹의 나이를 건너뛰어 어느덧 지천명인 50줄을 향해 달려가고 있었다. 그 옛날 외국인 엔지니어가 흰머리 날리며 노트북을 만지작거리던 그런 나이가 되고 만 것이다.

전쟁이 끝나고 폐허가 된 도시를 바라보듯 마음의 상처는 오랫동안 나를 힘들게 했다. '실력이 있습니까?' 뇌리 속에서 맴도는 말을 떠올릴 때마다 실력의 기준이 무엇이고 내 실력은 어느 정도인지 번민의 시간들을 보내야 했다. 관악산을 쏘다니며 나의 불확실한 미래에 대해 가늠해보기도 했지만 또렷한 초점은 잡히지 않았다.

이제 8년 후면 정년을 맞을 텐데 프로그래머가 아닌 관리자로서의 미래는 날 어떤 모습으로 끌고 갈까? 관악산은 나에게 그 답을 알려주지 않았고 쏟아지는 신기술은 지천명한 나를 뒷방 늙은이로 몰아가고 있었다. 족보형 DBMS에 익숙한 코볼세대인 나에게 관계형 데이터베이스가 저만큼 물러서라고 하더니만 언젠가는 객체지향이라는 놈이 나타나 여지없이 뒤통수를 갈겨버린다. 서버/클라이언트 개념은 유닉스에 대한 지식을 요구했고 개발언어는 C언어로 바뀌고 있었다. 신입 프로그래머는 그 옛날 전설 같은 코볼을 몰라도 되었고 메인프레임에서 왕처럼 군림하던 족보형 DB를 몰라도 되었다. 이름 하여 구세대인 우리는 유닉스를 알고 C와 자바를 구사하는 신세대 프로그래머와 확연한 선을 긋고 퇴물이 되어가고 있었다. 베이직 프로그램은 중학생이나 다루는 프로그램 정도로 치부하고 있었는데 비주얼베직이란 놈이 나타나 사용자에게 갖은 애교를 떨며 화려한 화면으로 유혹하고 있으니 노병이 된 나는 그저 먼 발치에서 구경만 할 수밖에 없었다.

새로운 언어와 새로운 DBMS, 새로운 OS에 접근할 시간이 주어지지 않은 어정쩡한 관리자가 된 채, 흐르는 세월을 그저 담담히 바라볼 뿐 젊은 날의 열정이 식어갔다. '프로그래머는 프로그램만 잘 짜면 되는 것 아닌가요?' 그럴지도 모른다. 하지만 프로그램을 개발하는 데 설계서 없이 머리로 프로그램을 짜는 프로그래머가 유능한 것이 아니라 설계서에 로직을 그려낼 줄 아는 프로그래머가 유능한 프로그래머다.

산업사회가 지난 200년간 우리 삶을 바꾸어왔지만 컴퓨터 출현 이후 30년이 채 안 되어 산업사회가 이룩한 것보다 훨씬 더 많은 변화를 가져왔다. 우리는 지금 정보의 바다에서 상호작용Interactive을 통해 소통하고 지식이 곧 자산인 지식정보화사회를 지나 스마트사회로 들어서고 있다. 또한 창조적인 생각과 유머와 위트를 가진 사람이 주목받는 꿈의 사회Dream society가 스마트사회와 어우러지고 있다. 이렇듯 새로운 기술은 우리들의 삶도 그리고 생각도 바꿔놓고 있다. 신기술을 받아들이기 귀찮고 어렵다고 손 놓고 있을 것인가? 우리 IT인들은 손을 놓는 순간 목숨 줄을 놓는 것이라는 절박감을 갖고 신기술을 받아들여야 한다.

번민_ ● 프로그래머의 정년은 몇 살일까? 굳이 따져본다면 40세 전후로 단명하다고 생각한다. 반면에 운영유지보수를 맡은 프로그래머는 40세를 넘어서도 계속할 수 있다. 하지만 그건 현실에 안주하는 그저 그런 삶일 뿐이다. 변화하는 신기술을 받아들일 준비가 안 된 프로그래머는 도태되고 만다. 그럼 우리는 어떻게 미래를 준비해야 할 것인가?

인간은 변화를 두려워하고 개혁을 거부하는 속성이 있다. 변화가 그만큼 힘들기 때문이지만 거역하거나 수용하지 못하면 미래는 장밋빛이 아닌 쓰레기통의 삶이 될지도 모른다. 정보화사회의 거대한 물결이 쓰나미처럼 휘몰아 닥쳤던 시간이 지나고 이제는 Smart Society라는 또 다른 변화가 몰아닥쳐 유비쿼터스라는 신기술이 우리를 압박하고 있다. 인디언은 말을 타고 바람처럼 달리다가도 가끔 고삐를 늦추고 뒤를 돌아다본다고 한다. 그건 자신의 영혼이 육체로부터 이탈하지 않도록 자신을 뒤돌아보고 여유를 가지라는 의미일 것이다. 영혼이 뒤따라올 시간조차 갖지 못하고 앞만 보고 달려온 프로그래머들이 자신을 돌아보고 보다 의미 있는 미래를 준비하기 위해 무엇을 해야 하는가?

일은 즐거워야 하고 자신이 좋아하는 일을 해야 한다. 단순히 노동의 대가를 돈으로 환산해 월급을 받는 삶은 죽은 삶이나 다름없다. 비록 돈은 적더라도 자신이 좋아하는 일, 재미있는 일을 찾아 나서면 그것이 곧 인생의 참맛이 아니겠는가? 난 내가 없으면 우리 부서가 안 돌아가고 회사가 멈춰 서기라도 할 듯 일에 매달렸다. 혹시 일 중독증은 아닐까? 휴일에도 회사를 나가지 않으면 불안하고 뭔가 허전한 느낌….

나는 그저 일이 좋았고 재미있었다. 하지만 프로그래머도 아니고 그렇다고 미래가 탄탄한 잘나가는 관리자도 아닌 어정쩡한 상태에서 세월에 끌려가고 있었다. 힘들게 지내온 아까운 시간과 젊음을 담보로 프로그래머로 살아온 시간들은 어떻게 보상받을 것이며 어떻게 꽃을 피울 것인가. 그동안 프로그래머로 살아온 경험들은 이대로 사장되고 말 것인가? 아무도 알아주지 않는 경험과 기술로는 미래를 보장받을 길은 없다. 리더로서의 덕망과 역량을 갖추지 못한 나는 하루하루의 단순한 일상에 축 늘어져 매너리즘에 빠져들고 있었다. 내 뒷모습은 한없이 나태해지고 있었고 정년을 맞아 준비 없이 떠나가는 선배들의 모습을 닮아가고 있었다.

소는 풀을 먹어야 하는데….

화려한 현역을 마감하고 이름없는 별이 되어 떠나는 선배들을 볼 때마다 나와는 상관없는 남의 일처럼 먼 산 보듯 바라보곤 했지만 그들이 곧 나의 미래였다. 나 또한 그 선배들과 다름없는 길을 갈 수밖에 없을 것이고 결국은 후배들의 뇌리에서 쉬이 잊혀 가리라. 후회는 늦었다고 생각할 때가 빠르다.

목표를 찾아라_ ● 느닷없이 IMF가 닥쳐오고 우리 모두를 끝없는 나락으로 떨어뜨렸다. 명퇴자들이 넘쳐나고 남은 자들은 가슴을 졸이며 자신들의 암울한 미래에 대해 걱정하고 있었다. 어느 순간 직장에서 밀려 나온 사람들은 배낭을 메고 산을 헤맸고 동네 골목에는 구멍가게를 여는 아주머니들이 늘어갔다. 직장마다 명예퇴직제를 도입하여 인원을 감축하고 부서별로 감축 인원 할당량이 배당되어 너나없이 살아남기 위해 눈치를 살폈다. 한 번도 마주친 적 없는 IMF란 놈은 우리를 그렇게 혹독하게 매질하고 있었다. 살아남은 자는 안도의 한숨을 내쉬었고 명퇴금을 받은 동료는 어깨를 축 늘어뜨리며 직장을 떠났다. IMF가 아니더라도 타의에 의해 직장을 떠나야 할 지뢰는 곳곳에 묻혀 있다. IMF가 지났지만 언제든지 내일이라도 직장을 떠나야 할지 모른다.

'살아야 한다. 나는 살아야 한다.' 유대인 마르틴그레이의 삶처럼 살아나기 위한 혹독한 훈련이 필요하건만 위기를 위기로 여기지 않는 안온함에 젖어 있는 것이 문제다. 위기를 위기로 인정하려 들지 않고 위기의 순간이 지나면 어려운 그때를 망각하기 마련이다. 인간이 태어날 때 영계의 기억을 잊어버리도록 망각의 술잔을 마셨기 때문에 그 유전인자를 지니고 있어서인지 모르지만 모두 IMF의 혹독한 시련을 망각하고 있었다. 신도 감춰놓은 직장이라는 공기업에서 정년 이후를 걱정하는 것은 사치일지도 모른다. 하지만 직장생활을 마감한다는 것은 서글픈 일이다. 정년을 맞아 퇴장하는 선배들을 남의 일처럼 바라보다 보니 내 나이 어느덧 지천명의 문턱을 넘어서고 말았다.

나는 누구이고 나는 어떻게 살아야 하고 미래에는 어떤 모습이 될까? 한 번도 정년 후의 미래를 걱정해 본 적이 없었다. 그 힘든 IMF 때도 살아남았는데 정년은 아직 남의 얘기가 아닌가? 50이 되고 나서 그간의 내 모습을 되돌아보니 갑자기 마음이 바빠졌다. 주택관리사 책을 사 들었다. 정년 후에 아파트관리사무소 소장은 제2의 길이라는 광고를 떠올린 것이다. 관리사무소장이라는 미래 내 모습을 그려보며 책을 들었건만 생판 낯선 회계라는 과목이 나를 가로막아서며 눈을 부릅뜨고 호통을 친다. '송충이는 솔잎을 먹어야 하는 것이여!' '흥! 솔잎이 있기나 하간디? 누가 늙은 송충이를 알아주기나 한데?' 코웃음을 치며 주택관리사 준비에 매달린 지 한 달도 안 되어 집어 던져버렸다. 내일도 아니고 아직도 정년이 8년이나 남았는데 8년 후의 걱정을 사서 하는 바보가 어디 있는가? 편하게 생각하고 보니 마음이 홀가분하기는 하지만 또 한 편으로는 똥 싸고 뒤를 닦지 않은 것처럼 미끈거리고 찝찝하기만 했다.

사람은 큰 목표든 작은 목표든 목표가 있어야 하고 그 목표를 달성한 성취감을 먹고 산다. 일이 즐거웠던 그 시절은 프로그램 로직을 만들고 해를 구해내는 목표에 따라 정체성을 확인할 수 있었다. 목표가 없는 흐리멍덩한 삶! 매일 술에 절어 의자에 고개를 젖히고 눈을 붙이기 위해 눈치를 본다면 후배들은 어떤 눈으로 볼까?

'꼬라지 사나운 것이 이제 한물갔네.' 혹시 그런 생각은 하지 않을까? 주택관리사 목표도 때려치운 주제에 목표는 무슨 얼어 죽을 목표람? 어릴 적 동무들과 어울려 놀며 상대의 구슬을 따내려던 승부욕과 갖고 싶은 유리구슬을 살 수 없어 진흙 구슬을 아궁이에 구워낸 기억이 떠오른다. 응달에 말리는 것보다 불에 구우면 어쩌면 단단한 유리구슬이 될지도 모른다는 생각을 떠올린 건 도자기는 불에 굽는다는 얘기를 들었기 때문이다. 하여튼 목표를 향해 집념의 불꽃을 태우던 젊은 시절의 활기찬 모습이 서서히 사라지고 중늙은이로서의 현실 안주에 전전긍긍하는 전형적인 중년의 사내가 되어가고 있었다.

'나도 한때는 잘나가던 시절이 있었어! 전국의 전기요금이 내 손에 의해 주물럭거려 만들어지던….' 마치 이효석의 '메밀 꽃 필 무렵'의 주인공인 얽둑배기, 왼손잡이 허생원이 성서방네 처녀와 하룻밤을 지낸 추억을 두고두고 되뇌듯 그 순간을 그리워하고 있었다. 남자는 나이가 들어가면 군대 이야기와 젊은 시절 혈기왕성했던 이야기를 무용담처럼 과장하여 자랑하기 일쑤다. 그러고 보니 PM을 맡아 고생하던 순간들이 무용담으로 치면 내게는 가장 멋진 경험이다. '실력이 있습니까? 영업력이 있습니까?' 항상 내 귓가에서 맴도는 실력 없다는 듣기 싫은 말이 결국은 영웅담을 기분 잡치게 하곤 했지만 말이다.

나는 산을 좋아한다. 산을 오르다 보면 오르막이 있고 내리막이 있다. 인생 또한 굴곡이 있기 마련이다. 준비된 자는 굴곡을 쉽게 벗어날 수 있다. 무엇을 준비할 것인가는 목표가 무엇인가로 귀결된다. 어릴 적 목표가 무어냐는 선생님의 질문에 머뭇거리며 법관이라고 기어들어가는 소리로 말하였다. 난 법관이 뭔지도 모르지만 옆 동료가 하는 말을 따라 했던 것이다. 남이 장에 가니 두엄 짊어지고 장에 따라가는 꼴이었다. 목표가 확실한 사람과 그렇지 못한 사람의 차이는 분명하다. 작은 목표든 큰 목표든 목표를 세우는 것과 그렇지 않은 것은 확연히 다르다. 춘불경종추후회(春不耕種秋後悔, 봄에 밭 갈고 씨 뿌리지 않으면 가을에 후회한다)! 가을에 수확할 목표를 세우는 것은 준비가 필요하고 준비는 불확실한 미래를 대비할 수 있다.

도전이 안겨다 준 것_ ● 목표가 없는 삶은 죽은 삶이다. 실력이 없다며 핀잔을 받았던 순간들이 떠올라 무작정 차표 한 장 사 들고 여행을 떠나듯 기술사를 준비하기로 마음먹었다. 하지만 주택관리사 준비도 한 달 만에 때려치운 기억이 떠올라 망설이게 하였다.

'에잇. 까짓 거! 한번 해보자.'

기술사의 꿈!

그건 절대 쉽지 않은 길이었다. 단숨에 후딱 해치울 수 있는 그런 길이 아니었다. 첫 번째 시험에서 보기 좋게 낙동강 오리 알이 되고 말았다. 나이 쉰에 공부를 한다니 가당하기나 한가? 천명(오십, 知天命)이가 공부한다니 불혹(40세, 不惑)이가 비웃고 있었다. 오기가 발동한 나는 신록이 찬연하게 돋는 늦봄에 지인들에게 잠수를 선언하고 독서실에 박혔다.

"술 마시자는 사람 있으면 빰따귀를 올려붙이세요!"

내가 왜 이 길을 걷고 있는가? 자만인가 오기인가? 왜 그 좋은 젊은 날을 헛되이 보냈던가? '少不勤學 老後悔'(젊어서 공부하지 않으면 늙어서 후회한다)

아버님께 회초리를 맞아가며 외웠던 주자십회훈이 절절히 가슴에 못이 되어 박혔다. 사랑니가 기분 나쁘게 욱신거리고 기억력도 떨어져 차라리 더 늦기 전에 포기하고 싶은 마음이 간절하였다. 어릴 적 탱자나무 과수원길 너머로 한 발짝 한

발짝 걸어가다가 점점 집이 멀어져 두려움에 와락 달려오던 그때처럼.

"아버님! 사랑니를 빼셔야겠어요!"

아니 난데없는 아버님이라니 내가 아버지처럼 늙어 보인다는 말인가? 엉덩이가 처억 벌어지고 가슴이 불룩한 처녀가 아버님이라 부르다니 실망이 여간 아니다. 딸년에게 그 얘기를 종잘대니,

"그럼 오빠라고 불러? 아저씨라고 불러?"

문득 어느 여름, 숨을 헉헉거리며 사패산을 오르던 기억이 떠올랐다. 그날은 유난히도 힘들게 정상에 올랐고 진이 빠져 곤죽이 된 나에게 사패산은 묘하게 웃음을 흘리며 말했다.

"인생을 쉽게 생각하지 마시오! 고난과 역경 뒤에 오는 더 큰 꿈을 펼칠 수 있는 미래를 생각하시오."

나는 젊은이들 틈에서 머나먼 정상을 향해 자신과의 싸움에서 패배하지 않기 위해 악악대며 걷고 있었다. 찬연한 봄이 지나고 후훅 찌는 여름이 지났다. 시험을 마치고 던져놓은 윷짝이 모두 엎어지기를 기다리고 있었지만, 마음 한 편은 담담했다. 기술사 시험이라는 굿판에서 나는 정말 장단에 맞춰 신명 나게 춤을 췄던가? '창공은 말없이 살라 하고 청산은 티 없이 살라 한다.' 무슨 욕심이 그리 많았던가? 떨어져도 결코 후회하지 않을 것이고 이 짓은 딱 한 번으로 족하다. 10월 끝자락에 어머님이 상경하셨다. 당신은 무슨 바람이 불어 하필 발표 날인 오늘 올라 오신 것일까?

오르기 쉽지 않은 나무를 이리 기웃 저리 기웃 쳐다보다가 도전한 지난 5개월

이 온몸에 열꽃이 핀 홍역을 앓고 난 것처럼 기억 속에서 가물거린다. 기술사가 되면 뭐가 달라질까? 승자의 주머니 속에는 꿈이 있고 패자의 주머니 속에는 욕심이 있다는데 꿈인가 욕심인가?

드디어 운명의 시간이 등 뒤에서 바짝 쫓아오고 있었다. 긴장의 순간을 비켜나고자 저녁 뉴스도 끝나기 전 잠을 청했더니 아내도 어머님도 일찍 잠자리를 편다. 들창 너머로 초가을 달빛만이 고요하다. 건넛방에서 이따금 어머니의 기침 소리가 들려오고 술 취한 사내가 여자와 싸우는 소리가 골목길에서 들려온다. 슬그머니 일어나 불을 켜고 보니 23:55분을 지나고 있다. 컴퓨터를 켜고 인터넷으로 합격자 발표를 열어보니 알 수 없는 메시지가 화면에 떴다.

불합격!

가슴이 철렁하고 헛웃음이 나왔다. 담배를 붙여 물고 창문을 열자 감나무 검은 잎이 달빛에 반짝인다. '그래. 아무나 할 것 같으면 기술사 천지가 되게?'

00:01분!

떨리는 손으로 전화기 버튼을 눌렀다. 'Congratulation! Congratulation! 합격을 축하합니다. ♬'

"엄니! 합격했어!"

안방에서 잠든 아내와 어머니에게 달려가 외쳤다. 당신과 아내는 짐짓 잠든 척 내 눈치만 살피고 있었던 게 분명하다. 벌떡 일어난 어머니와 아내가 엉엉 울어버린다.

"아가! 고상했다!" 얼굴을 만져주는 어머니의 손바닥이 까칠하다.

어떻게 사는 것이 열심히 사는 것일까?_ ● 세월이 흐르면 누구나 정년을 맞는다. 신도 감춰놓은 직장이라는 공기업에서 천수를 누리는 것만으로도 감사해야 하는데 욕심은 끝이 없다. 이제 쉬셔도 되지 않느냐는 후배들의 말을 듣고 쉰다는 의미를 생각해 봤다. 쉰다는 것은 죽음을 기다리는 것이 아닐까? 가치 있는 삶은 육신을 움직여 사람들과 관계를 맺으며 아침이면 나들이 가듯 어딘가 갈 곳이 있는 삶이어야 한다.

문득 인생의 지침이 되는 어떤 노인의 얘기가 떠오른다. 평생을 직장에 몸바친 엔지니어가 60세가 되어 회사를 떠나려 하자 후배들이 극구 만류하였다. 덕망과 기술력을 갖춘 그에게 후배들은 더 많은 시간을 함께하자며 붙잡았지만, 그는 여생을 편하게 지내고 싶다며 회사를 떠났다. 평생을 몸바친 직장을 떠난다는 것이 아쉬웠지만 피곤한 육신을 편하게 누이고 싶었다. 그는 손주를 돌보며 하릴없이 TV에 눈을 대고 여생을 보냈다. 어쩌다 친구가 불러주면 반가워 득달같이 달려 나갔지만 하나 둘 친구들은 고인이 되고 얼마 안 되는 용돈도 마포바지에 방귀 빠지듯이 솔솔 빠져나가니 친구를 만나는 것도 두려워지기 시작했다.

세월은 기다려 주지 않고 어느새 90세 생일을 맞았다. 아들딸 손자 증손자가 모두 모여 무병장수를 빌며 생일잔치를 벌였다. 집이 좁아 앉을 곳이 없을 만큼 북적거리는 자손들의 모습을 보며 자신의 젊은 날을 떠올렸다. '덧없는 인생! 내 나이 90이라니!' 잔치가 끝나자 자식들은 썰물처럼 빠져나가고 집안은 텅 비었다. 정년을 마치고 30년이라는 세월이 눈 깜짝할 새에 지나버린 덧없음에 가슴이 텅 비어왔다. 직장 후배들이 도와달라는 것을 완곡히 뿌리쳤던 그는 지나온 삶들을 되새겨 보았다. 아무런 목표도 없이 살아왔던 그동안의 삶은 죽음을 기다린 삶이 아니었던가? 곰곰이 생각하던 그는 잃어버린 지난 30년이 너무나 아까웠다. 쉰다는 것은 모든 것을 정지시키는 마약과도 같은 것이다. 매슬로우가 말한 욕구 5단계설에서 알 수 있듯 인간은 자아실현을 통해 최상의 만족을 느낀다. 그는 영어책을 펴 들고 돌아가지 않는 혀를 굴리며 공부를 한단다. 사람은 죽을 때까지 손에서 책을 놓으면 안 된다. TV에 눈을 대고 방구석에 앉아 있는 것이 편한 삶인가?

프로그래머 이후 할 일은 무엇일까?_ ● 프로그래머의 정년은 몇 세일까? 아마 프로그래머 정년은 넉넉잡아 40세쯤이라고 생각한다. 40이 넘어서 프로그램을 작성하지 못할 바는 아니지만, 기억력이 떨어져 로직 곳곳에 산재한 변수명을 기억하기 쉽지 않아 생산성이 크게 떨어진다. 프로그래머가 정년이 지나면 무엇을 할 것인가? 싫든 좋든 삶은 경쟁이고 경쟁에서 승리하면 더 많은 가치를 가져다준다. 그동안 개발현장에서 닦은 프로그래머 실력을 바탕으로 또 다른 길을 찾아야 한다.

우선 IT 분야의 가치 사슬을 살펴보자. IT 가치사슬의 최상단에는 표준이 자리하고 있다.

표준을 장악한 국가가 부와 이익을 독점할 수 있다. 가까운 예를 들어보면 VTR은 소니의 베타방식이 유럽의 VHS 방식보다 훨씬 화질도 선명하고 기술적으로도 우수했지만 시장을 좌지우지하는 미국과 유럽은 자신들의 표준인 VHS 방식으로 틀을 바꾸고 말았다. 자국의 기술을 세계표준으로 올려놓아 경제적인 이득을 취하려는 경제전쟁이었다. 표준경쟁에 목을 매는 이유는 바로 자국산업과 직결되기 때문이다. 우리나라가 보유하고 있는 세계 표준은 몇 개쯤일까? 우리의 WiBro가 국제 표준에 진입했으나 서구 유럽은 LTE Long Term Evolution 란 또 하나의 표준으로 맞불을 놓아 무력화시키고 있다. 우리는 미국의 CDMA 표준을 세계 최초로 상용화하여 휴대폰으로 돈을 벌었지만 결국은 퀄컴에게 로열티를 가져다 바치며 그들 좋은 일만 시켜주는 결과를 보아 알 수 있듯이 표준은 IT 가치사슬의 최상위 모델이다.

프로그래머가 정년을 마치면 IT 분야의 표준을 섭렵하는 것 또한 자아실현을 위한 길이다. 두 번째 가치사슬은 컨설팅이다. 선진국은 SPICE나 CMMI 등 무형의 절차를 만들어 진입장벽으로 활용하고 있다. 컨설팅은 무형의 가치를 극대화하는 지식자산으로 선진국들이 전횡물로 활용하고 있다. 컨설턴트라고 이마에 씌어있는 것이 아니건만 컨설턴트는 많은 보수를 받으며 기업을 진단하고 정보시스템의 방향성을 제시한다. 게다가 컨설팅 과정에서 습득한 정보는 자국의 또는 자사의 경쟁도구로 재활용이 가능하여 일거양득이다. 결국 컨설팅 결과에 따라 정보시스템 개발사는 종속되고 만다. 봉이 김선달은 대동강 물을 팔아먹은 사기꾼으로 알려져 왔다. 하지만 또 다른 각도에서 보면 그는 비즈니스 모델을 만들어낸 최초의 컨설턴트가 아닌가 싶다. 우리 프로그래머들은 먼 훗날 누구를 벤치마킹하고 무엇을 닮아야 할 것인가? 프로그래머 정년을 마친 개발자들이 해야 할 일은 부지기수다.

가치사슬 얘기를 마저 하면 세 번째 가치사슬은 솔루션이다. SAP이 ERP라는 정형화된 프로세스를 안착시키기 위해 30년 동안 한우물을 파 이제는 전 세계에서 솔루션 공급자의 왕자로 군림하고 있다. 비즈니스 프로세스를 정형화된 틀에 맞추어 힘 안들이고 돈을 버는 위치에 올라있다. 우리는 제대로 된 OS를 갖고 있는가? 제대로 된 DBMS를 갖고 있는가? 솔루션을 보유한 기업은 부가가치를 창출하기가 어렵지 않다. 우리 프로그래머들이 하얀 밤을 새워 시스템을 개발하지만 개발 후에는 안정화시키느라 앞으로 남고 뒤로 밑지는 장사를 반복하고 있다. 잘 만든, 제대로 된 솔루션 하나를 보유한다면 부를 긁어 담을 수 있는 또 하나의 지름길이다.

네 번째 먹이사슬(가치사슬)은 시스템 통합이다. 이름 하여 SI라는 기치를 걸고 저가 입찰로 치킨게임 벌이듯 피 튀기는 싸움을 마다치 않는 그 SI 말이다. 우리는 아직까지 설계와 개발을 분리하지 않고 설계자가 개발하고 테스트하고 결국 북치고 장구치는 전인적인 역할을 수행하고 있다. 그러다 보니 40세라는 프로그래머 정년이 지나고 나면 더 이상 프로그래머로서 할 일을 잃고 만다. 그동안 경험을 바탕으로 분석 • 설계자로 거듭날 수 있는 토양이 갖추어져 있지 않았기 때문이다. 그러기 때문에 분할 발주가 필요한 이유다. 분할 발주란 설계와 개발을 분리하여 40세 이전에는 개발에 올인하고 프로그래머 정년인 40세 이후에는 분석 • 설계자로 자리이동이 되어 자연스럽게 프로그래머 정년이 연장되는 것이다.

다행히 우리나라도 하드웨어와 소프트웨어를 분리하여 발주하는 제도가 안착되었고 이제는 서서히 설계와 개발을 분할하려는 분할 발주 분위기가 잡혀가고 있다. 인도와 미국의 관계에서 알 수 있듯이 설계와 개발의 분리는 프로그래머에게 미래를 담보할 수 있는 길이다.

가치사슬의 최하위 단계는 개발자, 이름 하여 프로그래머다. 프로그래머는 젊어서 현장 경험을 쌓고 그 경험을 기초로 분석설계자로 자연스럽게 전이될 수 있다.

인도를 소프트웨어 강국이라고 말하는데 미국은 소프트웨어 강국이 아닐까? 우리가 IT 강국이라고 자만심에 가득 차 있을 때 애플이 아이폰을 들고 나왔다. 청바지에 케쥬얼한 옷을 즐겨 입는 스티브 잡스가 아이팟을 내놓을 때까지만 해도 우리는 거들떠 보지 않았다. 아무도 아이팟이 휴대폰과 결합하여 전세계를 호령하리라 예측하지 못했다. 하지만 그 놈은 들불처럼 퍼져 스마트워크 세계로 우리를 끌고 가고 있다. 그동안 IT 강국이라는 허울좋은 칭찬에 자만한 우리는 그제서야 소프트웨어의 소중함을 깨닫고 부랴부랴 애플을 따라잡으려고 뒷북을 치고 있지만 베껴 쓰기도 제대로 못한다며 자조적인 얘기들을 하고 있는 실정이다. 프로그램 개발은 가치사슬의 최하위 단계이지만 결코 가치 없는 일이 아니다.

프로그래밍 경험이 없는 사람이 분석가나 설계자가 되기는 쉽지 않다. 설령 프로그래밍 경험이 없는 사람이 설계자가 되더라도 그것은 사용자 요구사항을 취합하는 역할에 불과한 무늬만 설계자다. 뒤늦은 감은 있지만 우리나라도 설계와 개발을 분리하기 위한 조짐이 일고 있다. 프로그래머 정년이 지나고도 할 일은 널려있다.

프로그래머가 소홀히 해서는 안 될 일_ ● 내가 본격적으로 프로그램을 시작한 건 전국 전기요금을 총괄하는 이른바 올빼미 부서라고 불리는 한전의 CRM(전기요금 및 배전설비 관리 시스템)을 맡으면서부터였다. 흔히 프로그래머라고 하면 프로그램을 얼마나 잘 짜느냐로 평가하곤 하는데 그보다는 비즈니스 프로세스를 얼마나 잘 알고 있으며 그 위에 설계 능력을 얼마나 갖추고 있느냐 여부에 따라 비로소 전문가Specialist로 평가받는다. 내가 맡은 부서는 야근을 밥 먹듯이 하는, 육군으로 치면 최전방 철책선 경비초소나 다름없었다. 요금 프로그램은 수많은 요구사항을 해결하기 위해 그때마다 로직을 추가하는 바람에 응집도는 떨어지고 결합도는 높아 마치 누더기처럼 너덜너덜했다. 사용자 요구사항이 생길 때마다 조건문으로 분기시켜 임시방편으로 해결하곤 했기에 아무도 함부로 로직을 손댈 수 없을 만큼 지뢰밭 천지였다.

업무를 파악하기 위해 설계서를 펼쳐보았지만 개발 후 한번도 손대지 않은 설계서는 천년 잠에서 깨어난 듯 부스스 눈을 비볐다. 프로그램 설명서와 개략적인 Flow-Chart를 그려놓은 설계서는 형식만 갖추고 있을 뿐 장식용에 불과한 수준이었다. 결국 프로그램 유지보수는 몇몇 고참 직원들의 손에 의해 이루어지고 있었다. 사업소에서 요금이 틀리다는 전화가 걸려오면 가슴이 철렁 내려앉았고 업무를 모르니 전화 받기를 기피하였다. 설계서가 허접하니 업무를 알 수가 없었고 업무를 모르니 당연히 사업소 전화를 받으면 가슴이 콩닥거릴 수밖에. 미련한 놈은 둑을 막고 물을 뿜어내 고기 잡듯 문서화가 부실하니 몸으로 부딪히는 수밖에 없었다. 소스를 출력하여 밤새도록 상세 Flow-Chart를 그려 벽에 붙여 놓고 보니 온통 Flow-Chart로 도배가 되었다. 요즘 용어로 치면 역공학인 셈이다. Flow-Chart를 그리다 잘못된 로직을 발견하였지만 확신이 서지 않아 함부로 손을 대지도 못했다. 오류를 수정하다가 다른 곳에서 버그가 발생할까 봐 손을 못 대며 쩔쩔매었다. 나는 스트레스가 쌓여갔고 사용자들은 불만이 쌓여갔다.

그러고 보면 당시에는 문서화 개념이 형식에 불과하였고 산출물도 HIPO차트, 프로그램 설명서, 플로우차트, 시스템 전개도, 출력디자인시트Spacing Chart 정도였다. 개발 당시 설계서는 시간이 지나면서 현행화가 되지 않아 아무짝에도 쓸모없는 캐비닛 지킴이 역할을 하고 있었다. 예나 지금이나 문서화는 귀찮은 일로 여기고 있는데 단언하건데 문서화만큼 중요한 일은 없다.

지난해 인도를 방문하여 IT 분야를 접할 기회가 있었다. 인도하면 소프트웨어 강국이 떠오른다. 그들은 미국에서 던져준 설계서를 기반으로 개발을 하는, 어찌 보면 단순한 개발자 집단으로서의 역할을 하고 있었다. 미국에서 보내온 설계서가 설령 잘못 되었더라도 그들이 자의적으로 해석하여 개발할 수는 없다. 설계서는 설계자의 사상을 반영한 문서이고 설계서만 던져줘도 개발할 수 있을 정도로 완벽한 수준이어야 함을 단적으로 보여주었다. 우리는 어떠한가? 설계서를 던져주면 개발할 수 있을까? 문화의 차이가 있지만 우리는 문서화가 귀찮다는 이유로 형식적인 설계서를 만들고 핵심은 프로그래머 머릿속에서 들어있으니 개발자가 떠나고 나면 설계서는 장식품이 되고 만다. 앞으로 소프트웨어 강국이 되기 위해서는 분할발주가 필연적으로 도입될 수밖에 없을 것이고 프로그래머도 정년이 지나고 나면 설계자로 거듭 날 수밖에 없기에 문서화 Skill을 쌓는 것이 필요하다.

무엇을 어떻게 준비할 것인가?_ ● 내가 살아온 길! 그리고 내가 살아가야 할 길!

지식사회에서는 전문가가 할 일이 많다. 프로그래머로서의 힘든 과정을 거치고 나면 그 경험과 지식이 곧 나의 재산이기 때문이다. 전문가는 이마에 전문가라고 쓰여있지 않다. 전문가가 되기 위해 우리는 무엇을 준비할 것인가? 일류대학을 졸업한 사람이 반드시 성공하는 것은 아니다. 대학 졸업장은 입사할 때 한 번 필요한, 순간적인 것이고 입사 후에는 자신의 능력이다. 능력은 라이선스를 확보함으로써 타인에게 인정받을 수 있다. 대학 졸업장은 입사할 때 한번 빛을 발하지만 라이선스는 영속적이기 때문이다. IT 분야에서 라이선스는 셀 수 없이 많다. 보안, 네트워크, 소프트웨어 공학, DB 분야 등등. 국가공인이든 민간공인이든 라이선스는 많이 확보할수록 좋다.

나는 3년간 지방근무를 한 적이 있다. 퇴근 후 많은 시간을 자기계발을 위해 투자했다. IT 분야 지식을 습득하기 위한 손쉬운 방법은 이러닝을 활용하는 방법이 시간적으로도 도움이 된다. 미래학자인 피터드러커와 앨빈 토플러가 얘기했듯 지식사회에서는 전통 굴뚝산업사회와 달리 두뇌에 저장된 지식으로도 얼마든지 가치를 창출할 수 있다. 기술은 앞으로 계속 발전할 것이고 새로운 형태로 진화할 것이다. 내가 모르는 사이에 신기술이 쏟아져 나오고 새로운 비즈니스 모델이 폭발적으로 쏟아져 나오고 있다. '지금 알고 있던 것을 그때 알았더라면!' 난 가끔 이제야 알았던 지식을 조금 더 이전에 알았더라면 하고 후회하곤 한다. 24절기를 그 때 알았더라면... 12지간 법을 젊은 그 때 알았더라면… .

쏟아지는 신기술을 어떻게 저장하고 나만의 것으로 만들 것인가? '어휴! 머리 아파! 내가 그걸 모른다고 설마 밥이야 굶겠어?' IT로 밥 먹고 사는 우리는 좋든 싫든 쏟아지는 신기술을 외면할 수는 없다. 외면한 순간 도태되어 뒷방 늙은이 취급을 받을 것이기 때문이다. 신기술을 받아들이기 위한 도전은 인생을 값지게 만들어주는 또 하나의 보약이다. 도전하는 것은 아름답다. 미지의 세계에 도전하는 것은 가치가 있다. 도전하는 마음으로 삶을 바라보면 가슴이 뜨거워지고 힘이 솟는다.

끊임없는 자기계발은 자신의 가치를 더욱 높여준다. 신기술을 내 것으로 만들기 위해서는 어떻게 할 것인가? 나는 항상 신기술 키워드를 요약하기 위해 나만의 수첩을 지니고 다닌다. 마치 내가 IT전문 기자라는 입장으로 바라보면 신기술과 연관된 기술을 유추하기 쉽고 새로운 트렌드가 보인다.

이공계에 발을 들여 놓은 것을 후회했던 적이 있었다. 직장의 정년을 마치고 보니 이공계가 결코 잘못된 선택이 아니었다. 인문계 출신 동료들은 정년 후 할 일이 없어 배낭을 메고 산으로 출근을 한다. 사람은 움직여야 한다. 걸으면 살고 누우면 죽는다는 얘기를 새삼 떠올릴 필요 없이 정년 후 갈 곳이 있다는 것은 얼마나 행복한 일인가? 벌써 정년을 마치고 2년째 접어들었다. 지난해 근 일년을 현장감리에 상주하였다. 1시간 30분 걸리는 현장까지 출퇴근하며, 소프트웨어가 아닌 통신분야 감리를 수행하며 또 다른 분야에 대한 소중한 경험을 쌓았다. 프로그래머는 통신을 몰라도 되는가? 전문가는 인접기술을 꿰어 맞추고 그곳에 새로운 비즈니스 모델을 얻을 수 있는 능력을 갖춰야 한다. 바쁜 꿀벌은 슬퍼할 겨를조차 없다고 하지 않았던가? 바쁘게 산다는 것은 열심히 산다는 것과 등식이 성립하지 않을까 싶다. 정년을 맞았으니 쉬고 싶다는 얘기를 하는 사람의 속내는 실은 자기 변명에 지나지 않는 자신을 감추고 싶은 부끄러움 때문이라고 생각한다.

"너는 왜 그리 복잡하게 살고 있느냐?"

얼마 전 함께 정년을 맞은 동창녀석이 하는 말이다. 그 친구는 이제 인생을 쉬며 즐길 나이가 되었다는 것이다.

"쉬다니. 어떻게 사는 것이 쉬는 건데? 요즘 인생의 나이는 자기 나이에 80%로 계산하는 거야!"

"그으래? 그럼 우리나이는 마흔 여덟이네?"

내 말이 틀린 말이 아니라는 듯 녀석이 흰 웃음을 흘렸다. 그가 내게 복잡하게 사느냐고 한 데는 또 다른 이유가 있었다. 정년이 2년 남짓 남은 현직에 있을 때

휴가를 아껴 틈틈이 감리경험을 쌓은 것을 두고 한 말이었다. 아까운 시간을 함부로 허비하는 것은 자기 기만이다. 자투리 시간을 얼마만큼 가치 있게 활용하느냐에 따라 인생의 값어치는 달라진다. 전철에서 시집을 읽든 전문서적을 읽든 자투리 시간을 활용하는 지혜는 또 다른 자양분을 얻는 길이다.

가치 있는 삶은 사람과의 관계에서 시작된다. 물론 산중 절간에서 수도하는 스님들의 삶이 가치 없다는 얘기는 아니다. 수도자가 아닌 일상의 관계에서는 인맥이 재산이다. 인맥을 통해 풀 수 없는 문제도 손쉽게 풀 수 있는 길이 열리기 때문에 인맥을 관리하는 것은 중요하다. 인맥, 소위 끗발은 거저 이루어지는 것이 아니다. 내가 다가가서 말을 붙이고 관계를 맺고 싶어하듯 상대도 관계를 맺고 싶어한다. 득이 될 것 같은 사람에게 보험을 들 듯 계산적으로 관계를 맺으려 들면 이기적이다. 명함을 교환한 많은 사람들에게 자신의 존재를 알리는 방법은 손쉬운 문자나 메일이면 충분하다. 하지만 대부분의 사람들은 오는 문자나 메일에도 답을 소홀히 한다. 속칭 문자를 씹고 메일을 씹는다. 프로그래머는 아니 IT인들도 미래를 준비하는 하나의 방법으로 많은 지인을 만들어 놓을 필요가 있다. 인맥을 만들기 위한 방법은 조찬 모임이나 학회를 통하는 것이 쉬운 방법이다.

나는 누구에게든 하루하루 살아가는 것은 수필이고 인생은 소설이라고 말한다. 자신의 삶을 매일매일 기록으로 남기는 것은 반드시 해볼 만한 의미가 있는 일이다. 이 글을 익는 독자들이 프로그래머로서의 힘든 과정을 차근차근 이겨나가는 삶의 또 하나의 나침반이 되기를 기대한다.

노란 숲 속에 두 갈래 길이 있었습니다.
나는 두 길을 다 갈수는 없기에
한참을 서서 덤불 속 길을
끝까지 바라보았습니다.
그러다가 다른 길을 택했습니다.
그 길에는 풀이 더 많고 사람이 걸은 자취가 적어
아마 더 걸어가야 될 길이라고 생각했던 게지요.
그 길을 걸으므로, 그 길도 거의 같아질 것이지만
그 날 아침 두 길에는
낙엽을 밟은 자취는 없었습니다.
아, 나는 다음날을 위하여 한 길을 남겨두었습니다.
길은 길에 연(連)하여 끝이 없으므로
내가 다시 돌아 올 것을 의심하면서……
먼먼 훗날 한숨지으며 얘기할 것입니다.
숲 속에 두 갈래 길이 있었다고.
나는 사람이 적게 간 길을 택하였다고.
그리하여 모든 것이 달라졌다고.

로버트 프로스트가 노래했던 그 길이 우리 프로그래머가 가는 길이 아닐까?

Story 05

자바지기의 프로그래머 그 다음 이야기

_박재성

내가 꿈꾸는 삶 _● 요즘 기존의 웹 애플리케이션 개발 방식의 패러다임을 바꾸는 '짱 좋은 프레임워크' 가 나의 마음을 사로 잡고 있다. 처음에는 대수롭지 않게 생각했는데, 익숙해질수록 지금까지의 소프트웨어 개발에 큰 변화를 일으킬 수 있겠다는 생각이 든다. 나이를 먹을수록 머리가 둔해진 탓인지 새로운 기술에 대한 습득 속도가 현저하게 떨어지는 것을 느끼지만 새로운 것을 배우고 공유하는 것은 나의 삶에 큰 즐거움이다.

'짱 좋은 프레임워크'를 나의 장난감 프로젝트에 적용하면서 느낀 점과 적용 과정을 SLiPP.net 사이트에 개발 일지 형식으로 공유했다. 처음에는 관심을 가지는 프로그래머가 없더니 시간이 지날수록 '짱 좋은 프레임워크'의 가치를 알게 되면서 활발한 토론이 진행되고 있다. 내 나이보다 20년이나 아래인 프로그래머들과의 논쟁이라 더 활기차고 재미있다. '요즘 신세대는 프로그래밍과 같이 머리를 많이 써야 하는 일에는 관심이 없다.'는 선입견이 있는데 어른들의 시각으로만 바라본 잘못된 판단이었다.

6월로 접어들면서 더위가 한창 기승을 부리고 있다. 12시가 넘으면 너무 더워 일하기 힘들기 때문에 아침에 농사일을 대부분 마쳐야 한다. 오늘은 지난달에 모내기한 논에 잡초를 뽑는 일을 시작했다. 아직까지 아침에 부는 바람은 4, 5월 낮에 부는 봄바람과 같이 나의 마음을 설레게 한다. 한참 잡초 뽑는 작업을 하고 있을 때 휴대폰이 울린다.

프로그래머 : 안녕하세요. 형, 통화 가능하세요?

나 : 가능하다. 지금 논에서 잡초 뽑고 있다.

프로그래머 : 참 형도 대단하네요. 짬짬이 농사 지으면서 최근에 새롭게 떠오르고 있는 '짱 좋은 프레임워크' 관련 문서도 정리해서 공유하고요.

나 : 시골에 떨어져 지내고 있으면서 누군가와 소통하고 싶은 마음 때문이지.

프로그래머 : 그래서 말인데요. 우리 회사에서 '짱 좋은 프레임워크'를 적용할 계획을 하고 있는데, 형이 와서 강의 좀 해 주셨으면 하는데요.

나 : 좋지. 근데 나 강의료 비싼 거 알고 있지?

프로그래머 : 제발 좀 그랬으면 좋겠네요. 강의 요청하는 내가 미안하지 않게요.

나는 하루 4시간은 농사 일에 투자해 먹거리를 자급자족하고 나머지 시간은 프로그래밍에 투자해 내가 만들고 싶은 서비스를 만들고 싶다. 내가 얻은 지식은 온라인 커뮤니티를 통해 다른 프로그래머와 지식을 공유하고 다른 프로그래머에게서 영감을 얻어 내가 가진 역량을 키워나가고 싶다.

내가 꿈꾸는 삶을 이루기 위해 10년 이상 프로그래머의 길을 걷고 있지만, 현실은 생각만큼 녹록지 않다는 것을 뼈저리게 느끼고 있다. 하지만 현실의 벽이 높다 하여도 내가 꿈꾸는 삶을 포기할 마음은 없다. 이 글은 내가 꿈꾸는 삶을 이루기 위해 좌충우돌하면서 보낸 10년의 시간이 고스란히 담겨있다. 앞으로 내가 꿈꾸는 삶을 이루기 위해 10년 이상의 시간을 더 투자해야 할지도 모르겠다. 어쩌면 지금과는 다른 새로운 도전을 해야 할지도 모르겠다. 하지만 포기하지 않는다면 언젠가는 이룰 수 있을 것이다.

자바지기 커뮤니티를 만들다 _● 나는 1974년 1월, 강원도 에 있는 작은 시골 마을에서 태어났다. 집 앞으론 양양 남대천이 흐르고 사방이 산으로 둘러싸인 자연 속에서 유년시절을 보냈다. 봄이면 나물을 캐고 여름이면 천에서 물놀이를 하고 가을이면 과일 서리를 하고 겨울이면 얼음을 타고 노는, 말 그대로 자연과 더불어 생활하며 문명의 이기와는 거리를 두고 지냈다. 그렇게 20년을 디지털과는 동떨어진 삶을 살았다.

그러던 내가 프로그래머의 길을 걷고 있다. 내가 컴퓨터를 처음 접한 곳은 대학교 전산실이었다. 나는 대학에서 농학을 전공했다. 전공이 컴퓨터와는 완전히 동떨어진 영역이었지만 처음 접한 컴퓨터가 너무 재미있어 대학교 1학년의 상당 시간을 전산실에서 살았다. 컴퓨터가 재미있었던 이유도 있지만 처음 하는 서울 생활에 잘 적응하지 못해 컴퓨터에 더 빠져 있었다는 생각이 든다. 외로움을 달래기 위해 재미로 시작한 컴퓨터와의 만남이 나의 인생을 완전히 바꿔 버렸다. 사회로 진출하면서 내 평생 직업을 선택할 때 전공인 농학보다는 컴퓨터 프로그래밍으로 결정하는 계기가 되었으니 말이다.

대학에서 프로그래밍을 전공하지 않았기 때문에 아마추어 수준에서 하는 프로그래밍 실력만으로 소프트웨어를 개발할 수는 없었다. 따라서 3개월간의 프로그래밍 전문 교육 과정을 수료한 후 프로그래머의 길을 걷기 시작했다. 첫 회사는 입사 동기가 네 명이나 되었기 때문에 출근이 그리 외롭거나 낯설지 않았다. 선배 프로그래머에게 받은 업무가 해결하기 어려운 문제면 네 명의 개발자가 해결책을 같이 찾을 수 있었기 때문에 더 좋았다. 첫 달은 회사에 적응하는 단계라 특별히 업무가 주어지지 않아 입사 동기들과 그동안 부족하다고 생각했던 공부도 하면서 프로젝트가 시작되기를 기다렸다. 그러나 회사에서 적응 기간을 주었던 것은 회사가 배려했기 때문이 아니라 진행하고 있는 프로젝트가 없었기 때문이었다. 2000년 하반기에 전 세계적으로 벤처 붐이 시들해지면서 프로젝트가 점점 더 줄어들고 있었다. 두 달이 지나가는 시점에도 프로젝트가 수주되지 않아 우리들은 계속해서 공부만 하는 상태가 지속되었다. 회사도 프로그래머에게 지급하는 인건비에 부담을 느꼈고 경험을 쌓아야 하는 우리 또한 조급해지기 시작했다.

프로그래밍 경험을 쌓을 필요가 있었던 입사 동기 네 명은 당시 이슈가 되고 있었던 XML 기술을 활용해 커뮤니티를 만들기로 계획하고 개발 작업을 시작했다. 새롭게 시작하는 프로젝트가 없는 상태였기 때문에 개발 작업은 순조롭게 진행되었다. 드디어 개발 작업이 끝났다. 도메인은 군 시절부터 불리던 내 별명인 산지기sanjigi로부터 아이디어를 얻어 자바지기javajigi로 결정했다.

javajigi.net으로 도메인을 구입하고 회사의 내 개인 컴퓨터에서 서비스를 시작했다. 서비스가 어느 정도까지 성장할 것인지 불명확했기 때문에 별도의 비용을 투자하기보다는 내 개인 컴퓨터에서 운영하는 것으로도 충분했다. 커뮤니티를 만들 때는 우리가 기획, 개발, 디자인한다는 자체가 너무 재미있었다. 그런데 본격적인 재미는 커뮤니티를 시작한 이후부터였다. 커뮤니티의 첫 번째 주제는 XML 기반으로 자바지기 커뮤니티를 만들어 가는 과정에 대한 강좌를 다루었으며, 자바와 XML에 대한 질문과 답변을 하는 커뮤니티로 운영을 시작했다. 그 당시만 하더라도 XML에 대한 관심은 많았지만 XML을 다루는 커뮤니티가 많지 않아 우리가 만든 커뮤니티는 금방 많은 프로그래머에게 관심을 받았으며, 수많은 질문 공세가 시작되었다. 나와 동기들은 이 질문에 대한 해결책을 찾기 위해 다양한 형태의 소스코드를 구해서 직접 실행해 보고 해결책을 제시했으며, 지속적으로 XML 강좌를 진행하기 위해 당장은 사용하지 않는 기술이거나 잘 모르는 기술이더라도 학습한 후에 공유하는 과정을 거쳤다.

커뮤니티에 이 같은 시간을 투자한 것은 더 많은 돈을 벌 수 있다거나 내 이름을 알리기 위한 것이 아니라 단순히 커뮤니티가 성장하는 것이 재미있었으며, 나의 답변으로 인해 고마워하는 프로그래머들이 있다는 것이었다. 프로그래밍을 시작한지 얼마 되지 않았음에도 다른 이에게 도움을 줄 수 있다는 것이 더 없이 큰 즐거움이었다. 나는 잘 모르는 기술이더라도 출퇴근 지하철과 퇴근 후에 이해가 될 때까지 관련 문서를 읽으면서 예제 샘플을 만들어 강의 문서를 작성해 공유했다. 주말이면 주중에 학습한 내용을 강의 문서로 작성하는 데 몇 시간을 투자했다. 이런 나를 보며 아내는 이해할 수 없다는 표정을 지을 뿐이었다. '도대체 아무 돈도 되지 않는 남 좋은 일은 뭐 하려 하느냐'는 것이 아내의 입장이었다. 그러나 커뮤니티 운영에 즐거움을 느꼈던 나는 어떤 목적을 가지고 커뮤니티를 운영할 마음은 없었다.

그렇게 몇 개월의 시간을 커뮤니티 운영에 빠져 있다 보니 내 프로그래밍 실력은 다른 개발자에 비해 자연스럽게 향상되어 있었다. 수많은 샘플 소스를 만들고 질문에 대한 해결책을 찾다 보니 자바 소스코드를 작성하는 것에 대한 자신감과 문제가 발생했을 때 해결하는 능력이 특히 많이 향상되었다. 프로그래밍을 시작하는 초보 프로그래머가 실력을 높이기 위한 가장 좋은 방법은 많은 책을 읽고 열심히 공부하는 것도 의미가 있겠지만 그보다는 다양한 형태의 예제 소스를 많이 만들어 보는 것이다. 예제 소스가 반드시 거창할 필요는 없다. 그때그때의 상황을 해결할 수 있는 짧은 예제 소스코드를 만들어 보는 것 또한 큰 의미가 있다. 하나의 언어로 일정 수준으로 프로그래밍하는 능력을 키웠다면 그 다음은 문제를 해결하는 능력을 키워야 한다. 이 능력을 키우기 위한 가장 좋은 방법은 커뮤니티에 올라오는 다양한 질문에 대한 해결책을 찾고 답변을 해보는 것이다. 자신의 주변에서 발생하는 문제는 사용하는 기술이 제한적이기 때문에 협소한 측면이 있다. 따라서 자신이 운영하지 않는 커뮤니티라 하더라도 이 곳에 올라오는 질문에 대한 해결책을 제시하다 보면 문제를 해결하는 능력이 자연스럽게 성장해 있음을 느낄 것이다.

나는 커뮤니티를 운영하면서 얻은 경험 때문인지 거의 10년이 지나가는 지금까지도 새로운 기술을 적용하는 것에 대한 두려움이 크지 않다. 처음 적용할 때는 당연히 많은 문제가 발생하는 것은 어쩔 수 없다. 하지만 해결되지 않는 문제는 없다는 생각이 내 저변에 깔려 있다 보니 일단 도전하고 문제가 발생하면 하나씩 해결해 가면 된다는 생각이다. 나는 어렵고 풀리지 않는 문제일수록 해결책을 찾았을 때의 쾌감이 그 무엇보다 크다는 것을 알기 때문에 해결하기 어려운 문제일지라도 인내심을 가지고 도전할 수 있는 마음가짐을 가질 수 있게 되었다. 이 모든 것이 프로그래머의 길을 걷기 시작했을 때 우연히 만들었던 자바지기 커뮤니티를 운영하면서 얻었던 자신감 때문이리라 생각한다.

커뮤니티를 운영하면서 많은 것을 얻었지만 그만큼 많은 시간을 커뮤니티 운영에 투자해야 했다. 특히 반복적으로 올라오는 질문에 일일이 답변을 다는 것은 여간 힘든 일이 아니다. 따라서 커뮤니티를 통해 지식을 공유 받고 문제를 해결하고자 한다면 몇 가지는 지켜주면 좋지 않을까 생각한다.

질문을 하기 전에 검색을 통해 같은 문제에 대한 해결책이 있는지 찾는 노력을 해보자. 우리가 겪고 있는 대부분의 문제는 검색을 통해 해결책을 찾을 수 있다. 검색을 통해 해결책을 찾는 것이 더 빠른 지름길이다. 검색을 처음 활용할 때는 힘들지만 경험이 쌓일수록 노하우도 생기고 자신의 문제 해결 능력도 높아지게 된다.

검색을 통해 해결책을 찾을 수 없다면 그 시점에 커뮤니티에 질문을 한다. 단, 질문을 할 때 자신의 현재 상황과 에러 메시지에 대하여 상세하게 작성해야 한다. 질문을 작성하는 데도 일정 시간을 투자해 정성스럽게 작성할 필요가 있다. 질문을 잘해야 정확한 답변을 받을 수 있기 때문이다.

마지막으로 다른 프로그래머를 통하여 도움을 받았다면 자신 또한 다른 프로그래머의 질문에 답변을 달거나 온라인 문서를 통하여 자신의 지식을 공유해보자. 현재 자신에게는 하찮은 지식일지라도 다른 프로그래머에게는 큰 도움이 되는 지식일 수 있다.

첫 번째 회사에 출근하기 시작한 지 6개월, 자바지기 커뮤니티를 운영하기 시작한 지 4개월이 흘렀지만 우리에게 할당된 프로젝트는 없었다. 회사측은 인건비에 부담을 느끼고 일부 프로그래머에 구조조정을 단행했다. 나는 이 같은 구조조정에 불만을 느끼고 회사를 이직하기로 결심했다.

자바지기 커뮤니티를 같이 만들었던 친구들은 뿔뿔이 흩어졌다. 하지만 6개월의 짧은 경력이었지만 커뮤니티 개발 경험을 인정받아 두 명의 친구는 XML 솔루션을 개발하는 회사로 같이 이직했고 자바지기의 디자인을 담당했던 친구는 프로그래밍에 소질이 없다는 것을 느끼고 전문적인 디자이너의 길을 걷게 되었다. 나 또한 자바지기 커뮤니티를 만든 경험 때문인지 XML 솔루션을 개발하는 회사에 취직할 수 있었다. 경험을 쌓을 프로젝트가 없어 6개월의 시간을 낭비할 수 있었지만 그 시간을 낭비하지 않고 무엇인가 준비하고 도전했던 것이 우리에게 큰 기회로 다가왔다. 현재 상황이 만족스러운 상황은 아니더라도 항상 준비하는 자세를 가진다면 기회가 왔을 때 놓치지 않을 수 있으리라는 것을 뼈저리게 느낄 수 있었다.

새로운 회사 면접 자리에서 나는 자신감 있게 국내 최초로 XML 기반 웹 서비스를 만들었다고 말했다. 그러나 이미 국내에는 내가 모르는 XML 기반의 웹 서비스들이 나와 있었다. 면접관은 참 재밌는 친구라고 생각했다며 입사 이후에도 두고두고 이야기를 했다. 나는 그만큼 세상 물정을 잘 모르는 초짜 프로그래머였다. 하지만 너무 몰랐기 때문에 용기를 가질 수 있었으며, 자신감 있게 행동할 수 있었다. 이 같은 무식함은 내 인생에 걸쳐 수없이 많은 도전을 할 수 있는 원동력으로 작용했다.

솔루션 개발, 새로운 개발 환경 경험 _ ● 드디어 프로젝트를 시작할 수 있다는 부푼 꿈을 안고 새 회사로 출근했다. 고객에게 서비스를 제공하는 회사가 아니라 자체 솔루션을 개발하는 회사였기 때문에 자체 솔루션을 만드는 것이 하나의 큰 프로젝트였다. 이 회사에서 만드는 솔루션은 그 당시 큰 이슈가 되고 있었던 웹 컨텐츠 관리 시스템WCMS이었다. 일단 지금까지 만들고 있던 솔루션을 분석하고 기능을 추가하는 작업을 진행했다. 데이터와 모든 UI는 XML 기반으로 동작하고 있었다. 자바지기 커뮤니티를 만들 때와는 완전히 다른 방식으로 구현하고 있었기 때문에 기술적으로 많은 도움이 되었으며, 점점 더 큰 재미를 느껴가고 있었다.

이 솔루션을 개발하면서 소프트웨어 개발의 근간이 되는 통합 개발 환경(Integrated Development Environment, 이하 IDE), 버전 관리 시스템Version Control System에 대한 경험을 하면서 좋은 습관을 가질 수 있는 계기가 되었다. IDE는 그 당시로서는 가장 이해하기 힘들었던 IBM의 Visual Age for Java를 사용했다. 이 도구를 처음 접했을 때는 어떻게 사용할지 몰라 무척 당황했던 기억이 난다. 프로젝트의 구조, 소스코드 구조, 너무 많은 기능들에 압도되어 정작 중요한 솔루션 개발은 뒷전이고 이 도구에 익숙해지는 데 많은 시간을 소비했다. IDE만 있었으면 그럭저럭 적응하고 프로젝트를 진행할 수 있었으리라. 그런데 지금까지 한 번도 듣지도 보지도 못했던 버전 관리 시스템을 사용했다. 그때 사용했던 버전 관리 시스템은 마이크로소프트에서 만들었던 Visual SourceSafe였다. 한 명의 프로그래머가 소스코드를 수정하기 위해 잠금Lock 설정을 하면 다른 프로그래머가 수정할 수 없었다. 가끔 소스코드를 커밋하지 않은 상태로 퇴근하거나 휴가를 가는 상황이 발생하면 참 난감한 상황이 발생했다.

솔루션을 개발하는 초기에는 이 같은 도구를 사용하도록 지시한 기술이사에게 엄청난 반감을 가질 수밖에 없었다. 솔루션을 개발하는 데 투자할 시간도 많지 않은 상황에서 어디서 주워온 듯한 이상 야릇한 도구들을 사용하라고 하니 황당할 수밖에 없었다. 그러나 프로그래밍 경력이 짧은 상황에서는 시키면 시키는 대로 일할 수밖에 없었다. 그런데 프로젝트를 진행하면 할수록 이 도구들을 사용한 효과가 나타나기 시작했다. 그제서야 왜 이 같은 도구를 사용하는 것이 의미가 있는 것인지 이해할 수 있었다.

이 같은 경험 때문인지 프로그래밍을 하는 과정에 불합리한 부분이 보이면 끊임없이 새로운 방식을 찾아 개선하려고 노력하는 자세를 갖게 되었다. 새로운 시도를 하는 시점에는 많은 반대에 부딪히고 곧바로 효과가 나타나지 않지만, 시간이 지나면서 효과가 나타나리라는 확신이 있기 때문에 지속적으로 추진할 수 있다. Visual Age for Java는 IBM이 오픈소스로 전환하면서 현재 자바 프로그래머가 대부분 사용하고 있는 Eclipse로 재탄생했다. 나는 이미 Visual Age for Java를 사용한 경험이 있기 때문에 Eclipse 1.0(Eclipse 1.0은 Visual Age for Java와 대부분의 기능이 비슷했다)부터 쉽게 적응할 수 있었다. 버전 관리 시스템으로 사용했던 SourceSafe는 잠금 방식의 한계점을 인지하고 CVS로, CVS에서 다시 Subversion으로, Subversion에서 분산 버전 관리 시스템으로 변경해 가면서 사용할 수 있는 토대를 마련해 주었다.

솔루션을 개발하면서 기술적으로 성장할 수 있었던 계기는 다양한 데이터베이스에서 동작하도록 하기 위해 그 당시로서는 생소했던 객체-관계 매핑(Object Relational Mapping, 이하 ORM) 프레임워크를 활용해 개발을 진행했던 것이다. 개발 경험이 많지 않은 상태에서 ORM 프레임워크를 접했기 때문에 객체 설계와 데이터베이스 엔티티 설계 사이의 미묘한 차이를 제대로 이해하지 못해 무수히 많은 삽질을 할 수밖에 없었다. 초보 개발자 시절에 ORM 프레임워크를 접할 수 있는 경험을 가졌던 것은 나의 인생에 좋은 점과 나쁜 점을 함께 주었다. 좋은 점은 ORM 프레임워크를 사용하면서 자연스럽게 OOP에 대한 감각을 가질 수 있는 계기가 되었다. 그러나 데이터베이스 쿼리가 중심인 대한민국 환경에서 쿼리문을 학습하는 데 많은 시간을 투자해야 할 시기를 놓쳐버린 것이 나쁜 점이었다. 데이터베이스 쿼리에 대한 이해도가 떨어지는 나의 약점은 몇 년 후 내 인생을 완전히 바꿔버릴 수도 있는 상황을 만들 뻔 했다. 이 이야기는 잠시 후에 다시 하기로 하겠다.

솔루션을 개발하면서 개인적으로 많은 것을 배웠다. 한 번에 여러 개의 새로운 기술과 도구를 도입하고 활용한 것은 프로그래머의 성장에는 많은 도움이 된다. 하지만 정작 우리가 만들고 있는 소프트웨어에 집중하는 데 해가 될 수 있다. 그 이유는 새로운 기술과 도구를 학습하는 데 많은 시간을 투자해야 하기 때문이다. 따라서 새로운 기술과 도구를 도입하고자 한다면 한 번에 너무 많은 것을 도입하기보다는 한 번에 하나씩 도입하고 적용할 필요가 있다. 더불어 새로운 기술과 도구를 학습할 수 있는 최소한의 시간을 제공해야 한다. 이를 위해 투자할 시간이 부족하다면 일정 수준으로 적응할 때까지 짝 프로그래밍을 하는 것도 좋은 방법이다. 특히 짝 프로그래밍은 새로운 기술과 도구에 대한 경험을 전수하는 데 가장 좋은 방법이다. 이러한 기본적인 투자 없이 새로운 기술과 도구를 도입할 경우 시간이 지나면 지날수록 천덕꾸러기 신세가 될 가능성이 높다. 그리고 도입하는 것으로 끝나는 것이 아니라 지속적으로 관심을 가지고 개선해 나갈 때 성공할 수 있을 것이다.

3년 차 프로그래머, 책에 도전하다 _ ● 3년 차 프로그래머였던 나는 '프로그래머로서 빠른 시간 내에 성공할 수 있는 지름길은 기술적으로 내 역량을 강화하는 것'이라 생각했다. 그런 생각 때문인지 새로운 기술에 상당한 집착을 가지고 있었으며, 솔루션을 개발할 때 시도하는 새로운 도전들은 나의 목마름을 해소해 주는 역할을 했다. 하지만 기술적인 성장이 곧바로 경제적인 문제를 해결해 주지는 못했다. 프로그래머 3년 차의 적은 월급으로 나, 아내, 딸 아이 세 명이 서울에서 살아가기란 쉽지 않았다. 경제적인 부담에서 벗어나 프로그래밍에 더 집중하고 싶었지만 현실을 무시할 수는 없었다.

그래서 선택한 것이 책을 출간하는 것이었다. 3년 차 개발자가 책을 출간하겠다는 생각을 하는 것이 얼마나 당돌한 생각인가? 하지만 그 당시의 경제적인 상황에 대한 돌파구를 만들고 싶은 마음과 무식함에 기반한 용기 때문에 가능한 생각이었다.

그동안 자바지기 커뮤니티를 운영하면서 진행한 XML 강의 중에서 실무에 바로 활용 가능한 부분을 모아 책으로 낸다면 프로그래머에게 많은 도움이 될 것으로 판단했다. 몇 년 동안 출간된 XML 서적이 대부분 기본적인 지식만을 전달하고 있었기 때문에 활용적인 부분에 초점을 맞춘다면 승산이 있을 것으로 봤다. 하지만 3년 차 프로그래머에게 선뜻 책을 쓸 기회를 줄 출판사는 없었다. 그래서 시도한 것이 현재의 이북EBook 형태인 온라인 출판이었다. 그러나 지금까지도 활성화되지 않고 있는 온라인 출판 시장이 그 당시에는 어떠했겠는가? 책은 거의 팔리지 않았다. 온라인 출판을 담당했던 편집자는 이렇게 끝낼 수 없다며 이 책을 오프라인 책으로 내기 위해 여러 군데 출판사에 제안한 결과 'XML 실전 프로그래밍'[1]이라는 이름으로 출간할 수 있었다. 처음 책을 출간할 때는 내가 책을 썼다는 뿌듯함과 독자들의 반응에 대한 상당한 기대를 했다. 그러나 정작 판매되는 책의 부수를 보고 큰 좌절을 맛 볼 수밖에 없었다. 좋은 책을 만들어 독자에게 더 많은 지식을 전달하는 데 집중했어야 함에도 돈에 눈이 멀어 책을 집필했으니 당연한 결과였으리라.

첫 번째 책은 경제적으로 나에게 큰 도움이 되지 못했으며, 상실감만 안겨주는 결과를 낳았다. 그러나 그때는 내가 미처 깨닫지 못한 것이 있었다. 책을 쓰겠다는 마음을 가지려면 상당한 용기가 필요하며, 두려움을 극복해야 한다. 난 이 책으로 경제적인 이득을 보지는 못했지만 나도 책을 쓸 수 있다는 자신감을 가졌다는 것이다. '그냥 평범하게 살 것 같았던 나도 책을 낼 수 있구나!'라는 자신감은 그 무엇보다도 큰 나의 재산이 되었다.

1 XML 실전 프로그래밍, 박재성, 2003, 가메출판사

책을 출간하고 난 후부터 솔루션 개발은 막바지로 치달으면서 월화수목금금금의 생활이 시작되었다. 처음에는 이 같은 상황이 빨리 끝나리라 생각했지만 악순환이 반복되면서 3개월이나 지속되었다. 그러던 어느 날 아내가 나에게 가슴 아픈 이야기를 들려주었다.

"최근에 예은이(첫째 딸아이 이름)가 엘리베이터를 탈 때 자기 또래의 남자가 같이 타면 운다."는 것이다. 처음에는 무심코 들어 넘겼는데 아내가 하는 말이 "아무래도 아빠 얼굴을 너무 보지 못해서 낯선 남자를 보면 우는 것 같다."는 것이다. 무엇인가 돌덩이로 머리를 한 대 얻어 맞은 기분이 들었다. '정말 치열하게 열심히 살고 있다고 생각하는데, 딸 아이와 놀아줄 시간도 없다.'는 것이 나의 마음을 너무나 아프게 했다. 이때 들었던 이 한 마디를 가끔씩 딸 아이에게 해주면서 그때를 회상한다.

솔루션 개발이 어느 정도 안정화 상태에 접어 들면서 나는 '더 이상 지금과 같이 살 수 없겠다.'는 생각으로 이 상태를 벗어나기 위한 방법으로 커뮤니티 활동과 새로운 기술에 집착하게 되었다. 그때부터 관심을 가지고 공부하기 시작한 기술이 스트럿츠Struts 프레임워크다. 처음에는 재미 삼아 시작한 공부였는데 공부를 하면 할수록 프로젝트에 적용하면 좋겠다는 생각을 하게 되었다. 일정 정도 학습을 한 상태에서 회사에서 새롭게 시작하는 프로젝트에 스트럿츠 프레임워크를 적용하자고 제안했다. 하지만 기존의 개발 방식에 비하여 너무 복잡하고 이해하기 힘들다는 이유 때문에 계속해서 거절 당했다. 회사 프로젝트에 적용할 수 없다면 나 혼자라도 샘플 소스를 만들고 커뮤니티에 강의를 시작해보기로 했다. 이렇게 시작한 8편의 온라인 문서[2]가 내 인생을 바꾸는 계기가 되었다.

어느 날 출판사의 편집자(지금 이 책의 편집을 맡고 있다)로부터 한 번 만났으면 좋겠다는 연락을 받았다. 특별히 잘 알지도 못하는 분이 갑작스레 만나자는 제의에 당황스러웠지만 그냥 편한 마음으로 개발 이야기나 나누자고 제안하였기에 큰 부담 없이 만날 수 있었다. 점심 식사를 하면서 이런 저런 이야기를 나누다가 갑작스럽게 커뮤니티에서 진행하고 있는 "스트럿츠 프레임워크 강의는 잘 보고 있다."면서 스트럿츠 프레임워크에 대한 활용서를 내면 어떻겠냐는 제안을 하였다. 그 당시 한빛미디어에서 출간한 조랑말 그림이 그려진 스트럿츠 프레임워크와 관련 책[3]이 한 권 있는데 이론 위주로 설명하고 있어 스트럿츠를 어떻게 활용하는지를 독자들이 이해하기 힘들다는 것이다. 이론적인 부분은 이 책에 위임하고 스트럿츠 활용 방법에 대한 실용서를 쓰면 좋겠다는 의견이었다. 처음에는 갑작스러운 제안이라 당황스러웠는데 며칠을 고민한 끝에 책을 쓰기로 결정했다. 무엇인가 변화를 가졌으면 좋겠다고 생각하고 있던 때라 한번 도전해 보고 싶은 마음이 생겼다.

이 번 책은 지난 번 XML 책보다는 좀 더 심혈을 기울여 쓰고 싶어 회사까지 그만두고 3개월을 목표로 책을 쓰는 데만 집중하기로 결심했다. 그러나 회사를 그만 두는 시점에 둘째가 태어났다. 지금 생각하면 참 무모한 도전이었다. 하지만 내가 판단하기에 스트럿츠 프레임워크는 점점 더 많이 활용될 것이 분명하기 때문에 3개월 정도의 월급은 인세로 벌 수 있을 것이라 생각했다. 이런 확신을 가지

2 http://www.javajigi.net/display/FRAMEWORK/Home
3 자카르타 스트럿츠 프로그래밍, 처크 캐버네스 저/강상철 역, 2003년, 한빛미디어

고 시작했지만 막상 회사를 그만두고 책을 쓰려고 보니 막막함과 두려움이 앞섰다. 갓 태어난 둘째 아이에게 엄마의 손길이 많이 필요하다 보니 내가 일정 시간을 할애해 첫째 아이와 놀아주어야 했다. 집에서 쉬고 있지만 책을 집필하기 위해 쉬고 있는 것임에도 아내의 힘든 상황을 모른 척 할 수 없었다. 아이들도 틈틈이 보아 가면서 책을 써나가기 시작했다. 하지만 커뮤니티에 온라인 강의를 할 때는 잘 써지던 글이 막상 쉬면서 작정하고 쓰려고 시작하니 생각보다 쉽지 않았다. 회사를 다니면서 책을 쓸 때는 더디게 진행되더라도 회사를 다니고 있기 때문에 안정감이 있었는데 회사를 그만두고 책을 써보니 정신적, 경제적인 부담감이 커 오히려 글이 써지지 않는 상황이 지속되었다. 하지만 시간이 지나면서 점차 이 같은 상황에 익숙해지고 3개월 이내에 책을 써야 한다는 책임감이 책을 써나가는 원동력이 되었다.

힘들었던 3개월의 시간은 지났고, 책[4]은 완료되었다. 책을 마무리하고 마지막 원고를 넘기던 날이 아직도 잊혀지지 않는다. 스트럿츠 프레임워크를 실무 프로젝트에 한 번도 적용해 본 경험이 없는 내가 스트럿츠 프레임워크 활용서를 썼다. 이 책을 사 읽었던 독자들은 출판사와 나에게 감쪽같이 속았다. 하지만 나는 새로운 기술을 프로젝트에 적용해본 프로그래머가 반드시 좋은 책을 쓸 수 있다고 생각하지 않는다. 오히려 새로운 기술을 배우기 위해 다양한 형태로 좌충우돌하던 경험을 녹여내는 것이 새로운 기술을 접하는 프로그래머에게 더 큰 도움이 될 수도 있다고 생각한다. 회사까지 그만두고 쓴 책인지라 이번 책에는 큰 기대감을

---

4 스트럿츠 프레임워크 워크북, 박재성, 2003, 한빛미디어

가졌다. 초반에는 새로 출간된 스트럿츠 프레임워크 관련 서적이라 좋은 흐름으로 출발했지만 그때까지는 널리 사용되지 않고 있던 상황이라 판매량은 얼마 가지 못해 줄어들었다. 회사까지 그만두고 쓴 책인데 내가 선택을 잘못했다라는 회의감이 몰려왔다. 그래도 지금 당장 돈은 벌지 못해도 장기적으로 나의 이력에 큰 도움이 되리라는 믿음을 가지고 마음의 위안을 얻으려고 노력했다.

그러나 결과적으로 이 책은 스트럿츠 프레임워크의 실무 적용이 늘어나면서 점차적으로 판매량이 늘어났고, 책을 쓴 지 8년이 지난 지금까지도 판매되고 있다. 실무 프로젝트 경험도 없었고 프로그래밍 경험도 짧았던 상황에서 썼던 이 책이 지금까지 내가 썼던 5권의 책 중에서 가장 많은 판매량을 기록한 것은 그때의 내 선택이 잘못되지 않았다는 것을 증명하고 있다.

일과 가정의 균형 _ ● 두 번째 책을 끝내고 경제적인 압박 때문에 바로 일자리를 구하고 있을 때 지난 번 프로젝트에서 같이 일했던 프로그래머의 추천으로 말레이시아의 프로톤 에다라는 자동차 회사의 콜센터를 구축하는 프로젝트에 프리랜서로 일하게 되었다. 추천해준 프로그래머의 극찬에 힘입어 좋은 조건으로 계약할 수 있었다. 이 프로젝트는 3개월을 국내에서 프로그래밍을 하고 나머지 3개월은 말레이시아 현지에서 프로그래밍을 완료하면서 인수인계 작업을 하는 조금 특이한 방식으로 진행하는 프로젝트였다.

당시만 하더라도 국내 프로젝트가 대부분 그러했지만 특별히 정해진 표준이 없는 상태였다. 그리고 프로그래밍을 담당하는 프로그래머는 모두 프리랜서였다.

따라서 기술적으로 어떤 형태로 진행하자고 적극적으로 의견을 제시하는 사람이 없었다. 좋은 기회라고 생각하고 지금까지 내가 진행해보고 싶었던 방향으로 개발 환경을 구축해 나갈 수 있었다. 단, 직전에 책으로도 썼던 스트럿츠 프레임워크를 프로젝트에 적용하려고 시도했지만 프로젝트를 수주한 대형 SI 업체에서 표준으로 정해져 있는 프레임워크를 사용해야 한다는 정책적인 이슈 때문에 적용할 수는 없었다. 하지만 대형 SI 업체에서 제공하는 표준 프레임워크 또한 스트럿츠 프레임워크와 접근 방식에서는 똑같은 사상을 가지고 있었기 때문에 쉽게 이해하고 적용할 수 있었다. 단, 지원하는 기능이 너무 미약했으며, 프로그래머가 사용하기에 불편한 점이 많았다.

나는 부족하다고 생각하는 부분을 개선해 나갔고, 같이 일하는 프로그래머가 요구하는 공통 기능들을 계속해서 추가해 나가는 작업을 진행했다. 이 표준 프레임워크를 제외한 이클립스 통합 개발 환경, CVS 버전 관리 시스템, ANT 빌드툴은 내 주도로 진행할 수 있었다. 처음에 이 같은 개발 환경에 익숙하지 않아 반감을 가졌던 프로그래머들도 시간이 지나면서 그 가치를 인정하고 빠른 시간에 적응해 나갔다. 특히 이 프로젝트는 말레이시아 자동차 회사에서 운영 업무를 담당하게 될 프로그래머 3명을 교육하면서 진행해야 했다. 이들은 가을 동화라는 드라마의 영향(3명의 프로그래머 모두 여자였다) 때문에 우리나라에 대한 환상을 가지고 프로젝트에 합류한 상태였다. 그런 환상 때문인지 본인들이 경험해보지 못한 새로운 프레임워크와 개발 환경에 대해서도 만족스러워하면서 빠르게 적응해 나갔다. 나는 다양한 범위에서 기술 지원을 하면서 나의 영향력을 확대해 나갔다.

프로젝트는 순조롭게 진행되었다. 프로젝트 관리자가 프리랜서에 대한 배려도 많았으며, 프리랜서 간의 단합도 좋았다. 또한 프리랜서 프로그래머뿐만 아니라 3명의 말레이시아 프로그래머까지 있었기 때문에 일정에 대한 압박이 크지 않았다. 말레이시아 프로그래머는 정말 초보 프로그래머인지라 초반에는 많은 시간을 투자했지만 한 달 정도 투자한 결과 두 달째부터 일정 기능을 맡겨도 될 정도의 상황이 되었다. 영어의 장벽 때문에 말로 의사소통하기 힘들어 짝 프로그래밍을 통하여 프로그래밍 언어로 의사소통하는 것이 더 빨랐다. 의도하지는 않았지만 자연스럽게 짝 프로그래밍을 할 수 있는 계기가 되었다. 짝 프로그래밍을 하면서 프로그래머는 역시 프로그래밍 언어를 통해서 충분히 의사소통할 수 있구나라는 생각이 들었다.

말레이시아 프로그래머들의 개발 속도는 상당히 더디었다. 프로그래밍하는 방식을 보면 대한민국 프로그래머와는 판이하게 달랐다. 일단 업무를 할당 받으면 업무 분석 작업에 상당한 시간을 투자한 후 내가 개발한 관련 소스를 분석하는 데 1~2일 정도의 시간을 투자했다. 분석 작업을 하면서 틈틈이 나에게 의문 나는 부분이나 자신이 생각하는 바를 설명하는 방식으로 업무를 진행했는데 내가 처음 업무를 배정할 때는 고려하지 못했던 부분에 대한 날카로운 지적을 하는 모습을 보면서 몇 번이나 놀라지 않을 수 없었다. 지금까지 나는 업무를 배정받으면 짧은 시간 분석한 후 바로 프로그래밍을 시작하면서 문제점을 찾아가는 방식으로 일을 했는데 완전히 다른 방식으로 일하는 모습을 보면서 느끼는 바가 많았다. 물론 대부분의 기능은 국내 프로그래머가 진행하고 있었기 때문에 말레이시아 프로그래머들이 시간적인 여력이 있기는 했지만 그 속에서도 많은 것을 배우고 느낄 수 있었다.

한번은 나와 짝을 맺고 일하던 에나가 말했던 것이 아직도 기억에 남아 있다.

에나 : 미스터 박. 대한민국 사람들은 정말 열심히 일하네요. 가끔씩 프로그래밍 결과물을 만들어 내는 속도를 보면 놀란다니까요.

나 : 좀 그렇죠. 속도가 빠른 만큼 그에 따른 문제점도 많아요.

에나 : 그런데 꼭 그렇게 열심히 일해야 하나요? 힘들지 않으세요?

나 : ???

세계에 유례가 없을 정도로 빠르게 발전한 대한민국의 경제 성장 속도를 말레이시아는 배우려고 노력한다고 말하던 에나였다. 그렇게 열심히 일하고 결과물을 빨리 만들어 내는 것이 대단해 보이지만 그것이 진정 우리를 행복하게 만드는 것인지에 대한 의문을 가지고 한 질문이었다. 그렇게 열심히 일해야만 하는 이유에 대해 이해가 되지 않았던 모양이다. 좀 여유를 가지고 일하면 더 재밌고 즐겁지 않겠느냐는 것이다. 짧은 대화였지만 나에게는 많은 것을 느끼게 해주는 시간이었다. 정말 우리는 왜 이렇게, 무엇을 위해서 바쁘게, 열심히 살아가고 있는 것일까? 대한민국이 말레이시아보다 경제적인 측면에서 더 잘살지는 모르지만 더 행복할까?

3개월의 국내 개발 기간이 끝나고 말레이시아에서 프로젝트 결과물을 실무에 적용하는 작업이 시작되었다. 말레이시아에서 1,2개월이 지나면서 말레이시아에 대하여 많은 것을 이해하는 단계가 되었을 때 나는 삶에 대한 진정한 의미, 행복에 대한 의미에 대하여 다시 한번 생각해 볼 수 있는 계기가 되었다. 말레이시아의 경제 규모나 삶의 수준을 보면 20,30년 전의 대한민국을 보는 듯 했다. 하지만 각각의 사람들이 느끼는 삶의 여유와 행복감은 우리들보다 훨씬 컸다. 정말 돈에 집착하며 살고 있는 나의 모습을 보면서 어떻게 사는 것이 진정 가치 있는 삶인지에 대한 화두를 가슴 속에 안고서 하루하루를 보냈다. 이 시점부터 나는 가정과 일의 조화를 가져갈 수 있는 방법에 대하여 관심을 가지고 고민하게 되었다.

지금까지 나는 프로그래밍에 모든 것을 바치며 살아왔다. 그렇게 하는 것이 내 가족을 경제적으로 부양하고 가장으로서 책임을 다하는 것이라고 생각했다. 아내와 아이들도 내가 모든 것을 바쳐 일에 투자하는 것을 당연히 이해하리라 생각하며 살아왔다. 그러나 어쩌면 이 같은 나의 생각이 프로그래밍에 빠져 사는 나 자신을 합리화하기 위한 것이라는 생각이 들었다. 조금 덜 벌고, 조금 덜 쓰면서 아내와 아이들에게 더 많은 시간을 할애하는 것이 삶에 있어 더 중요하지 않을까라는 화두를 가지고 귀국길에 올랐다. 가정과 일에 조화를 맞추면서 살겠다는 화두를 풀기 위한 시도는 지금도 계속해서 진행하고 있으며, 새로운 도전을 통해 그와 같은 환경을 만들기 위하여 노력 중이다. 대한민국 소프트웨어 개발 환경에서 이 같은 도전이 쉽지 않다는 것을 느끼면서도 언젠가는 만들 수 있으리라는 확신을 가지고 계속해서 도전하고 있다. 이 책을 쓰는 것도 이 화두를 풀기 위한 하나의 단초를 마련하기 위한 시도라고 생각한다.

나는 말레이시아에서 일을 시작하기 전까지 국외에 나가본 경험이 없었기 때문에 국외에 나간다는 설렘 또한 상당히 컸다. 그런데 말레이시아에서 프로젝트를 시작한 지 며칠 되지 않아 월급이 나오지 않는 사태가 발생했다. 나는 출장비를 별도로 받는 조건이었기 때문에 큰 문제가 없었지만 국내에 남아 있는 아내와 두 아이가 문제였다. 월급이 나오지 않는 이유를 물어보니 을과 병(내가 프리랜서로 계약한 회사이다)이 다른 프로젝트에서 발생한 문제 때문에 법정 싸움을 하고 있는데 이 법정 싸움 때문에 내가 진행하고 있는 프로젝트 비용을 을이 병에게 지급하지 않고 있다는 것이다. 내가 계약했던 회사는 지금까지 자신들의 여유 자금으로 월급을 주고 있었던 상황이었다. 정말 고래 싸움에 새우등 터지는 상황이 발생한 것이다.

나는 이 같은 상황 때문에 우리 프리랜서 프로그래머들이 피해를 보는 것이 도무지 이해가 되지 않았다. 나는 내가 계약한 병 업체에 문제를 제기한 것이 아니라 현재 프로젝트에 대한 비용을 지불하지 않고 있는 을 업체에 "이 같은 상황에서 일을 못하겠다. 2, 3일 내로 조치가 취해지지 않는다면 귀국하겠다."고 압박을 가했다. 이 사건은 을 회사 프로젝트 관리자의 중재로 잘 해결되었다. 내가 이렇게 큰 소리 칠 수 있었던 이유는 지금까지 3개월 동안의 프로젝트를 진행하면서 나의 영향력을 확대해 왔으며, 그만큼의 기여를 했기 때문이다. 나는 정규직이든 계약직이든 내가 현재 진행하고 있는 프로젝트에 내가 할 수 있는 최선을 다한다. 내가 계약직인 경우에도 나의 일인 것처럼 최선을 다하는 이유는 내가 최선을 다했을 때 더 많은 것을 배우고 느낄 수 있기 때문이다. 또 다른 이유는 회사측에서 불합리한 요구를 하거나 문제가 발생했을 때 나의 정당한 권리를 주장하기 위해서다. 나는 내가 일한 것 이상을 원하지 않는다. 내가 일한 만큼의 정당한 대가를 바라는 것이고, 프로그래밍의 정당한 가치를 인정받고 싶을 뿐이다. 하지만 국내 프로젝트의 현실이 그렇게 녹록하지 않다는 것은 알고 있다. 그렇기 때문에 일정 수준의 영향력을 만들기 위해 꾸준히 노력하고 그 영향력을 바탕으로 회사측의 불합리한 요구에 맞서고 있다. 물론 이 같은 길이 힘들다. 하지만 약자의 위치에 놓이는 프로그래머의 경우 대부분 자신의 실력을 통해 능력을 인정받고 영향력을 키워 회사에 정당한 요구를 해야 한다. 이렇게 한 명 두 명씩 자신의 목소리를 내 줄 때 프로그래머에 대한 처우가 개선되고 제대로 된 가치를 인정받을 수 있을 것이다.

오픈소스 스터디를 통해 진정한 커뮤니티의 맛을 보다 _ ● 나는 내성적인 성향 때문에 사람들과 친해지는 데 많은 시간이 필요했다. 중학교까지는 친구들과도 잘 어울리고 활달하게 지내는 성격이었는데 고등학교로 진학할 때 작은 시골 마을에서 큰 도시로 유학하면서 자신감을 많이 잃어버렸다. 대학 생활을 하면서 이런 성격이 좀 나아지기는 했지만 사회에 진출할 때까지 고등학교 시절의 영향이 남아 있었다. 나 또한 이런 나의 모습을 바꾸고 싶었지만 쉽게 바뀌지 않았다.

첫 회사 면접에서 시험 점수가 좋았음에도 면접에서 너무 긴장한 나머지 떨어졌으니 어느 정도였는지 짐작할 수 있을 것이다. 그런데 사회에 진출하고 다양한 경험을 하면서 이런 나의 모습은 점점 더 나아져가는 듯 보였다. 하지만 두 번째 책을 낸 이후로 관련 강의 요청이 많았지만 아직까지 다른 사람 앞에 서는 것이 두려웠기 때문에 모두 거절해왔다. 경제적으로 부담이 되는 상황이라 강의를 통해 부담을 덜 수 있는 상황임에도 다른 사람 앞에 선다는 것이 너무 큰 부담으로 다가왔던 것이다. 그런 경향 때문인지 자바지기 커뮤니티를 4년 동안 운영하면서 온라인 활동은 했지만 오프라인 활동은 한번도 하지 않았다. 다른 커뮤니티의 오프라인 모임에도 참석한 경험이 없다. 나는 새로운 사람을 만나는 것이 부담스러웠으며, 내가 뭔가 주도하는 것도 싫었다.

말레이시아에서 복귀한 후 새로운 프로젝트에 투입되어 10개월 정도 지난 어느 시점부터 프로젝트가 너무 재미 없어졌다. 수많은 이슈가 있지만 해결되지는 않고 계속해서 또 다른 이슈가 터지면서 프로젝트는 끝을 모르고 지속되고 있는 상황이었다. 지금까지는 프로젝트를 하면서 새로운 기술을 적용하고 배우는 재미로 프로젝트에 푹 빠져 일할 수 있었는데, 이때 진행했던 프로젝트는 종료되는 시점이 계속해서 연기되는 상황이 발생하면서 지루해져 가고 있었다. 프로젝트는 끝까지 참여할 수밖에 없으니 무엇인가 새로운 도전 거리를 찾고 싶어졌다. 그래서 시작한 공부가 말레이시아에서부터 관심을 가지고 지켜보고 있었던 스프링 프레임워크이다. 그 전까지는 피상적으로 알고 있었는데, 좀더 깊이 있게 공부해보고 싶은 욕심이 생겼다. 그래서 몇 권의 원서까지 구입해 읽으면서 스프링 프레임워크의 재미에 푹 빠져 살았다.

그러던 어느 날 나 혼자 공부하기보다는 누군가 같이 하면 재미있겠다는 생각이 들어 프로젝트를 같이 하는 프로그래머들을 설득해 봤지만 특별히 관심을 가지는 친구가 없었다. 그렇다면 자바지기 커뮤니티를 통해 스터디 멤버를 모집하고 같이 스터디를 진행하면 좋겠다는 생각으로 멤버를 모집하기 위한 작업을 시작했다. 특별히 준비한 것은 없다. 일정 자격 조건을 제시하고 스터디 주제에 대하여 간략하게 커리큘럼을 제시했다. 주제는 스프링 프레임워크로 제한하지 않고 당시 자바 진영에서 활발하게 사용하고 있는 오픈소스 툴과 프레임워크를 포함했다.

스터디 모집은 완전히 초대박이었다. 모집 공고를 낸 지 2, 3일밖에 지나지 않았는데 참여하겠다는 프로그래머가 너무 많아 모집 공고를 조기에 종료해야 했으며, 누구를 멤버로 뽑아야 할지 고민해야 하는 상황이 발생했다. 일단 여성에게 우선권을 주기로 했으니 여성 프로그래머를 먼저 선정하고(지원자 중 여성은 3명뿐이었다) 나머지는 지원자 중 스터디에 얼마나 열정적으로 참여할 것인지에 대한 각오를 참고해 선정했다. 최초 계획된 멤버는 10명 정도로 생각했는데 지원자가 너무 많아 최종 멤버는 14명으로 결정했다.

스터디 장소를 강남 토즈로 정하고 가벼운(사실은 사람들 앞에서 내가 주도해야 된다는 생각 때문에 상당한 부담감을 가지고 있었다) 마음으로 첫 번째 스터디가 진행되었다. 간략하게 서로 소개하고 스터디 방향을 공유한 후 뒤풀이 자리를 가지는 것으로 정했다. 첫 만남 때문인지 서로 소개할 때는 무척 조용하던 친구들이 뒤풀이 자리로 이동한 후 빠르게 친해지는 모습을 보면서 놀라지 않을 수 없었다. 같은 프로그래머로서 그동안 회사 내에서는 할 수 없었던 이야기들이 자유롭게 오고 가는 모습 속에서 프로그래머들은 정말 순수함과 열정을 가지고 있다는 것을 느꼈다. 토즈는 항상 비용을 지불해야 하니 좀 더 부담 없이 이용할 수 있는 장소를 구하는 것이 좋겠다는 의견이 나왔을 때 모두들 자신의 능력 범위 내에서 해결하려는 적극적인 모습을 보면서 또한 뿌듯함을 느꼈다. 각자 본인이 일하고 있는 회사 회의실을 활용할 수 있는지 알아보기로 하고 첫 번째 스터디는 끝이 났다.

며칠이 지난 어느 날 한글과 컴퓨터에 근무하던 친구로부터 자기 회사의 회의실을 사용할 수 있다는 연락을 받았다. 두 번째 스터디 날. 일단 내가 스터디를 하자고 제안했으니 내가 먼저 발표를 진행했다. 최초 스터디를 시작할 때 누구 한 사람에 의해 일방적으로 진행되는 강의 형태의 스터디가 아닌 토론을 통해 진행되었으면 좋겠다는 것이 내 생각이었다. 따라서 각 스터디의 주제를 준비하는 사람은 최대한 간단하게 해당 기술 요소를 설명하고 나머지 시간은 토론을 하는 형태로 진행하기로 했다. 지금까지의 개발자의 성향으로 봤을 때 토론이 쉽지는 않을 것으로 생각했다. 하지만 서로 신뢰가 쌓이고 서로에 대한 부담감이 적다면 얼마든지 가능하리라 생각했다.

첫 번째 스터디 뒤풀이에서는 그렇게 말이 많던 친구들이 정작 스터디를 진행하고 보니 너무 조용했다. 나와 몇 명의 프로그래머들 주도로 이야기가 오고 갔다. 어차피 한 번에 내가 바라는 토론 형태가 되지는 않으리라 생각했다. 스터디를 마치면 짧게나마 뒤풀이를 하는 것으로 정했기 때문에 스터디를 마치고 뒤풀이 장소로 이동했다. 그런데 뒤풀이 장소에서는 그날 주제를 가지고 열띤 토론이 벌어지고 관련 없는 주제에 대해서도 서로 질문을 하고 답변을 주고 받는 것이 아닌가?

세 번째 스터디부터는 어떻게 바뀌었을지 상상이 가는가? 주최자인 내가 설

수 있는 자리가 없었다. 다들 얼마나 활발하게 토론하고 자신의 의견을 개진하는지 도저히 내가 끼어들 여지가 없었다. 새로운 기술이 하나 소개될 때마다 그동안 회사 내에서 이야기하기 부담스러웠던 의견과 아이디어들이 마구 쏟아졌다. 스터디를 최초 기획할 때는 이 정도까지 토론이 활성화되리라 생각하지 못했다. 그런데 막상 뚜껑을 열고 보니 그동안 어떻게 참았을까라는 생각이 들 정도였다. 스터디는 2주 간격으로 진행됐는데 그동안 보지 못하는 아쉬움 때문인지 사이사이에 번개 모임도 자주 했다. 지금까지 새로운 사람들을 만나면서 이렇게 빠른 속도로 친해지고 편해지는 친구들을 만난 경험은 처음이었다. 그리고 사람을 만난다는 것이 이렇게 재미있고 흥미 있는 일이라는 것을 느낀 적이 없었다. 어쩌면 나의 제안에 의해 만들어진 모임이 그렇게까지 활성화되는 모습을 보면서 뿌듯함이 더 컸으리라. 스터디를 하는 기간 동안 그 어느 때보다 즐거웠으며, 날짜가 돌아오기를 기다렸다. 지금의 아내와 연애를 한 이후로 이 같은 설렘은 오랜만에 느껴보는 경험이었다. 스터디가 있는 날 밝게 웃으면서 출근하는 나를 보면 아내가 질투를 할 정도였다.

2000년대 후반부터 개인 블로그가 유행하고 최근에는 페이스북, 트위터, 미투데이와 같은 개인별 SNS가 성장하면서 자신을 부각시킬 수 있는 공간은 많아졌다. 하지만 다른 사람들과 새로운 추억을 만들고 공감대를 형성할 수 있는 커뮤니티 공간은 많이 줄어들고 있다. 최근 커뮤니티 모임을 가면 새로운 프로그래머는 보이지 않고 항상 보던 프로그래머만 볼 수 있다. 새로운 젊은 프로그래머들을 볼 수 없는 것이 안타깝다. 커뮤니티 활동을 통해 단순히 지식 공유만 하는 것이 아니다. 내가 몸담고 있는 조직 속에서 이야기할 수 없었던 주제로 소통할 수 있고, 다른 프로그래머의 의견을 통해 다양한 시각을 얻을 수 있다. 또한 조직 속에서는 자신의 의사를 적극적으로 표현하기 힘들었다면 스터디 공간 속에서 부족한 부분을 채워나갈 수도 있다. 단순히 주변 프로그래머에게 주워 들은 이야기만으로도 조직 속에서 좀 더 적극적으로 참여할 수 있을 것이다. 이런 활동을 통하여 얻게 된 인맥은 자신의 인생을 통하여 큰 도움을 받을 수 있으며, 진정 우리 프로그래머가 만들고자 하는 세상을 같이 꿈꾸고 고민하면서 성장해 나갈 수 있을 것이다. 커뮤니티 활동에 관심을 가지고 있다면 고민하지 말고 일단 참여하라. 커뮤니티에 참여하고 있는 프로그래머들은 그 어느 조직보다 열린 마음을 가지고 있으며, 새롭게 참여하는 이들을 기다리고 있다. 처음에는 조금 낯설고 적응이 되지 않을 수도 있다. 두세 번만 적극적으로 참여해보라. 어떤 조직보다 더 쉽게 그들 속으로 들어갈 수 있다. 왜냐고? 프로그래머는 그만큼 순수하고 뜨거운 열정이 있기 때문이다.

첫 번째 오픈소스 스터디[5]는 점점 더 진화하면서 관악산 등반도 하게 되었고 2주마다 2시간씩 진행하는 스터디의 아쉬움 때문에 찜질방에서 밤샘 토론을 하는 시간도 가졌다. 6월에 시작한 스터디는 11월에 가족 동반 MT를 끝으로 마무리했다. 스터디는 끝이 났지만 이 스터디는 끝이 아니었으며 새로운 시작이었다. 첫 번째 오픈소스 스터디에 이어 다음 차수의 스터디가 만들어졌으며, 총 세 번에 걸쳐 스터디를 진행했다. 스터디를 활성화하기 위해서는 누군가의 희생이 필요하

5 첫 번째 스터디에서 만든 문서와 모든 활동은 http://www.javajigi.net/pages/viewpage.action?pageId=8 에서 볼 수 있다.

다. 물론 참여하는 개개인이 조금씩 부담을 떠안는다면 좋겠지만 서로의 친밀도가 높아지기 전까지는 누군가의 희생이 필요하다. 이 스터디를 계속해서 운영하고 싶었지만 내가 지속적인 관심을 가지고 시간을 투자하는 데 한계가 있어 3차까지 운영할 수밖에 없었던 것이 아쉽다. 어쩌면 첫 번째 스터디의 즐거움이 너무 강렬했을지도 모른다. 앞으로 어떤 모임을 만들더라도 첫 번째 오프라인 활동이었던 이 스터디만큼의 설렘은 느낄 수 없을 듯하다. 하지만 그 때의 느낌을 다시 한번 느껴보고 싶다. 40대에는 새로운 사람들과의 만남을 통해 이런 느낌을 가져봤으면 좋겠다.

이 때 만났던 친구들은 지금까지 주기적으로 만나고 있다. 서로의 경조사를 챙길 뿐만 아니라 서로의 위치에서 도움을 줄 수 있는 일이 있을 때 도움을 주고 받으면서 지내고 있다. 프로그래머의 길이 힘들 때도 많지만 같이 걸어가고 있는 이 친구들이 있기 때문에 내가 걷고 있는 이 길이 한결 가볍게 느껴진다. 아직까지 커뮤니티 경험을 하지 못했다면 지금부터라도 커뮤니티의 문을 두드려보기 바란다. 지금까지 느끼지 못했던 경험을 하게 될 것이다.

오픈소스 스터디를 하면서 틈틈이 스프링 프레임워크에 대한 공부를 계속하고 있었다. 스프링 프레임워크에 대한 공부를 하면 할수록 그 매력에 더 빠져 들어갔으며 모든 것을 걸어 볼 만하겠다는 생각을 하게 되었다. 스프링 프레임워크에 승부수를 띄우기 위해서는 무엇인가 필요하다는 생각으로 또 다시 책을 준비하기로 결정했다. 책을 통해 지식을 공유하고 해당 분야의 전문가로 인정받은 후 스프링 프레임워크를 통해 내가 하고 싶은 일을 하며 살겠다는 목표를 세웠다.

파견 나와 있는 프로젝트를 진행하면서 오픈소스 스터디에 참여하고 남는 시간 전부를 학습하는 데 투자했다. 몇 개월 동안 준비한 후 회사에 퇴직하겠다는 의사를 밝힌 후 집필 작업에 착수했다. 아내는 지난 번에도 책을 쓰기 위해 회사를 그만 둔 경험 때문인지 이번에는 큰 동요 없이 지지해 주는 분위기였다. 이 책을 쓸 때는 아이들은 좀 더 큰 상태였기 때문에 3개월 동안 집 근처 도서관에 출퇴근하면서 이전보다는 좀더 편안해진 마음으로 책을 쓸 수 있었다.

하지만 이번에도 수입 없이 경제적인 부담감을 가진 상태로 책을 쓸 수는 없었다. 더군다나 정말 내가 하고 싶은 일을 하려면 반드시 강의 능력을 키워야겠다는 생각까지 하게 되면서 책을 쓰기 위해 회사를 그만둔 후 지금까지 계속해서 거절해왔던 스트럿츠 프레임워크를 주제로 강의를 해보기로 결정했다. 이 같은 결정을 할 수 있는 자신감을 가질 수 있었던 가장 큰 이유는 주변 상황 때문이기도 했지만 오픈소스 스터디를 하면서 다른 사람 앞에서 이야기하는 데 많은 자신감을 얻었기 때문이었다. 스터디가 다른 사람들과의 친분을 형성하는 데도 많은 도움을 주었지만 나 자신에게는 다른 사람 앞에서 발표하는 연습을 할 수 있는 계기도 되었다. 그만큼 커뮤니티 활동이나 스터디는 우리 프로그래머에게 부족하다고 생각하는 부분을 연습하고 키울 수 있는 좋은 공간이라고 생각한다.

첫 번째 강의는 정말 큰 부담감을 가지고 시작했는데 일단 강의를 시작하고 프로그래밍 관련 내용을 전달하다 보니 오히려 편한 마음으로 진행할 수 있었다. 큰 수익은 아니지만 경제적인 부담을 덜었다는 것과 강의를 진행했다는 자신감 때문에 더 편한 마음으로 책에 집중할 수 있었다. 책에 대한 두려움을 떨치고 책을 쓸 수 있었듯이 강의에 대한 두려움을 극복할 수 있었던 것이 이 때의 가장 큰 수확이었다. 그 이후로도 수많은 강의를 진행했지만 아직까지 강의에 대한 두려움은 남아 있다. 하지만 간단한 발표조차 제대로 하지 못했던 과거보다는 많이 나아졌다. 다른 사람 앞에서 발표하는 것에 부담을 가지는 프로그래머라면 다음과 같이 접근해 보면 어떨까?

강의에 대한 두려움을 없애려면 먼저 다른 사람 앞에서 발표하는 횟수를 많이 가지는 것이 가장 좋은 방법이다. 하지만 처음부터 큰 무대에 서면 부담감도 크고 실수까지 할 경우 자신감을 더 잃어버릴 수 있다. 따라서 처음 시작은 사내 스터디에서 주도적으로 발표를 하거나 외부 스터디에 참여해 부담 없이 발표하는 연습을 하는 것이다. 이렇게 한 번, 두 번 경험을 쌓으면서 점점 더 큰 무대에서 발표해 나간다. 발표를 진행할 때 긴장감을 없애는 방법은 철저한 준비와 연습밖에 없다. 준비가 철저하다면 처음에는 다소 긴장하더라도 발표를 진행하면서 강의에 집중할 수 있다. 강의에 대한 두려움은 완벽함을 추구하기 때문이라 생각한다. 다른 이들 앞에서 절대로 실수하지 말아야겠다는 생각은 큰 부담감으로 작용하며, 긴장하게 만드는 가장 큰 원인이다. 나 또한 많은 강의를 진행하면서 완벽함보다는 최선을 다하겠다는 마음가짐을 가지지만 생각보다 쉽지 않다. 하지만 이 모든 것보다 더 중요한 것은 강의를 통해 자신이 전달하려고 하는 것에 대한 진정성이다. 진정성이 있다면 다소 긴장하고 서툴더라도 발표를 듣는 이들에게 감동을 선물할 수 있다.

발표에 대한 부담감을 극복하는 것이 쉽지 않다는 것을 알지만 프로그래머라면 한번쯤 도전해 봤으면 좋겠다. 사실 다른 사람에게 강의를 통해 지식을 전달하는 것은 강의를 듣는 이들에게도 많은 도움이 되겠지만 강의를 준비하는 내 자신에게 더 많은 도움이 된다. 강의를 준비하면서 어떻게 하면 내가 알고 있는 지식을 쉽게 전달할 수 있을까를 끊임 없이 고민한다. 자신이 알고 있는 지식을 쉽게 전달하려면 해당 기술이나 도구에 대한 이해도가 높을 때 가능하다. 따라서 이 같은 고민은 강의 주제에 대한 이해도를 높일 수밖에 없으며, 이는 결과적으로 자신의 역량을 향상시키는 결과를 가져온다.

강의에 대한 부담을 벗은 후 3개월의 시간이 지나고 스프링 프레임워크 워크북[6]이 완성되었다. 이 책이 완성된 후 지난 번과 같이 바로 취업하는 것이 아니라 새로운 도전을 해보기로 결정했다. 내가 도전해 보고 싶었던 것은 한 회사에 얽매이지 않고 강의와 기술 지원을 통해 생활할 수 있을 것인지에 대한 실험이었다.

먼저 자바 진영 커뮤니티에 스프링 프레임워크에 대한 강의와 기술 지원에 대

6 Spring 프레임워크 워크북, 박재성, 2006, 한빛미디어

한 공지를 했다. 아직까지 스프링 프레임워크가 널리 사용되지 않고 있는 상황이라 강의 요청과 기술 지원 요청이 있을까라는 의구심이 들었지만 일단 한번 시도해 보기로 했다. 며칠이 지나면서 강의 요청이 한 건, 두 건씩 늘어나기 시작했다. 강의 요청은 계속해서 있었지만 강의만으로는 생활을 할 수 있는 수준이 아니었다. 또한 대부분의 강의는 야간에 진행되었으며, 실습을 병행할 수 없는 상황이라 스프링 프레임워크에 대한 깊이 있는 설명을 하기 힘들었다. 나는 강의보다는 스프링 프레임워크를 기반으로 개발 환경을 만들고 스프링 프레임워크를 다양한 형태로 활용하는 방법을 모색하기 위한 기술 지원 업무를 하고 싶었다. 그러나 아직까지 많이 보급되지 않은 상황이라 기술지원 업무 요청은 없었다. 물론 내 경력이 기술 지원 업무를 요청할 만한 수준이 되지 않은 것도 있었을 것이다. 이 때 진행했던 새로운 도전은 경험적인 측면에서는 나에게 많은 유용한 점을 주었지만 이 시점에는 너무 빨랐다는 생각이 든다. 틈틈이 강의를 진행하면서 새로운 회사를 찾기 시작했다. 이 번에 옮기는 회사는 다른 회사의 서비스를 만들어 주는 것이 아니라 자신의 서비스를 만들고 오랫동안 유지보수하면서 재미를 느낄 수 있는 회사로 옮겨보겠다고 마음 먹고 느긋하게 준비했다.

스프링 프레임워크에 모든 것을 걸어보겠다는 마음으로 회사를 그만두고 책을 쓰고 강의까지 진행했지만 오래 버티지 못하고 포기했다. 난 국내 최대 포털인 N 기업에 입사했다. 하지만 스프링 프레임워크에 모든 것을 걸려고 마음 먹었던 나의 선택이 틀리지 않았음을 입사한 후 확인할 수 있었다. 새로운 회사에 적응해가고 있을 때 여러 곳에서 강의 요청과 기술 지원 요청을 받았다. 스프링 프레임워크는 빠른 속도로 국내 프로젝트에 활용되어 나갔으며, 현재는 스프링 프레임워크가 없으면 개발을 진행할 수 없는 수준으로까지 확대되었다. 나는 농담으로 자바 가상 머신 위에서 자바가 동작하고, 자바 위에서 스프링 프레임워크가 동작하고, 그 위에 우리가 만드는 애플리케이션이 올라가는 상태까지 스프링 프레임워크는 자바 진영 애플리케이션 개발에서 정말 큰 영향력을 발휘하고 있다고 이야기한다.

나의 새로운 도전은 좋은 시도였고 잘하면 성공할 수도 있었다. 하지만 후회하지 않는다. 오히려 그 당시 포기한 것이 더 잘한 일이라는 생각이 든다. 그 이유는 아직 경험이 짧은 시기였는데 너무 마음만 앞섰던 부분이 있었으며, 내가 기술 지원을 할 정도의 경험과 역량을 가지고 있지도 않았다. 두 번째 책도 실무 프로젝트에 적용해 보지도 않은 상태에서 기술의 가능성을 보고 무모하게 도전했듯이 세 번째 책 또한 기술의 가능성만 보고 실무 경험 없이 책을 쓰고, 강의를 하고, 기술 지원을 하겠다는 욕심을 부렸던 것이다. 기술 지원을 했다 하더라도 기술적인 측면에서만 가능했을 것이라 생각한다. 그 때는 기술적인 것이 프로그래머의 생산성을 높이고 효율성을 높여 프로젝트를 성공시키는 데 가장 중요한 요소라고 생각했기 때문이다. 몇 년의 시간이 흐른 지금, 이 같은 나의 생각이 한쪽 측면만을 바라보는 잘못된 생각이었다는 것을 느낀다. 내가 그 당시 기술 지원 업무를 했더라면 이는 결과적으로 프로젝트에 혼란을 초래할 가능성이 많았을 것이라 생각한다. 분명 좋은 기회였다. 하지만 나에게는 앞으로도 더 좋은 기회는 많을 것이기 때문에 후회할 필요는 없었다.

N기업 입사와 팀장의 길을 걷다 _ ● 오픈소스 스터디를 같이 했던 친구의 지인을 통해 N기업에서 프로젝트의 기반을 잡아줄 프로그래머를 채용한다는 소식을 들었다. 포털로 지원하겠다는 생각은 해본 적이 없었는데 내가 담당해야 할 업무와 한 서비스를 오래도록 운영할 수 있다는 점 때문에 지원하게 되었다. 1차 면접과 필기시험 후 며칠 지나 연락이 왔는데 면접과 필기시험을 다시 한번 본다는 것이다. 무슨 이런 경우도 있나 생각하고 다시 한번 면접과 필기 시험을 봤다. 이후 2차 면접과 적성 검사에서 합격해 결국 입사하게 되었다.

입사 후 얼마 되지 않아 내가 두 번에 걸쳐 면접과 필기시험을 본 이유를 알았다. 앞에서도 잠시 언급했지만 한참 관계형데이터베이스를 만지작거리면서 쿼리에 대한 이해도를 높여야 할 시기에 나는 ORM 프레임워크와 OOP에 빠져 있었다. 그 이후로도 나의 개발 방식은 크게 바뀌지 않아 여러 테이블을 조인[join]해 한 방 쿼리로 해결하는 방식으로 개발하지 않고, 가능한 단순 쿼리를 통해 문제를 해결해 왔다. 오히려 단순 쿼리를 통해 데이터를 불러온 후 애플리케이션 내에서 로직을 통해 해결하는 방식을 선호했다.

그런데 1차 필기시험에 그리 어렵지 않은 데이터베이스 쿼리 문제가 몇 개 나왔는데 모두 틀린 것이다. 기존의 다른 프로그래머라면 불합격되었을 수도 있는데 내가 지금까지 몇 권의 책을 내고 활동하는 모습을 지켜본 것에 의구심을 가지고 다시 한번 확인하는 절차를 가진 것이다. 두 번째 시험에서도 나는 데이터베이스 쿼리 문제는 모두 틀렸을 것이다. 하지만 면접에서 좋은 점수를 받았고 이를 인정 받아 합격할 수 있었다. 내가 입사할 수 있는 데 가장 큰 역할을 한 것이 다름 아닌 책이었던 것이다. 지금까지 책을 통해 경제적으로 큰 돈을 벌지는 못했지만 나의 경력에 큰 도움을 주면서 내가 원하는 회사에서 일할 수 있는 기회를 준 것이다.

이런 우여곡절 끝에 새로운 회사에서 프로그래밍을 시작했다. 확실히 젊은 회사였다. 30명 정도의 인원으로 구성된 랩 내에서 랩장을 제외하고 34살이었던 내가 가장 나이 많은 축에 속할 정도였다. 나이가 많다는 것과 책까지 집필한 프로그래머라는 부담감이 항상 따라다녔다. 또한 지금까지의 작은 회사들과는 사뭇 다른 분위기 때문에(개인적인 문화가 다소 강했다) 처음에 적응하는 데 힘들었다. 일정 시간이 지나면서 성향이 맞는 프로그래머도 생기고 같이 스터디도 하면서 점차 적응해 나갔다. 점차 랩 내에 표준도 만들고 새로운 시도도 하면서 적극적으로 다가가려고 노력했다.

그런 적극적인 모습 때문인지, 나이가 많은 프로그래머이기 때문인지 입사한 지 6개월 정도밖에 되지 않은 시점에 랩장님으로부터 팀장 제의를 받았다. 순간 당황했다. 내가 팀장이라는 관리자가 되리라고 지금까지 생각해 본 적이 없었기 때문이다. 내가 입사한 것도 좋은 프로그래머들과 하나의 서비스를 꾸준히 성장시키면서 재미를 느껴보고 싶은 것이 가장 큰 이유였는데 팀장이라니 있을 수 없는 일이었다. 또한 한 조직을 이끌려면 조직의 문화를 이해한 상태에서 제대로 된 방향을 만들어갈 수 있을 것이라 생각했다. 단지 6개월밖에 되지 않은 내가 팀장을 하기에는 이르다고 생각했다. 이런 이유 때문에 정중하게 거절했다. 그로부터 3개월이 지난 시점에 다시 한번 팀장 제의를 받았다. 정말 내가 관리자의 길을 걷게 되리라고 생각하지 못했는데 두 번씩이나 제의를 받고 나니 더는 거절할 명분이 없었다. '대한민국의 현실은 일정 기간 개발 경험을 쌓으면 관리자로 넘어가는 것이 어쩔 수 없구나.'라는 생각을 하면서 팀장 제의를 수락했다. 한편으로는 내가 지금까지 불만만 가지고 있었던 불합리한 부분을 해소하고 내가 정말 꿈꾸는 그런 개발 환경과 팀을 만들어 볼 수 있겠다는 막연한 기대감도 있었다.

2007년 2월. 35살의 나이에 나는 프로그래머에서 관리자로 새로운 길을 걷기 시작했다. 이때부터 프로그래머라면 대부분 겪게 되는 프로그래머와 관리자 사이의 고민이 시작되었다. 그때 썼던 블로그의 글은 내가 얼마나 많은 갈등과 고민을 했는지 보여주고 있다.

제목 : 관리자와 프로그래머의 갈림길에서...[7]

팀장이라는 역할을 맡은 지 벌써 한 달이 되어가고 있다. 한 달 동안 무엇을 했는지 돌이켜보면 끝 없는 회의의 연속과 잡다한 관리 업무들(면접, 교육 등 등등).. 과연 내가 선택했던 길이 이 길이 맞았는지 다시금 되돌아보게 된다. 하루 종일, 아니 야근을 해도 개발에 관한 고민을 할 수 없는 이 상황. 정말 내가 얼마나 이 상황에 견디어 낼 수 있을까에 대해 의문이 든다.

요즘은 기술 관련하여 글을 쓰고 싶은 욕심이 있어도 특별히 쓸 만한 내용이 없다. 물론 내가 그동안 공부에 너무 소홀히 했기 때문이리라. 책 보는 시간이 줄었고 새로운 문서를 보는 시간도 줄었으며, 한 가지 업무에 집중하는 시간도 예전의 절반도 되지 못하는 상황이다. 내가 꿈꾸고 가려고 한 길이 지금 걸어가고 있는 길이 맞는지 하루에도 몇 번씩 되뇌면서 지금의 이 길을 가고 있다. 현명한 선택일까? 이 길밖에는 없는 것일까? 내가 처음 이곳에 지원할 때의 목적은 무엇이었을까?

---

7 http://javajigi.tistory.com/28

목적을 상실해 버린 듯한 지금의 내 모습이 점점 더 두려워진다. 지금의 이곳에 안주해가고 있는 것은 아닐까? 좋은 회사라는 명목하에 나 자신을 속이고 있는 것은 아닌지..? "누가 내 치즈를 옮겼을까?"라는 책의 내용이 계속해서 떠오르는 것은 왜일까?

최근에 벌이고 있는 많은 일들이 아마도 나 자신을 개발에서 떠나지 않도록 만들기 위한 시도가 아닐까라는 생각이 든다. 무리해서 강의를 진행하고, 촉박한 마소의 원고 청탁을 수락하고, 새로운 외부 요청들을 계속해서 받아들이는 나를 보면서 현재 내 모습에서 재미를 찾아가지 못하고 있기 때문에 자꾸 외부 활동에 관심을 기울이는 것은 아닌지?

블로깅도 더 열심히 하고 싶고 위키의 새로운 기능도 익혀 자바지기 위키도 더욱 키우고 싶은 욕구가 더 강한 것을 보면 내 속의 뭔가가 다시금 꿈틀거리고 있는 듯하다. 자제하려고 무지 노력하지만 재미없으면 하지 않으려는 나의 성격 탓일지도…

아무래도 개인적인 목표를 가지고 꾸준히 공부하고 준비해 나가는 것이 나 자신을 위한 길인 듯싶다. 그 같은 일들이 또 하나의 재미로 나에게 다가오지 않을까?

글을 쓰고 있는 지금 시점에 다시 읽어봐도 그 때의 갈등이 얼마나 심했는지 알 수 있을 듯하다. 하지만 사람은 적응의 동물이라고 하지 않았나? 팀장이 된 초반에 많은 갈등을 했지만 시간이 지나면서 점차 팀장으로서 내가 할 수 있는 역할을 찾았으며, 그 속에서 재미를 찾으려고 노력하기 시작했다. 팀장이 되고 5개월이 지나 쓴 블로그의 글을 보면 내가 팀에 새로운 문화를 만들기 위하여 노력한 모습이 그대로 묻어나고 있다.

제목 : 최근의 내 모습...[8]

[... 중간 생략 ···]

최근에는 기존의 프로그래머일 때와는 다른 고민을 하고 있다. 물론 프로그래밍의 연장 선에서 지속적으로 고민하고 공부하고 있지만 기존과는 좀 다른 방식의 책들과 내용들로 고민하고 있다. 그 첫 번째는 우리 팀에 사용자 스토리 기반의 프로젝트 개발 방식을 정착시키는 것이다. 상반기 동안 진행한 사용자 스토리 기반 프로젝트는 실패작이었다. 아무래도 경험이 없는 팀장과 팀원들의 조합이었으니 당연한 실패였는지도 모른다.

현재 팀원들을 꼬드겨서 〈사용자 스토리〉[9] 책을 읽기 위한 사내 스터디를 만들었다. 7월초부터 시작할 생각이다.
이 책을 읽으면서 가장 크게 느낀 점은 우리가 단순히 사용자 스토리만을 도입했을 뿐 지금까지 우리들의 습관을 버리지 않았다는 것이다. 단순히 이터레이션Iteration이라는 용어를 사용하여 일정 관리를 하고 있었을 뿐, 한 반복 주기 내에서 완료하기로 약속했던 기능들을 확실히 완료하지 못한 상태로 계속해서 미뤘던 것이 가장 큰 패착이었으리라. 아직도 우리들에게는 반복적, 점진적인 개발이라는 것이 가장 힘든 일이라는 것을 다시 한번 느낄 수 있었다. 이번 스터디를 통해 나뿐만 아니라 팀원들까지 사용자 스토리 기반의 프로젝트가 진행될 수 있도록 해볼 생각이다.

프로그래밍 관련해서는 개인적으로 관심 있는 부분을 공부할 수밖에 없다는 생각을 많이 한다. "그렇다면 현재 우리 팀 내에서 나의 역할은 무엇일까?"라는 생각을 해봤다. 개인적인 고민 끝에 내린 결론은 "하나 하나의 기술 요소에 관심을 가지는 것이 아니라 이제는 좀 더 큰 그림을 그릴 수 있어야겠다"라는 생각이다. 각 프로젝트간의 연관관계, 각 기능들을 유기적으로 연결시킬 수 있는 방법들... 즉, 약간의 아키텍처적인 마인드와 도메인 전문가 역할을 해야 한다는 것이다. 아직까지 내가 맡고 있는 도메인을 모두 파악하고 있

8 http://javajigi.tistory.com/57
9 사용자 스토리 : 고객 중심의 요구사항 기법, Mike Cohn 지음/송인철 번역, 2006, 인사이트

는 상태는 아니지만 팀원들이 놓치는 부분들을 파악하여 지원하는 것이 나의 역할일 것이다라고 생각한다.

아직 5개월이라는 시간밖에 지나지 않았기에 많은 성과를 내지는 못하고 있다. 개발자로서의 역할만을 하던 나 자신에게 관리적인 역량 강화를 위한 시간이 필요할 것이라는 생각이 들고, 현재의 역할에서도 배울 것이 많기 때문에 우선은 현재의 역할에 만족하고 도전해볼 생각이다. 현재의 역할에서도 내가 해볼 수 있는 것들이 많기 때문에 그동안 윗사람들 때문에 할 수 없었던 많은 일들을 현재의 위치에서 추진할 수 있다는 것은 좋다. 물론 또 다른 벽이 존재하고 있지만 그 벽은 내가 풀어야 할 숙제라 생각한다. 당분간 현재의 위치에서 나의 역량을 키울 수 있는 부분을 위해 최대한 노력해볼 생각이다. 새로운 일을 하면서 내 개인적으로 성장할 수 있는 기회가 되리라 생각한다.

관리자의 마인드라기보다는 아키텍트 역할로서 팀원들에게 남고 싶다. 아니나 자신이 그렇게 만들어갈 생각이다. 나 자신조차 필요 없는 존재라고 느끼는 것이 아니라 꼭 필요한 존재, 역할로 만들어가는 것은 나에게 달려 있을 것이다. 현재의 시간이 나에게 가장 소중한 기회로 생각해야겠다. 불평하고 짜증만 내기에는 이 시간이 너무 아깝다는 생각이 든다.

이 같은 고민을 통하여 팀장으로서 나의 정체성을 만들어 나가기 시작했다. 내가 첫 번째로 맡았던 블로그팀의 팀워크는 차차 좋아지기 시작했으며, 팀이 서서히 발전하는 모습을 보면서 나 또한 팀장이라는 역할에 만족해 나갔다. 내가 맡고 있던 블로그팀은 개개인의 개성을 조화롭게 맞춰가면서 점진적으로 성장해 나가고 있었다. 내가 목표하는 수준까지 발전하려면 1, 2년은 더 지나야겠다는 생각을 하고 있었지만 그 목표를 향해 조금씩 나아가는 모습 속에서 가능성을 보고 있었다. 하지만 블로그팀을 맡은 지 9개월이 되어 가던 어느 날 새로운 서비스를 개발해야 할 팀장으로 내가 지정되면서 나는 블로그팀을 떠나 새로운 팀을 맡아야 했다. 내가 관리자로서 첫 번째로 맡아 가장 큰 애정과 관심을 쏟았던 팀원들과는 그렇게 헤어져야 했다. 그 이후로 3년 동안 팀장의 역할을 더 했지만 첫 번째 경험했던 팀원들만큼 재미있고 즐겁게 일했던 곳은 없었던 듯하다.

2년 차 팀장, 정치를 경험하다 _ ● 첫 번째 맡은 블로그팀에서는 이미 개발되어 서비스하고 있었던 블로그 서비스를 안정적으로 운영하면서 소스코드를 발전시켜야 하는 상황이었기 때문에 기술적으로 새로운 시도를 하기는 힘들었다. 블로그팀에서는 지금까지의 프로세스에서 불합리한 점을 찾아 개선하고 팀워크를 향상함으로써 프로그래머 간에 협업 능력을 키우는 데 집중했다. 팀원 간에 신뢰가 쌓이고 협업 능력이 쌓이면 기술적으로 새롭게 도전해보고 싶은 욕심도 많았다. 그러나 그 단계까지는 갈 수 없었다.

내가 두 번째로 맡은 팀에 배정된 업무는 회사에서 새롭게 시작하는 서비스였다. 따라서 첫 번째 팀에서 기술적으로 적용하지 못했던 부분과 개발 프로세스에서 새롭게 도전해 보고 싶은 부분을 적용해 볼 수 있는 좋은 기회라고 생각했다. 또한 같이 일하게 될 기획자도 기존과는 다른 방식으로 개발하는 것에 찬성했다. 그런 일환으로 최초 기획 단계부터 프로그래머가 참여해 같이 기획을 하고, 프로그래머가 그에 대한 결과물을 만들어 제공하면 피드백을 받는 방식으로 개발을 진행해 나갔다.

새로운 서비스를 만들고 새로운 시도를 하면서 한참 재미에 빠져 있을 즈음 회사 공통 표준을 담당하는 팀으로부터 회사 표준에 따라 애플리케이션을 개발하라는 지시를 받았다. 며칠 동안 공통 표준팀에서 제시한 공통 프레임워크의 사상과 기술적인 부분을 분석한 후 현재 진행하고 있는 서비스에 적합하지 않은 것으로 판단되어 적용하지 않았으면 좋겠다는 답변을 보냈다. 이 시점을 기준으로 공통 표준팀이 제시하고 있는 표준이 내가 진행하고 있는 서비스에 적합한지, 더 나아가서는 회사가 담당하고 있는 웹 서비스에 적합한 것인지에 대한 끊임 없는 토론이 진행되었다. 이 토론은 한 달 동안이나 진행되었다. 이 한 달 동안 신규 서비스 개발은 중단된 상태로 결정이 나기만을 기다리는 상황이 지속되었다. 한 달 동안 공통 표준팀과 줄다리기를 한 후에 최종 결정 권한이 나에게 주어졌다. 나는 공통 표준 프레임워크가 웹 서비스에 적합하지 않다는 판단을 하고 적용하지 않기로 결정했다.

이 때부터 공통 표준을 만드는 팀과의 줄다리기가 시작되었다. 표준팀은 자신들이 만든 프레임워크를 더 많은 웹 서비스에서 적용하려고 노력했고, 나는 이 프레임워크가 오히려 개발 단계에서의 개발 비용을 높이고 운영 비용을 높일 것이기 때문에 웹 서비스에는 맞지 않다고 주장했다. 표준 프레임워크는 전사 표준이라는 명목하에서 윗선으로부터 강력한 지지를 받았다. 하지만 이 표준 프레임워크를 반대하는 입장에 있는 사람들은 실제로 서비스를 개발하고 운영해야 하는 프로그래머들뿐이었다. 힘의 논리에서는 프로그래머들의 목소리가 제대로 반영되지 않았다. 그렇게 3년에 걸쳐 이 표준 프레임워크는 전사 프레임워크로 선정되어 일부 서비스에 적용되었으며, 기존 서비스를 이 프레임워크로 재개발하는 상황까지 발생했다. 그 사이에 전세계적으로는 페이스북, 트위터와 같은 대용량 트래픽을 감당해야 하는 서비스들이 클라우드라는 새로운 기술 기반을 가지고 급격하게 성장하고 있었다. 회사는 세계의 주요한 서비스와 경쟁해야 하는 시기에 자체적으로 만든 표준 프레임워크를 전사적으로 적용하기 위해 많은 시간을 소비하고 있었다.

2010년 내가 회사를 떠난 지 얼마 되지 않아 이 표준 프레임워크는 더 이상 표준의 자리를 잃게 되었다는 소식을 들었다. 선택적으로 사용하고 싶은 프로젝트에서만 적용하는 것을 원칙으로 한다고 결정이 났다고 한다. 이는 더 이상 어느 서비스에도 적용하지 않겠다고 공표한 것과 다름없다. 이 표준 프레임워크를 적용한 서비스는 급격히 늘어나는 유지보수 비용 때문에 새로운 기술 기반으로 변경해 나가는 과정을 거쳐야 할 것이다. 잘못된 선택과 기술 적용으로 얼마나 많은 기회비용을 잃었는가? 그 사이 세계의 주요 서비스들은 국내에서도 급성장하고 있다. 세계의 주요 흐름에 따라 변화했어야 함에도 3년 이상의 시간을 소모함으로써 세계 주요 웹 서비스들과의 기술 격차가 더 벌어진 상황이 되어 버렸다. 이 같은 상황을 보면서 정치란 참 무섭다는 생각이 들었다. 조직 내의 정치적인 이슈 때문에 현 시점에 진정 필요한 것이 무엇이고, 추구해야 할 방향이 무엇인지 제대로 볼 수 있는 눈을 잃어 버리는 상황이 발생할 수 있다는 것이다. 진정 회사의 성공을 위하고 회사를 위해 일하는 사람들이 인정받지 못하고, 그들의 목소리가 위로 전달되지 않을 때 아무리 성공한 기업일지라도 미래를 보장하기는 힘들 것이라 생각한다.

나는 팀장으로서 내가 목소리를 내야 할 필요가 있다고 판단되는 이슈에 목소리를 내면서 새로운 서비스에서 다양한 시도를 해 나갔다. 전사 표준 프레임워크를 쓰지 않기로 결정했기 때문에 이 서비스를 내가 지향하는 방식으로 진행해 반드시 성공시켜야 했다. 이 서비스의 성공 사례를 발판 삼아 N기업에서의 웹 서비스 개발 프레임워크와 개발 프로세스가 나아가야 할 방향을 제시하려고 마음 먹었다. 거의 1년의 시간을 투자해 마지막 테스트 단계를 남겨 놓고 있었다. 프로젝트가 막바지로 달려가고 있던 어느 날, CSO에게 이 서비스에 대한 최종 승인을 받으러 간 기획자의 얼굴에 불안한 기색이 역력했다. 이 서비스는 서비스의 목적이 명확하지 않다는 이유 때문에 최종 승인이 나지 않아 서비스할 수 없게 되었다. 이렇게 내가 꿈꾸고 바래왔던 방식으로 진행해봤던 서비스는 끝내 세상의 빛을 보지 못했다. 나에게는 아직까지도 너무나 큰 아쉬움으로 남아 있다. 나는 내가 사용한 기술 기반과 프로세스가 웹 서비스 개발에 적합하다고 강력하게 주장할 수 없었다. 이 같은 주장이 힘을 얻기 위해서는 서비스를 통해 고객 문의가 얼마나 적으며, 장애가 얼마나 적게 발생하는지를 가지고 설득할 수 있을 텐데 그럴 수 있는 결과물이 없었다. 내가 할 수 있는 일은 지난 1년 동안 개발한 소스코드와 개발 프로세스를 가지고 사내 컨퍼런스와 세미나 자리에서 공유하는 길밖에는 없었다.

이 프로젝트를 진행하면서 얻게 된 경험을 그냥 묻혀 버리기에는 너무나 안타까웠다. 어딘가에는 그 흔적을 남기고 싶은 마음과 다른 프로그래머들과 공유하고 싶은 마음에 네 번째 책을 진행하게 되었다. 아내와의 약속도 있고 해서(책 쓴다고 회사를 자주 그만둔 미안함 때문에 N기업은 최소한 5년은 다니기로 아내와 약속했다) 네 번째 책은 회사를 다니면서 틈틈이 쓰기로 했다. 프로젝트를 진행하면서 경험한 대부분의 내용은 블로그를 통해 공유하고 있었기 때문에 블로그에 쓴 내용을 바탕으로 흐름을 잡고 기반 기술 요소들을 소개하는 것으로 결정했다. 하지만 회사를 다니면서 책을 쓴다는 것은 역시나 힘든 일이었다. 책 집필 작업이 너무 더디게 진행되어 마지막 수단으로 강구한 것이 책 집필을 마칠 때까지 술을 끊겠다는 결심을 했다. 사람들을 좋아하고 술자리의 분위기를 좋아하는지라 술을 먹으면서 낭비하는 시간이 상당히 많았기 때문에 효과가 있으리라 생각했다. 술을 끊은 효과는 있었다. 내가 지금까지 사회생활을 시작하고 나서 가장 오랜 시간 동안인 76일 동안 술을 끊었다. 금주를 한 결과 건강도 좋아졌지만 책의 1차 집필 작업도 완료된 상태가 되었다. 이후 작업은 시간 나는 틈틈이 교정 작업을 하면서 마칠 수 있었다. 책 분량도 최초 계획한 분량보다 많아지면서 가장 힘든 집필 기간을 보냈다. 이 책[10]을 쓰면서 다시는 책을 쓰지 않겠다는 마음을 먹었다. 그런데 사람은 망각의 동물이듯이 책을 출간하고 한 달, 두 달 지나면서 독자들과 만나다 보면 다시금 쓰고 싶은 욕망이 생겨난다. 참 신기할 뿐이다.

10 자바 프로젝트 필수 유틸리티, 박재성, 2009, 한빛미디어

1년 정도의 시간이 흘러 회사에 적응된 뒤부터 그동안 미루어 왔던 다양한 강의를 하기 시작했다. 앞의 블로그 글에서도 잠시 언급했듯이 관리자의 역할을 하면 할 수록 프로그래밍과는 거리감이 생겼다. 프로그래밍과의 거리감이 생기면 생길수록 불안감은 커져만 갔다. 그즈음 더 많은 외부 활동과 강의를 하였는데, 이러한 불안감이 계기가 되었다. 강의를 하려면 프로그래밍에 대한 감을 놓지 않아야 하기 때문에 계속해서 강의 준비를 위해 프로그래밍 연습을 하고 샘플 소스를 만들 수밖에 없었다. 팀장이 된 첫 해인 2007년에는 외부 요청으로 들어오는 강의 위주로 진행했다. 2008년에는 좀 더 많은 강의 기회가 주어지면서 지금까지 가장 많은 강의를 진행했던 해이다. 2008년 강의에서는 지금까지 기술 일변도의 강의에서 벗어나 신입사원에게 프로그래머의 자세에 대한 이야기로 3시간짜리 강의를 할 수 있는 기회가 주어졌다. 제목부터 심상치 않았다.

"사랑하지 않으면 떠나라."[11]

강의를 시작할 때 프리젠테이션에 강의 제목을 띄워 놓고 갓 신입 사원들에게 "프로그래밍을 사랑하지 않을 자세라면 지금 떠나라. 문은 언제든지 열려 있다." 라고 시작 멘트를 날렸을 때 황당해 하던 얼굴이 아직도 눈에 선하다. 이 강의는 준비하는 과정도 나를 설레게 했지만 강의를 진행할 때도 너무나 즐거운 경험이었다. 그동안 프로그래머의 길을 걸으면서 하고 싶은 이야기들을 후배들에게 마음껏 할 수 있는 경험이 많지 않을 것이기 때문이었다. 이 강의는 3년에 걸쳐 총

11 사랑하지 않으면 떠나라, 차드 파울러 지음/송우일 번역, 2008, 인사이트

다섯 번이나 진행할 수 있었다. 매번 새롭게 만나는 신입 프로그래머들과 교감할 수 있는 좋은 기회였다.

두 번째로 나의 경험에서 빼놓을 수 없는 것이 숭실대 컴퓨터 공학과 4학년 웹 개발자 과정을 한 학기 동안 맡아서 진행한 것이다. 이 과정은 회사와 숭실대가 산학 협력 과정으로 진행한 과정인데 나에게 기회가 주어져 진행할 수 있었다. 프로그래밍을 전공하지도 않은 내가 컴퓨터 공학과 4학년 학생들을 가르칠 수 있는 기회를 얻었다는 것은 나에게는 큰 행운이고 즐거운 경험이었다. 한 학기를 같이한 친구들과 그 때의 경험은 앞으로도 두고두고 즐거운 추억으로 남을 듯하다. 내가 프로그래밍을 좋아하면 할수록 새로운 도전을 하면 할수록 나에게는 또 다른 기회를 준다는 것을 깨닫게 해주었다. 내가 프로그래밍을 하기 전까지는 상상하지도 못했던 일들이 내가 프로그래밍을 하면 할수록 가능하다는 것을 느끼면서 새로운 가능성을 향해 계속해서 도전하리라는 다짐을 하게 된 계기였기도 하다.

하지만 지금까지 나에게 있어 가장 즐거웠고 정말 신명 나게 한판 놀았다는 느낌이 드는 강의는 회사를 떠나기 직전에 프로젝트 관리자를 대상으로 한 강의였다. 이 강의는 내가 회사에 몸담고 있었던 4년 동안 프로젝트를 하면서 새롭게 시도한 내용, 회사가 앞으로 지향해야 하는 바를 나의 관점에서 제시하는 강의였다. 기술적인 관점뿐만 아니라 조직 구조까지 제시해 봤다. 1시간밖에 되지 않는 강의였지만 강의를 듣는 프로젝트 관리자의 호응도 좋았고 나도 회사에서 느끼고 실행했던 부분을 정리해 제시하는 강의였던 터라 정말 재미있게 진행할 수 있었다. 어쩌면 앞으로도 이렇듯 신명 나게 진행할 수 있는 강의는 많지 않으리라.

팀장의 역할을 하기 전까지 프로젝트의 성공을 위해 가장 중요한 것이 기술적인 요소라고 생각했다. 그래서 기술적인 역량을 강화하는 데 집중했으며, 새로운 기술이 등장하면 이 기술을 익히기 위해 시간을 투자했다. 새로운 기술을 익히고 적용하는 데 너무 집착하다 보니 나의 기술적인 제안을 받아들이지 않으면 비판하고 선입견을 가지는 경우도 종종 있었다. 그런데 팀장의 역할을 하면서 나의 이런 생각에 많은 변화가 있었다. 프로젝트 성공의 중심에는 기술적인 측면도 있지만 사람이 더 중요한 요소라는 것을 느끼게 되었다. 프로젝트에 참여하는 사람들이 어떤 자세로 협업하고, 지식을 공유하는지에 따라 프로젝트는 완전히 다른 결과를 만들어 낼 수 있다는 것이다. 시간이 지날수록 프로젝트의 복잡도는 높아지고, 프로젝트 참여자 사이에 협업할 요소들은 점점 더 많아지고 있다. 프로젝트의 협업 요소가 많아지면 많아질수록 프로젝트 참여자들의 자세는 더욱 더 중요해질 것이다. 기술적인 요소도 간과할 수 없지만 그 이전에 프로젝트 참여자 간의 신뢰와 팀워크를 만드는 데 더 많은 시간을 투자할 때 프로젝트는 성공할 수 있을 것이다. 내가 계속해서 프로그래머의 길만을 걸었다면 상당한 시간이 흐른 뒤에야 이 같은 생각의 변화가 있었을 것이다. 프로그래머와 관리자의 길을 모두 걸어본 지금 나는 이 두 집단이 서로 각자의 역할을 하면서 서로의 조화를 맞춰 나가기 위해 어떤 역할을 할 수 있을지 고민하고 있다. 프로그래머에게 관리자의 길을 걷는 것이 즐거운 일이 아닐 수도 있지만 서로 다른 시각을 이해하기 위해 일정 기간은 걸어볼 만한 길이라는 생각이 든다. 그렇게 될 때 서로에 대한 이해도가 높아지면서 더 재미있고 즐거운 프로젝트를 만들기 위해 같이 노력할 길이 보이리라 생각한다.

팀장 역할을 맡으면서 가장 컸던 아쉬움은 역시나 프로그래밍에 많은 시간을 투자할 수 없다는 것이다. 틈틈이 외부 스터디, 사내 스터디, 강의를 진행했지만 프로그래밍에 대한 감은 급격하게 떨어졌다. 아무리 유지하려고 노력해도 프로그래밍만 집중할 때의 감을 유지하기란 쉽지 않은 일이었다. 그렇게 1년, 2년이 지나면서 내 불안감은 점점 더 커져갔다. 다시는 프로그래머의 길로 돌아갈 수 없는 것이 아닐까라는 회의감이 밀려오기 시작했다. 나는 새로운 도전을 준비했다. 더 늦기 전에 관리자가 아닌 프로그래머의 길로 다시 되돌아가기 위해 새로운 회사로 이직하기로 마음 먹었다. 아내와의 약속은 5년이었다. 하지만 5년을 채우지 못하고 만 4년이 되어갈 즈음 나는 N기업을 떠났다. 프로그래머로서의 새로운 도전을 위해서.

프로그래머의 길을 걷기 위한 새로운 도전, 그리고 다섯 번째 책 _ ● 회사를 옮기는 사이에 약간의 여유가 생겼다. 회사를 떠나는 사람에게 특별히 일을 배정하지 않아 여유가 생겼고, 휴가가 많이 남아 있는 상태라 휴가를 쓸 수 있는 상황이었다. 이 시간을 그냥 낭비하기 아깝다는 생각에 다섯 번째 책에 도전했다. 책의 주제는 자바 기반의 프로젝트를 빌드할 때 사용하는 메이븐Maven이라는 빌드 툴이었다. 이미 자바 진영에서는 널리 사용되는 기술임에도 국내에 번역서 한 권 없는 것이 이해가 되지 않았다. 내가 처음 프로젝트에 적용할 때 고생했던 기억이 나면서 도전해 보고 싶은 마음이 생겼다. 또한 네 번째 책에서도 개략적으로 다루고 있기 때문에 이 내용을 좀 더 깊이 있게 다룬다면 국내 프로그래머에게 도움이 되리라 생각했다.

이 번 책을 쓸 때는 마음의 안정감을 유지하면서 써보고 싶었다. 책을 시작할 때는 회사를 떠나는 입장이라 시간적인 여유도 있고 업무에 대한 부담이 덜하기 때문에 괜찮지만 회사를 옮긴 후에는 바빠질 가능성이 높기 때문이다. 이전 경험으로 비추어 봤을 때 회사 일에 집중하고 있으면 집필 작업이 더디어지고 시간이 지남에 따라 부담감이 커지는 악순환이 반복되었다. 내가 앞으로도 책을 계속 쓰려면 마음의 평정심을 유지하면서 회사 업무와 집필 작업을 병행하는 것이 중요하겠다는 생각을 했다.

이 같은 생각으로 시도한 것이 책을 집필하는 데 애자일 프로세스를 적용해 보자는 것이다. 최대한 빠른 시간 내에 한 번의 반복 주기를 진행하고 편집자에게 피드백을 받아 보완해보자. 일단 한 번의 반복 주기를 진행하고 나면 마음의 여유를 가질 수 있으리라. 첫 번째 반복 주기는 책의 전체적인 흐름을 파악할 수 있도록 전체적인 시나리오를 잡는 작업을 했다. 책을 쓸 때는 먼저 목차를 정하고 목차별로 대략적인 내용을 정리하는 작업을 한다. 목차를 잡으면 책의 50%를 쓴 것이나 다름없다는 이야기도 듣곤 한다. 그만큼 목차를 잡는 것이 책의 전체 흐름을 잡는 데 중요한 부분이다. 내가 기준으로 잡은 첫 번째 반복 주기는 목차를 정하는 것에서 한 단계 더 나아가 각각의 장Chapter의 시작과 끝을 미리 쓰는 것이다. 각 장의 시작과 끝을 먼저 써보면 전체적인 흐름이 잘 유지되는지를 파악해 볼 수 있다. 이렇게 짧은 반복 주기를 통해 완성한 원고는 편집자에게 전달해 전체적인 책의 줄거리가 기획의도와 맞는 것인지 확인할 수 있다. 책의 기획의도와 맞는지를 빨리 파악하는 것은 편집자뿐 아니라 저자에게도 특히 중요하다. 이 같은 공감대가 형성되지 않은 상태에서 진행하면 최초 기획 의도와는 완전히 다른 방향으로 진행해 원고를 다시 써야 하는 상황도 발생할 수 있기 때문이다. 나는 첫 번째 반복 주기를 진행하면서 최초 정했던 목차의 순서를 바꾸기도 하고, 부록으로 빼기도 하면서 전체적인 줄거리를 잡아 나갔다. 이 같은 흐름을 유지하면 특히 좋은 것은 저자에게 마음의 여유와 자신감을 준다는 것이다. 책을 쓰는 작업이 원래 부담스러운 작업인데 1장에서 더 이상 집필되지 않는 상황이 지속되면 자신감도 없어지고 불안감만 커지다 보니 상당한 스트레스를 받게 된다. 이러면 점점 더 글도 쓰기 싫어지고 경우에 따라서는 집필을 포기하는 상황이 발생할 가능성도 높아진다.

두 번째 반복주기는 각 장에서 반드시 다루어야 하는 내용을 추가한다. 글을 쓰는 중에 다소 확신이 서지 않거나 추가적인 학습이 필요한 부분은 원고에 주석을 남겨 놓은 상태로 계속해서 원고 작업을 진행했다. 원고의 내용도 물론 중요하지만 자신이 계획한 날짜에 원고를 작성하는 것에 집중한다. 원고의 내용이 다소 만족스럽지 않아도 된다. 가능한 빠른 시간 내에 반복 주기를 완료한다. 반복 주기를 완료한 후 한동안 원고 쓰는 작업을 중단하고, 반복 주기를 진행하면서 추가적으로 학습이 필요한 부분에 대한 학습을 진행하면서 마음의 여유를 가진다. 몇 주 동안 원고 쓰는 작업에 대한 부담감을 떨쳐버린 후 다시 한 번 써보겠다는 마음이 생기는 시점에 다음 반복 주기를 진행한다. 이 같은 과정을 본인의 원고가 만족스러울 때까지 반복한다.

집필 작업 기간에 약간의 여유를 두어 일정 수준으로 원고를 완성한 후 한 달 이상 쉰 후에 다시 한번 원고를 검토하는 것도 좋은 방법이다. 그러면 그 전과는 완전히 다른 방식으로 접근하는 것도 가능한 경우가 있다. 책을 집필할 때는 기간 내에 책을 써야 한다는 부담감 때문에 사고가 좁아진다. 그런데 일정 수준으로 원고가 완성되고 한동안 쉬면서 마음의 여유를 가지면 집필할 때는 고려하지 못했던 부분이 보이고, 더 좋은 아이디어가 생각난다. 일단 출판사와 계약을 하면 집필 기간이 정해지기 때문에 쓰고 싶은 책이 있다면 원고를 미리 작성한 후 출판사와 계약하는 것도 마음의 부담을 줄이고 여유 있게 책을 쓸 수 있는 한 방법이다. 다섯 번째 책[12]은 새로운 접근 방식으로 마음의 여유를 가지면서 쓸 수 있었다. 나에게 여섯 번째 책인 이 책 또한 다섯 번째 책과 같은 방법으로 진행하고 있다. 프로그래밍을 하는 것과 글을 쓴다는 것은 비슷한 부분이 많기 때문에 한 번쯤 도전해 본다면 프로그래밍을 하는 데도 많은 도움이 되지 않을까 생각한다.

새로운 회사에서는 출근하자마자 하루하루가 너무 바빴다. 개발 기간이 길지 않은 것도 있었지만 작은 회사인 관계로 데이터베이스 설치 및 세팅, WAS 설치 및 세팅, 기반 프레임워크 준비 등 모든 작업을 프로그래머가 담당해야 했기 때문이다. 3년 동안 팀장으로 일했기 때문에 프로그래밍에 대한 감이 떨어진 것도 한 원인이었다. 이 같은 개발 준비 작업을 진행하면서 팀의 개발 프로세스에 대한 정리도 같이 해야 했기 때문에 더 바빴다. 내가 이 회사를 선택한 이유는 기획자, 디

12 자바 세상의 빌드를 이끄는 메이븐, 박재성, 2011, 한빛미디어

자이너, 프로그래머가 같은 팀에서 하나의 서비스를 위해 집중할 수 있기 때문이었다. 그동안 기획자, 디자이너, 프로그래머가 서로 다른 조직으로 분리되어 있었기 때문에 조직 간에 이해 관계가 다르고 지향하는 바가 달라 서비스에 집중할 수 없는 것이 아쉬웠기 때문이다. 한 팀으로 같이 모이기는 했지만 어떤 방식으로 개발할 것인지는 지금까지 개발해온 경험에 따라 모두 다르기 때문에 누군가는 조율하고 조정할 필요가 있었다. 어떤 사람은 서로 간의 협업 방식에 대한 약속도 없는 상태에서 주먹구구식으로 개발하는 예도 있었기 때문에 일정 수준의 약속은 만들어야 할 필요가 있었다. 이에 대한 기반 작업과 설득 작업도 같이 하다 보니 회사를 옮긴 직후 너무 바쁜 하루하루를 보냈다.

관리자에서 프로그래머의 길을 걷기 시작한 후 정신없는 시간을 보냈지만 3, 4개월의 시간이 지나고 나니 프로그래밍의 감도 조금씩 살아나고 그동안 해보고 싶었지만 시도할 수 없었던 일들도 하나씩 시도해 나갈 수 있었다. 특히 기획자와 프로그래머 간의 유기적인 협업이 될 수 있는 방법에 대하여 고민하고 시도했다. 하지만 아직까지 뚜렷하게 이 방법이 최선이다라는 결론을 내리기는 힘든 상태이다. 어쩌면 내가 정답이 없는 길을 향해 걸어가고 있는지도 모르겠다. 정답이 없을 수도 있겠지만 정답을 찾아 한 걸음씩 걸어가다 보면 그 속에서 새로운 것을 느낄 것이고, 그 시점에 정답이라고 생각하는 방법으로 새로운 도전을 할 것이다.

새로운 도전을 위한 SLiPP.net 시작 _ ● 2010년 11월. 프로그래머의 길을 걷기 시작한 지 만 10년이 되었다. 나는 숫자에 의미를 부여하면서 살아오지는 않았지만 프로그래머로서 10년 동안 한 길을 걸어왔다는 것이 나름 의미 있게 다가왔다. 10년을 되돌아 보니 나에게 정말 많은 변화와 도전이 있었다. 힘들 때도 있었지만 나의 생각을 키우는 데 큰 역할을 했다.

10년이라는 시간을 너무 바쁘게 앞만 보고 달려왔다는 생각이 들면서 새로운 10년은 좀 더 여유를 가지고 주위를 돌아보면서 살아야겠다는 마음을 가지게 되었다. 그런 의미에서 프로그래머로서 어떻게 하면 지속 가능한 삶을 살 수 있을까에 대한 고민이 시작되었으며, 내가 생각하고 느끼는 것들을 정리하고 다양한 사람들과 공유할 수 있는 사이트를 만들어 운영하면 좋겠다는 생각을 하게 되었다.

새로운 공간을 만들어야겠다는 생각이 나의 마음을 사로 잡았지만 현실적인 상황은 쉽지 않았다. 지금까지 거의 10년 동안 커뮤니티를 운영해왔지만 하나의 커뮤니티를 만들고, 운영하는 것이 얼마나 힘든 작업인지 알기 때문이다. 이런 두려움 때문에 차일피일 미루게 되었고 시간이 갈수록 자기 합리화를 하면서 지금까지 운영했던 블로그를 통해서 내가 생각하는 바를 공유해도 충분하다고 생각했다.

하지만 마음 한쪽에서는 재미를 위해서라도 무엇인가 만들고 운영하고 싶다는 생각이 자리 잡고 있었다. 지금 새로운 서비스를 만든다면 1, 2년 운영할 것이 아니라 10년 이상 평생을 같이할 수도 있다는 생각까지 하면서 말이다.

그렇게 블로그를 통해 내 생각을 공유하고 있던 어느 날 OKJSP[13] 커뮤니티에서 "옛날 선배 개발자분들 너무 짜증납니다."[14]라는 제목의 글을 보았다.

왜 개발자 근무 환경을 이딴 식으로 만들어 놓았는지.

너무 짜증납니다..

야근을 시켜도 묵묵히 일만 하니..

싫은 소리해도 찍소리 안하고 일만 하니..

부당한 근무 요건을 강요해도 일만 하니..

적은 월급 받고도 열심히 회사에 충성을 하니..

도저히 왜 이딴 식으로 근무환경 여건을 조성해놓고

후배 개발자들에게까지 강요를 하시는지..

요즘 젊은 개발자들이 왜 없는지 아십니까...

10년 차 이상 되시는 분들은 잘 생각해보세요....왜인지

이 글을 읽는 순간 2, 3년 차 시절의 나의 모습을 보는 듯 했다. 나도 대한민국의 소프트웨어 개발 환경을 도저히 이해할 수 없었다. 부당한 요구에도 묵묵히 일만 하는 선배들이 못마땅했으며, 이런 문화를 만들어 놓은 선배들을 참 많이도 원망했다. 나는 이런 식으로 일하지 않겠다고 다짐하면서 살아왔지만 현실의 벽은 쉽지 않았다. 그로부터 거의 10년이 지나가는 시점에도 나와 똑같은 생각을 하고

13 http://www.okjsp.pe.kr

14 http://www.okjsp.pe.kr/seq/163763

있는 후배에게 선배 프로그래머로서 그냥 지나칠 수 없어 블로그를 통해 이 글에 대한 답변[15]을 달았다.

이틀 저녁 시간을 이 글을 쓰는 데 투자했다. 이틀 동안 이 글을 쓰면서 나는 무엇을 할 수 있으며, 무엇을 하는 것이 나 자신과 소프트웨어 개발 환경에 조금이나마 변화를 만들어 낼 수 있을까 고민하기 시작했다. 이 같은 고민의 결과 프로그래머가 프로그래밍만으로 삶과 조화를 이루면서 살아가는 모습을 보여주는 것만으로도 후배들에게 많은 것을 느끼도록 할 수 있겠다는 생각이 들었다. 이 같은 삶은 후배들뿐만 아니라 나 자신이 꿈꾸고 있는 삶과도 관련되어 있다.

이 같은 결론에 다다르자 그동안 미루고 있었던 새로운 공간을 만들고 싶은 욕구가 생겨나기 시작했다. 이런 과정을 통해 만든 커뮤니티가 지속 가능한 삶, 프로그래밍, 프로그래머라는 주제를 담고자 하는 목적으로 SLiPP(Sustainable Life, Programming, Programmer를 줄인 용어이다.)[16] 커뮤니티를 시작했다.

자바지기 커뮤니티는 회사를 다니면서 소극적으로 운영했다면 SLiPP 커뮤니티는 좀 더 적극적으로 운영해 볼 계획이다. 그렇게 하기 위해서는 무엇보다 커뮤니티를 운영할 수 있는 시간을 확보해야 한다. 이 글을 마치는 지금은 이 시간을 확보하기 위한 새로운 도전을 준비하고 있다. 현재의 수입을 얻기 위해 투자하는 시간을 조금씩이라도 줄일 수만 있다면 나머지 시간은 커뮤니티 운영과 다양한 다른 활동으로 활용할 수 있지 않을까라는 믿음을 가지고서 새로운 도전을 해보려고 한다. 아마도 이 도전은 내 삶에 있어 가장 큰 변화가 되리라 생각한

15 원문은 http://javajigi.tistory.com/292 에서 볼 수 있다.
16 http://www.slipp.net

다. 지금까지 제 2의 인생을 살기 위해 10년 동안 준비하고 다양한 도전을 하면서 살아왔다. 앞으로의 10년은 지난 10년과는 다른 삶을 살기 위한 끊임없는 도전이 계속될 것이다. 이 같은 도전은 내가 꿈꾸는 삶을 살기 위한 또 다른 밑거름이 될 것이다.

Story 06

10년 차 어느 변방 갑돌이 프로그래머의 우물 안 극복기

_신재용

나는 이른바 갑(甲)으로 10년을 넘게 근무한 프로그래머다. 프로젝트의 가치사슬인 갑을병정에서 가장 위에 있는 갑이지만, 현장에서 갑의 역할은 어쩌면 미미하기도 하고 어쩌면 가장 많이 알아야 할 자리임에도 가장 모르는 자리이기도 하다. 그래서 나는 우물 안 개구리, 갑돌이다.

프로젝트가 종료되면 을(乙)이었던 수행사는 떠나고 갑이었던 우리는 현업 사용자에게 서비스를 제공하는 을이 된다. 프로젝트라는 우물 안 세상은 작지만, IT라는 우물 밖 세상은 광활하다.

프로젝트의 업보

I hate coding _ ● 그저 컴퓨터가 좋아서 컴퓨터공학을 전공하기는 하였으나 나는 졸업할 때까지 내 손으로 제대로 만들어 본 소프트웨어가 하나도 없었다. C언어 시간에는 중국인 교수(왜 중국인이 중국어를 안 가르치고 C언어를 가르치는 건지 도무지 알 수가 없었지만)가 Option을 '오꾸션', RUN을 '알유언'이라고 발음하며 C언어 툴의 메뉴를 설명해 준 게 기억나는 것의 전부이고, 비주얼 베이직 시간에는 누구나 한 번쯤 만들어 봤음 직한 비디오대여점 소프트웨어를 책에 있는 소스코드 그대로 타이핑해본 게 고작이었다. 졸업작품전에 WebPDA라는 걸 만들 때도 PM Project Manager 역할(당시엔 PM이라고 하는 게 무슨 뜻인지도 몰랐지만)을 수행했을 따름이지 코딩을 제대로 하지는 않았다. 이걸로 졸업작품전에서 우수상을 받기는 하였지만 소프트웨어 개발을 잘했다기보다는 아이디어가 조금 참신했고, 방송실에서 음성까지 녹음하며 만들었던 프리젠테이션이 돋보였던 영향

이 컸다. 졸업 즈음에 우연히 친구의 소개로 파워빌더PowerBuilder로 소프트웨어를 만드는 프로젝트를 하자고 해서 잠시 참여하게 되었는데, 이때도 물론 파워빌더를 설치하고 열어보기만 했던 정도였지 실제 코딩을 해본 건 없었다. 하지만 이때 파워빌더를 접해본(?) 경험이 훗날 병원에 입사할 때 파워빌더를 사용해 보았노라며 설레발 칠 수 있었던 계기가 되었다. 이래서 조엘 스폴스키가 〈조엘 온 소프트웨어〉(2005)에서 '조엘 테스트'라는 소프트웨어팀 평가테스트 항목에 "프로그래머 채용 인터뷰 때 코딩 테스트를 합니까?"를 이야기했었나 보다. 아마도 코딩 테스트를 했더라면 지금쯤 나는 다른 곳에서 일하고 있을지도 모르겠다.

〈조엘 온 소프트웨어〉를 읽고 나서 우리 회사의 조엘 테스트를 해본 결과는 전체 12문항 가운데 2점에 불과했다. 책에서도 "12점 만점에 11점은 우수한 성적이지만, 10점 이하는 심각한 문제가 있다는 의미입니다. 진실을 말하자면, 대다수 소프트웨어 회사는 2점이나 3점 수준이므로 도움이 절실히 필요합니다. 참고로 마이크로소프트사는 12점 만점을 받았습니다."라고 이야기하고 있는 것을 보아하니 우리만 그런 건 아니라는 안도를 했지만 말이다.

1. 소스코드 관리시스템을 사용하고 있습니까? 아니요.
프로그래머가 필요에 따라 복사본을 만들어 둘 따름입니다. 오늘 하루 어떤 소스가 어떻게 변했는지는 묻지마 버전이지요.

2. 한방에 빌드를 만들어낼 수 있습니까? 예.
서버 소스와 클라이언트 소스가 별개이긴 하지만, 특정 소스 수정 후 bcc, ppp 등의 스크립트로 실행 가능한 파일까지 한방에 빌드가 가능하지요.

3. 일일 빌드를 하고 있습니까? 아니요.

수정 시에만 수정한 소스코드에 대해서 빌드를 합니다. 일일 빌드라 함은 전체 소프트웨어를 모두 빌드하는 것을 이야기합니다. 주기적인 전체 빌드는 전체 소프트웨어의 무결성을 보장합니다. OS, Office 등의 SW에는 빌드 번호가 존재하지요.

4. 버그 추적시스템을 운영하고 있습니까? 아니요.

버그리포트를 소프트웨어 내에 삽입하여 자동으로 보고할 수 있도록 하는 것입니다. 버그 추적시스템은커녕 에러로그를 보고 소스를 찾기도 힘들지요.

5. 코드를 새로 작성하기 전에 버그를 수정합니까? 아니요.

버그 수정은 실행도중 나올 경우에만 합니다. 테스트도 Positive 테스트만 수행하고 Negative 테스트는 수행하지 않지요. 그리고, Regress 테스트도 중요합니다. 1개를 개발하고는 2개가 안 되는 경우면 곤란하겠지요.

6. 일정을 업데이트하고 있습니까? 아니요.

그저 최선(?)을 다해서 코딩하지요.

7. 명세서를 작성하고 있습니까? 아니요.

'변경의뢰서'는 명세서가 아니지요.

8. 조용한 작업 환경에서 일하고 있습니까? 아니요.

잦은 전화와 PC 회진이 많지요.

9. 경제적인 범위 내에서 최고 성능의 도구를 사용하고 있습니까? 예.

서버와 클라이언트 모두 시스템 사양은 최대한 빵빵하게 하려고 합니다.

10. 테스터를 별도로 두고 있습니까? 아니요.

설계, 개발, 테스트는 모두 자급자족입니다. 만능이지요.

11. 프로그래머 채용 인터뷰 때 코딩 테스트를 합니까? 아니요.

그냥 잘 생겼다고만 채용된 것 같네요. 푸핫.

12. 무작위 사용편의성 테스트를 수행하고 있습니까? 아니요.

사용편의성보다는 업무프로세스가 우선이지요. 되면 된다.

책에 나오는 간단한 문항으로 우리네 소프트웨어 성숙도를 평가해보기는 했지만, 사실 소프트웨어 성숙도라는 건 그저 먼 나라 이야기에 불과하고 현실은 그저 하루하루 에러랑 씨름하고 코딩하기에 바빴다.

바빠서 품질은 바이(Bye) _ ● 2000년은 컴퓨터가 연도표기를 인식하지 못하는 밀레니엄 버그의 대재앙이 올 거라며 IT 전반이 시끄러웠던 그때였다. 병원에 OCS(Order Communication System, 처방전달시스템)가 새로이 도입되면서 운영 인력이 필요하게 되었고 나는 그렇게 병원 전산실에 입사하며 프로그래머의 길로 들어섰다. OCS의 도입은 기존에 COBOL 언어와 ISAM Indexed Sequential Access Method 으로 저장되던 단순한 진료비계산시스템에서 병원 전반에 대해서 정보화가 시작되는 큰 전환점이었다. 병원 내에 20대에 불과했던 PC가 300대로 늘어나게 되었다. 오라클 데이터베이스가 도입되고 시스템은 턱시도 미들웨어와 파워빌더로 개발되었다. 처음 입사한 나는 당연히 처음 접하는 것들이었지만 이미 10년 가까이 일을 해온 기존의 전산실 선배들도 처음 접하기는 마찬가지였다. 새로운 시스템의 도입은 나를 포함한 전산실 직원 모두에게 익숙하지 못한 낯선 것들이었고, 수행사로부터 새로이 업무프로세스와 개발 방법 등 모든 것을 짧은 프로젝트 기간 내에 전수받아야 했다. 사실 나로서는 이러한 것이 매우 다행스럽고 고맙게 생각되었다. 이미 운영 중인 IT 환경에 입사했더라면 기존에 모든 것을 알고 있는 선배들로 하여금 주입식으로 교육을 받아야 했을 터이지만, 이렇게 낯선 IT 환경에서는 어차피 선배도 나도 똑같이 처음부터 새로 배워야만 했다. 짧은 프로젝트 기간 동안 수행사로부터 전수받은 내용은 단편적일 수밖에 없었고 실제로 유지보수 운영을 하면서 헤매고 부딪히며 수많은 시행착오 끝에 겨우겨우 하나씩 알아가게 되었다.

그러했던 시스템조차 강산이 변한다는 10년의 세월이 흘러서 지난 2010년에 병원의 차세대(!) 시스템이라고 하는 EMR(Electronic Medical Record, 전자의무기록)이 도입되었다. 기존의 OCS를 모두 포함하면서 종이로 작성되던 챠트라고 하는 의무기록까지 전산화되는 매우 큰 프로젝트이다. 의료정보시스템은 다른 업종과 다르게 매우 포괄적인 IT 업무를 지원한다. 의사가 진료를 볼 때는 병원시스템, 환자가 돈을 낼 때는 금융시스템, 환자가 입원하면 호텔시스템, 의약품관리를 할 때는 물류시스템이 되는 등의 다양한 모습을 가진다.

대부분 프로젝트가 그럴 테지만 우리네 차세대 시스템 도입도 오픈 일자가 촉박한 가운데 막바지로 갈수록 요구사항은 증가하였다. 어렴풋이 10년 전에도 똑같이 보았던 듯한 데자뷔 현상이었다. 프로젝트가 시작할 때는 아무것도 모르던 현업 사용자들이 뒤늦게 똑똑해지며 "이건 아닌데요?"라고 요구사항이 정교해져 간다.

이러한 상황에서 우리 전산실의 중요한 임무는 현업 사용자와 수행사 사이를 이어주는 코디네이터의 역할이었다. 현업의 요구사항이 적정한 것인지, 특정 부서만의 요구사항은 아닌지, 우선순위를 정하고 수행사에 적절히 요청하는 것이 중요한 임무였다. 무조건 범위 초과라며 할 수 없다는 수행사와 무작정 이게 되지 않으면 업무를 할 수 없다는 현업 사이에서 우리는 잘(?) 해야 했다. 그렇다고 요구사항을 다 들어달라고 했다가는 프로젝트가 산으로 갈지도 모르는 일이기 때문이다. 프로젝트의 오픈 일자는 갑에게나 을에게나 가장 중요한 것이었다. 아무리 프로젝트의 범위를 초과하는 사항이라 할지라도 반드시 필요한 요구사항이거나 또는, 목소리가 큰 사용자의 요구사항은 받아들여질 수밖에 없었다.

이러한 요구사항은 CSR(Customer Service Request, 사용자 서비스 요구서)이라는 이름으로 개발의뢰를 올리도록 했고 프로젝트의 진척의 바로미터는 CSR 실적이었다.

"측정하지 않은 것은 관리할 수 없다."는 피터 드러커의 유명한 말에 따라 정량적으로 측정하고 관리하는 것이 중요한 일이긴 할 테지만 현실에서는 정량적이라는 것이 꼭 올바른 것만은 아니다. 주입식 교육에 익숙하고 점수 받기에 능한 우리네는 프로젝트에서의 정량적 측정결과인 CSR 실적을 관리하기도 한다.

> 어느 고객만족도 평가에서 정량적 평가수치로서 전화벨이 3번 울리기 전에 전화를 받도록 하는 것이 측정항목으로 포함되었다. 그러자 전화벨이 3번 울리기 전에 전화 받는 비율은 크게 높아져서 고객만족도 측정항목은 만족되었다. 그러나 얼마 지나지 않아 전화가 자주 끊긴다는 고객민원이 발생을 했다. 알고 보니 콜센터에서 통화 중에 다른 전화가 오면 3번 울리기 전에 수화기를 들었다가 그냥 끊어버리는 것이었다

아마도 정량적으로 CSR을 관리한 것이 이런 비슷한 일이 아닌가 싶다. CSR을 하루에 10개 처리하는 사람이 CSR을 하루에 1개 처리하는 사람보다 10배 능력있는 사람이라고 정량적으로 이야기할 수 있을까? 어쩌면, 10개의 CSR이 쉬

운 것이었을 수도 있고 별다른 고민 없이 Copy & Paste와 if-else 구문 몇 개로 만들어진 것일 수도 있을 텐데 말이다. 그저 바쁘다는 핑계로 품질은 온데간데없고 하루하루 해냈다는 CSR의 건수는 채워진다. 그렇게 하루에 10개씩 처리한 CSR로 결국 프로젝트는 오픈한다. 하지만 결국 수행사 을(乙)이라고 하는 사람들은 스쳐 지나가는 객(客)일 따름이고, 결국 남아서 소프트웨어의 생명이 다할 때까지 운용하고 유지보수해야 하는 건 전산실의 몫으로 남는다. 발주사인 우리네 갑(甲)이 필요한 요구사항을 제때 이야기해주지 못하고 적정한 금액과 적정한 일정을 보장해 주지 못한 원죄가 결국엔 이렇게 업보가 되어 소프트웨어의 생명이 다하는 날까지 우리를 조여온다.

"순간의 선택이 10년을 좌우한다."는 오래된 광고문구가 있다. 우리 집에 TV를 하나 사더라도 '무조건 싸게 빨리' 하지는 않을진대, 어째서 소프트웨어 프로젝트는 하나같이 '싸게 빨리' 하려고만 하는 걸까? 결국에 그걸 10여 년간 사용하고 고치는 건 우리 몫임을 간과하고 말이다.

프로젝트는 소프트웨어를 두고 떠났지만 사용하기 힘들어진 사용자와 수정하기 힘들어진 개발자는 남겨졌다.

데이터를 남겨둔 업보를 오래도록 치르다 _ ● 나에게는 꼼상KOMSANG이라는 이름의 컴퓨터가 있었다. 군대를 제대하고 구입해서 중간중간 CPU와 메모리, HDD를 업그레이드하면서 버텼지만 이제는 10

년도 넘은 노후한 컴퓨터가 되었다. 더 이상 세월의 흐름을 이기지 못해서 큰 맘 먹고 새로이 바꾸기로 했다. 최신 유행의 인텔의 쿼드코어 i7 CPU와 씨게이트의 1TB 하드디스크를 선택하고 메모리는 4GB에 소프트웨어도 최신의 윈도7에 아래아한글 2010과 MS 오피스 2010을 설치하고 마인드맵 프로그램 Thinkwise 2010버전을 설치했다.

이제 사용할 수 있는 만반의 준비가 다 된 건가? 아차! 노후 PC에서 데이터를 옮기지 않았다. 95년도 대학시절에 아래아한글 3.0으로 정말 열정을 다해 만들었던 동아리 문집파일도 옮겨야 하고, 코닥 DC265라는 구닥다리 디카로 찍었던 사진과, 후지필름 S3Pro로 찍었던 수많은 사진들도 옮겨야 한다. 은행용 공인인증서와 모아두었던 인터넷 즐겨찾기 목록도 옮기고 좋아하는 김광석의 MP3도 복사해야 한다. 모아둔 다큐멘터리 동영상과 영화들도 모두 복사해야만 비로소 사용 가능한 차세대 PC가 완성된다.

하드웨어와 소프트웨어는 모두 유행에 민감하다. 최상의 성능과 최신의 기능으로 무장하고 한 해가 멀다 하고 최신버전이 나타난다. 하지만, 데이터는 생성된 자체로 영원히 소중하다. 군대 가기 직전에 당시로서는 최신의 워드프로세서였던 '아래아한글 3.0 for DOS'를 사용해서 다단편집 및 이미지삽입, 홀짝 페이지 머리말/꼬리말과 점끌기탭 목차 등 최신 조판 기능을 모두 써가며 만들었던 시문학 동아리 문성회(文聲會)의 문집 청아(靑芽)는 지금까지도 무엇보다 소중한 데이터이니 말이다. 사실, 그때 배웠던 것들이 지금껏 사용하는 워드프로세서 기능의 전부이다. 근데, 지금도 목차에 점끌기탭 기능을 사용하지 못하는 사람들이 많다는 걸

보면 꽤나 대단한 조판 작업이긴 했던 모양이다. '아래아한글 3.0 for DOS'에서 한글 2010까지 최신기능을 더하며 유행에 따라 변하지만 그때 만든 문서데이터는 본질적으로 영원하다.

기업의 정보시스템도 마찬가지이다. 병원이 개원했을 때에는 COBOL로 개발해서 ISAM 파일로 데이터를 저장했고, 입사하던 때에는 개발 툴은 파워빌더로 미들웨어는 턱시도, 데이터베이스는 오라클로 데이터를 저장했고, 오늘날에는 개발툴은 .NET C#으로 데이터베이스는 오라클을 사용한다.

10년 전에 OCS를 도입할 때도 데이터 이관은 프로젝트의 범위가 아니었던 것 같다. 전산실에서 자체적으로 가능한(?) 범위만큼 COBOL의 ISAM 파일을 오라클 데이터베이스로 이관했었다. 아마도 환자기초정보와 코드기초정보 정도였던 것 같다. 그 후 10여 년간 OCS를 운영하는 내내 의무기록실에서는 COBOL의 데이터를 봐야 한다고 했고, 그 덕분에 COBOL은 중단하지 못하고 별도의 서버에서 계속 운영해야만 했다.

그럼에도 EMR을 도입하면서도 데이터 이관은 프로젝트의 중요한 범위에 포함되지 않았다. 제안요청서에는 '필수데이터 이관'이라고만 표현되어 있어서 환자기본, 코드 기본 등의 마스터 데이터 중심으로만 이관되었다. 그러다 보니 당연히 EMR이라는 차세대 시스템이 도입되었음에도 OCS라는 노후시스템을 중단시키지 못하고 운영해야만 하는 게 현실이다. 새롭게 최신 PC를 구입했는데도 노후 PC의 데이터를 넘기지 못해서 기존의 데이터를 봐야 할 때마다 노후 PC를 사용해야 하는 경우라고 할 수 있겠다.

본질을 바탕으로 유행을 따라가야 하는 게 상식일 테지만 유행을 따라 본질을 무시하는 경우가 우리 집 PC에서도 발생하지 않는데, 기업의 프로젝트 현장에서는 발생한다. 연말이면 연말정산 간소화 서비스를 위해서 모든 병원에서는 주민등록번호와 진료비를 국세청에 신고하도록 되어 있는데, EMR이 도입되던 2010년에는 EMR로 데이터 이관이 전부 이루어지지 못한 탓에 우리는 OCS와 EMR에서 별도로 데이터를 만들어 국세청 신고할 수밖에 없었다. 지금도 EMR 도입 이전의 통계가 필요한 자료요청이 오면 똑같은 결과물에 대해서 서로 다른 SQL 쿼리를 만들어서 OCS와 EMR에 두 번 실행해야 하는 업보가 되었다.

갑도 피곤합니다

껐다가 켜세요 _● "따르릉~"

"진료비 계산하다가 멈췄어요."라며 현업 담당자에게서 전화가 왔다.

아무래도 PC가 다운된 모양이다. 가장 빠른 처방을 내린다.

"그러면, 껐다가 켜셔 한번 해보시겠어요?"

PC가 문제이거나 아니라도 리부팅하는 동안 시간을 벌 수 있는 방법이다. 그런데 그 PC만의 문제가 아닌 모양이다.

"따르릉~ 따르릉~" 전산실에 있는 전화기들이 동시에 울리기 시작한다.

"응급환자의 검체 바코드를 입력하는데 에러가 나요."

"CT 검사결과 조회가 안 돼요."

"병동 입원환자 식이카드 출력하는데 오류가 나요."

"마약 취소하다가 에러 났어."

여러 부서에서 동시다발적으로 시스템이 안 된다며 전화가 왔다. 오라클 데이터베이스에 데드락Deadlock이 걸려 서버 시스템에 행Hang이 걸린 상황이다. 악성 세션을 확인하고 강제로 세션을 킬Kill한다. 오라클의 데드락 세션은 종료되었는데도 여전히 서버 시스템의 행이 풀리지 않는다. 턱시도 미들웨어에서 좀비세션이 계속 CPU를 차지하고 있다. 세션을 강제로 죽여도 클러스터 환경에서 무언가 오류가 생긴 건지 제대로 종료되지를 않는다. 이럴 때 가장 좋은 방법은 바로 서버 시스템 리부팅Rebooting이다. 즉각 보고하고 리부팅에 들어간다. 리부팅에 소요되는 시간은 10여 분이지만 이 시간이 그렇게나 길게 느껴질 수 없다. 리부팅을 하고 서비스를 정상적으로 올리고 나니 그렇게나 울리던 전화소리가 잠잠해진다. 등줄기로 식은땀이 절로 흘러내린다. 현업의 전화는 시스템 모니터링보다 훨씬 빠르다. 장애는 전화를 타고 온다. 역시, PC든 서버든 껐다가 켜는 게 최고다.

대부분의 업무가 전산화되면서 전산에 장애가 발생하면 바로 업무가 마비된다. 서버시스템에 장애가 발생하면 모든 업무용 PC들의 업무가 중단되어 가장 긴급하게 복구해야 되는 상황이고, 특정 업무용 PC가 장애를 발생하여도 해당 담당자는 손을 놓고 업무를 할 수 없는 상황이 된다. 그렇게 손을 놓은 현업담당자들의 눈은 오로지 전산실을 향한다. 환자들에게는 "전산이 장애가 있어서요."라는 말만 남기고 말이다. 오로지 똥줄 타는 건 전산실이다. 마치 죄인처럼 허겁지겁 시스템 복구에 허덕이게 된다.

소프트웨어가 비정상적으로 오류가 발생하는 경우도 마찬가지이다(이때도 일단 한번 껐다가 켜서 다시 해보라고 하는 건 똑같다). 현업사용자가 비정상인 방법으로 사용해서 그런 경우도 있고 숨어있던 버그 때문에 그러기도 하다. 사실, 사용자의 비정상적인 사용까지 모두 견뎌내면 더할 나위 없이 좋을 테지만, 그렇게 강한 내성을 가진 소프트웨어는 드물다. 이런 경우 오류가 다시 재현 가능한 경우라면 다행이지만 매우 간헐적으로 발생하는 경우에는 그 원인을 찾아서 해결하기란 무척 어렵다. 소프트웨어 내에 로그를 심어놓고, 또다시 오류케이스가 발생할 때까지 잠복근무(?)를 하며 한참을 기다려야지 겨우 발견이 가능하다. 그나마도 발견하지 못하고 미해결 과제로 남는 경우도 있다. 원인을 찾는 것이 어려운 일이지 원인만 발견하면 수정하는 작업 자체는 그다지 문제되지 않는다. 간혹 원인을 발견해도 그걸 수정하기엔 SW 아키텍처적인 측면에서 근본적으로 해결해야 되는 심각한 경우가 있다. 자칫 빈대 잡으려다 초가삼간 태우는 사태가 발생할 수도 있다. 이런 경우에는 일개 프로그래머가 손을 댈 수는 없다. 문제를 알고도 고치지 못하는 경우의 안타까움은 크다. 이런 일은 데이터 오퍼레이션으로라도 해결해야 한다. 입력이 어떠한 이유로 잘못 되든지 간에 결과는 올바르게 나와야 하기 때문이다. 그래서 우스개로 Golden(가벼운 SQL Tool)이 시스템을 돌린다는 말도 있다.

개떡같이 말해도 찰떡같이 들어야 한다 _ ● "2010년도 특실 환자의 입원인원과 퇴원인원을 알고 싶어요."라며 현업부서에서 자료를 요청했다. 예전에는 현업담당자의 이런 두루뭉술한 말을 그대로 듣고 애써 자료를 만들었더니 "이게 아닌데요?"라며 재작업을 했던 적이 몇 번 있었다. 그러지 않기 위해서는 현업 담당자의 아날로그한 요구를 우리네 IT에 맞게 디지털하게 재정의하는 게 필요하다.

"연인원인가요? 실인원인가요? 아니면 자연인을 이야기하나요?" 라고 되물으니 "그게 뭐죠?"라며 업무를 맡은 지 얼마 되지 않은 현업담당자는 당혹스런 표정을 감추지 못했다. "연인원이란 특실병실에 입원해 있었던 날짜들 모두를 얘기하는 것이고, 실인원은 특실병실에 입원했던 횟수를 이야기하고 자연인은 몇 번을 입원했든지 간에 사람 1인을 이야기하는 것으로 어떤 환자가 10일씩 3번을 입원했다면 연인원은 30명, 실인원은 3명, 자연인은 1명"이라며 어떤 것을 알고 싶은 것인지 되물어 본다. 그제서야 실인원이 필요하다고 한다. "그러면, 입원기간 중에 특실병실에 있었던 기간만 이야기하나요? 특실에 있었던 사람의 전체 입원기간을 이야기하나요? 당일입원, 당일퇴원은 1일인가요? 양일법인가요? 단일법인가요?" 등등 자세한 몇 가지를 더 물어서 현업담당자의 아날로그한 요구사항을 0과 1로 디지털하게 뽑아내고 나서야 알겠다며 언제까지 자료를 줄 수 있겠다고 이야기한다. 현실에서는 어느 정도 패턴이 있기 때문에 이렇게까지 상세하게 다시 질문하지는 않지만, 사실상 자료를 산출하는 기준은 요구사항이었던 "2010년도 특실병실에 입원인원과 퇴원인원을 알고 싶어요."라는 질문에 숨어있는 0과 1을 분명히 찾아내야만 정확한 자료가 나올 수 있다. 현업담당자들이야 과정 없이 결과만을 원하지만 우리네 IT는 경우의 수에 따른 모든 변수와 과정을 다 생각해야만 제대로 된 결과가 나오게 되니 말이다.

이와 같이 현업담당자들의 업무요구는 두루뭉술하다. 현업은 아날로그한 업무를 요구하지만 우리네 IT는 디지털하게 업무를 정의해야만 한다. 현업이 인원통계를 원한다고 말하여도 IT는 그 인원이 연인원인지 실인원인지 아니면 자연인인지 인원 산정기준이 디지털하게 정의되어야 한다.

현업담당자가 개떡같이 말해도 우리는 찰떡같이 알아들어야 하는 숙명이 있다. 개떡같은 요구사항을 가지고 그대로 통계자료를 만들거나 소프트웨어 개발을 한다면 분명히 "이게 아닌데요?"라고 현업담당자는 새로운 요청을 하게 되고, 머리가 나쁘면 손발이 고생한다고 우리는 "어라, 이게 아닌가벼?"라며 처음부터 다시 재작업을 해야만 한다. IT는 '머리가 나쁘면'이 아니라, '커뮤니케이션이 나쁘면' 손발이 고생한다. 우리 스스로가 재작업을 하지 않으려면 개떡같은 말을 다시 잘 반죽하고 버무려서 찰떡같이 만들어야만 하는 것이다.

어느날 "일자별 재고금액이 필요해요."라며 현업담당자가 찾아왔다.

현재의 재고관리시스템은 선입선출FIFO, First In First Out 방식으로 입고된 단가의 순서대로 출고가 이루어진다. 입고와 출고는 일자별로 이루어지지만 어느 단가가 출고된 것인지는 월말에 월재고 마감작업을 통해서만 알 수 있는 구조로 되어 있다. 말하자면 월별기준 선입선출이 이루어지는 아키텍처인 것이다. 그래서 일자별 금액은 정확한 것일 수가 없다. 입력된 것이 없어서 나올 수가 없다고 설명해도 현업담당자는 아랑곳없이 상급기관에서 요청하는 것이라며 반드시 나와야 한다는 대답뿐이다.

IT에서 중요한 원리 하나가 GIGOGarbage In Garbage Out, Gold In Gold Out이다. 그러나 기업현장에서는 들어간 건 어떻게 들어갔는지 알 바 없고 원하는 답이 나오기만을 원한다. 기업형 GIGO는 Garbage In Gold Out이다.

잘못된 모델링, 개발상의 오류, 사용자의 실수 등으로 Garbage In을 알아내어도 결국 비즈니스 환경에서 원하는 것은 Gold Out이다. 이미 잘못된 일을 잘못되지 않은 것처럼 하기 위해서는 또다시 더 큰 잘못을 저지르지 않으면 안 된다. 공부를 안 해서Garbage In 영어점수가 50점이 나왔는데Garbage Out, 이걸 100점으로 하려면Gold Out 또 다른 잘못(?)을 저지르지 않으면 안 되는 것과 같은 원리일 게다. 결국은 월마감 내역을 평균으로 산출해서 일자별 데이터를 업데이트하는 형태로 제공하였으나 정확히 맞는 데이터는 될 수 없었다.

우리에게 필요한 능력은 흡입신공과 견물생심 _ ● 병원에서는 일상적으로 의학용어들을 사용한다. CP(임상진료지침), CPR(심폐소생술), ICD-10(질병표준코드) 등 우리네 IT 용어도 머리 아프건만 의학용어들은 더욱 그러하다. 아내가 임신했을 때였는데 지나가던 친하게 지내던 간호사가 "플래그 하셨다면서요. 축하 드려요."라고 한다. 무슨 얘기인지 잘 몰랐는데 나중에 알고 보니 플래그가 임신했다는 의미였다.

현업의 용어와 업무를 IT가 다 이해하기는 힘들다. 현업은 수년을 해당업무를 했던 사람들이고 더군다나 의사, 간호사 등의 전문직종은 전문교육을 통해서 체득한 업무인데 그것을 일개 프로그래머가 다 이해할 수는 없는 것이다. 그럼에도 이들의 요구사항을 받고 그걸 프로그램으로 구현해 주어야 하는 것이 우리네 숙명이고 밥벌이다. 그렇다면 어떻게 해야 할까? 이때에 필요한 무공 하나가 바로

'흡입신공(吸入神功)'이다. 커뮤니케이션의 중요한 요소인 경청을 하면서 알아 들을 수 있는 만큼만 알아듣고 우리가 필요한 부분만 맥을 짚어서 다시 되묻는 가운데에 우리는 현업보다 한 수 위의 무공을 가질 수가 있는 것이다. 그러지 못하면 현업의 단편적인 요구사항에 이끌려 프로그램을 개발했다가 다른 이해관계자와 충돌하여 재작업을 할 수밖에 없는 경우가 발생한다.

현업담당자는 흔히 자기가 하고 있는 업무와 해당부서의 뷰View만으로 업무 요구를 하게 마련이다. 이러한 개떡 같은 단편적이고 지엽적인 요구사항을 어떻게 찰떡 같은 전사적인 관점에서 재정의Redefine하느냐는 것이 프로그래머의 중요한 능력이다. 그러지 못한다면 오늘도 코딩하고, 내일은 뒤엎고, 모레도 코딩한다. 그러지 않으려면 오늘도 고민하고, 내일도 고민하고, 모레에 테스트해보고 코딩하는 방법을 써야 한다. 오늘도 고민하고 내일도 고민하면서 해야 할 일은 실제 코딩에 들어가기 전에 현업 담당자와 많은 커뮤니케이션이 필요하다. 또한, 현업 담당자가 요구한 내용을 자신이 잘 이해했는지 피드백을 해봐야 한다. 당신이 요구한 사항을 내가 이렇게 개발하려고 하는데 맞느냐며 종이 한 장에 프로토타입을 그려서 보여주는 것이다. 아니라면 그냥 새로운 종이에 다시 그리면 된다. 이때에 필요한 또 하나의 무공이 바로 '견물생심(見物生心)'이다. 현업은 사실 업무를 요구하는 그 순간에도 자신이 정말 필요한 것이 무엇인지 알지 못한다. 그저 코끼리가 필요하다며 코끼리 꼬리를 들고 와서는 이렇게 만들어 달라고 하는 게 다반사다. 우리는 코끼리 꼬리를 단서로 해서 코끼리의 생김새에 대해서 다시 묻고 그걸 종이에 프로토타이핑 해서 무언가를 보여주면 그제서야 현업담당자는 "아 참

~ 코를 길게 해주셔야 해요."라는 정말 중요한 요구사항을 이야기한다. 그렇게 완성된 프로토타이핑을 가지고 우리는 이제 구현만 하면 된다. 아니었다면 우리는 현업이 원하는 게 길다란 뱀인 줄 알고 만들었다가 다시 if-else를 반복해야 할지도 모른다.

현업이 요청한 코끼리 소프트웨어를 만들 때 우리가 흔히 쓰는 방법은 코끼리와 비슷하게 생긴 코뿔소 소스코드를 코끼리라는 이름으로 복사하고 코끼리에 관련된 요구사항을 반영한다. 소스코드 내에서 코뿔소의 코 뿔을 코끼리의 코로 만들고 길게 늘인다. 불필요한 부분이 많고 조금 이상한 모양새이기는 하지만 현업 사용자의 요구사항은 거진(?) 충족한 상태가 된다. 이것만으로 끝이라면 그나마 다행일 테지만 현업사용자의 요구사항은 더욱 정교해져 간다. "귀는 크고 펄럭이게 해주시고, 상아를 길게 빼주세요." 등등. 그러다 보면 소스코드는 꼬여가고 오류가 나더라도 어디에서 발생한 건지 알 수 없어 유지보수는 힘들어진다. 도대체 코끼리인지 코뿔소인지 족보를 알 수 없는 또 하나의 괴물 코드Alien Code가 탄생한 것이다.

이러한 괴물 코드가 생기지 않도록 하려면 어떻게 해야 할까? 어려운 소프트웨어 공학적인 내용은 접어두고서 그냥 단순하게 말하자면 "코드는 짧게, 코멘트는 길게Short Code Long Comment" 하면 된다. 5000 line의 소스코드를 만드는 건 쉽지만 50 line의 소스코드를 만드는 건 어렵다. 쉽게 하면 오래도록 고생하고 어렵게 하면 오래도록 평안하다.

그래도 나는 IT가 좋다

공유를 통해 한걸음씩 성장하다 _ ● 병원에 입사하고 처음 했던 일은 프로그램 개발 업무도 있었지만 그것보다 더 중요한 업무는 시스템 관리자로서 서버시스템과 네트워크를 관리하는 일이었다. 사실 나에게는 이게 프로그램 개발보다는 훨씬 재미있었다. 주전산기는 HP의 ES40 클러스터로 알파 CPU를 사용했는데, 알파 CPU가 세상에서 가장 빠른 CPU로 기네스북에 등재되었다는 사실 하나로 왠지 자랑스러운 주전산기가 무척이나 사랑스러웠고 배우는 하나하나가 새롭고 흥미로운 시기였다. 이런 맛에 IT를 하는 것인가 보다 하고 느낄 수 있던 풋풋한 신입 시절이었다. 학교에서 배우던 것과 회사에서 써먹는 것과는 격차가 컸다. 아니, 격차라기보다는 처음부터 다시 배우는 격이었다.

고등학교 시절에 컴퓨터를 처음 접했을 때 배운 명령어가 MS-DOS의 CD^Change Directory^였다. 디렉토리라는 개념도 낯설거니와 이걸 왜 바꿔야 하는지도 모르고 배웠던 명령어였었는데, 제대하고 복학해서 컴퓨터에 앉으니 본인 자리의 PC는 본인이 세팅하라고 한다. OS도 설치하고 네트워크 환경도 세팅했다. 그리고는 ping이라는 명령어를 입력하는 것이었다. 군대 가기 전에는 모뎀을 통해서 01410 연결하는 게 네트워크통신이었는데 낯선 명령어였다. ping이 뭐하는 명령어냐며 옆자리 후배 녀석에게 물어보니 이것도 모르냐는 어처구니없는 눈빛으로 "네트워크 세팅이 잘 되었는지 확인해보는 명령어에요."란다. 나의 IT 삶에 있어서 기억에 남는 두 가지 명령어가 바로 CD와 ping이다.

그런데, 회사에 입사해서 서버시스템과 네트워크를 만지다 보니 어찌나 명령어가 많고 다양한지 도무지 다 기억할 수가 없었다. 장비업체 엔지니어가 와서 점검하고 확인할 때마다 '시스템노트'라는 이름으로 큰 다이어리에 '시스템', '오라클', '네트워크', '기타'라고 탭을 나누어서 배우는 명령어마다 기록했다. 1년 여가 흐르고 업무가 손에 잡힐 무렵에는 노트가 아주 소중한 족보가 되었다. 장비업체 엔지니어도 자주 사용하지 않아서 기억이 안 나는 명령어조차 그 노트에는 옵션까지 잘 정리해서 사용할 수 있도록 해 놓았던 것이다. 당시에 제로보드4로 만들어진 개인 홈페이지를 운영하며 '학습'이라는 게시판을 만들어서 인터넷 검색을 통해 알게 된 것들을 여기에 스크랩하는 것 마냥 퍼놓기도 하였는데, '시스템노트'에 있던 업무상 알게 된 명령어들을 개인 홈페이지에 올리자니, 보안 측면에서도 문제가 될 것 같고 나의 홈페이지에 그다지 어울리지도 않았다.

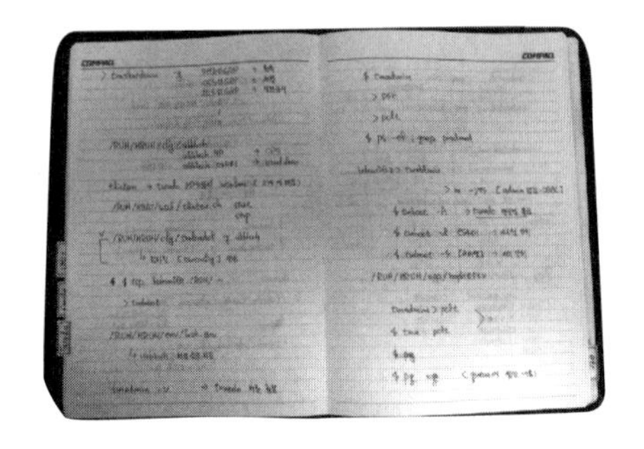

그러던 중에 전산실 내부에서 업무개선 아이디어를 만들어 보라기에 이러한 업무에 관련 있는 정보들을 병원 내에 서버를 두고 게시판을 만들어서 해보아야겠다는 생각을 하게 되었다. 내가 배우고 습득한 것 중에서 실제 상세하게 업무와 관련 있는 명령어나 SQL이라면 회사 내에 보관하고 전산실 직원들이 함께 볼 수 있도록 해야겠다는 생각에서였다. 이른바 KMS(Knowledge Management System, 지식관리시스템)의 시작이었다. 멋있는 말로 KMS였지만 실상은 웹 기반의 '시스템노트'

를 만들겠다는 소박한 마음이었을 따름이다.

우선 성능이 괜찮은 PC를 하나 구해서 리눅스를 설치하고 아파치 웹 서버를 올리고 MySQL과 PHP를 설치했다. C언어에서 'hello world'를 찍어보는 것 마냥 'phpinfo()'가 웹 서버의 완성을 알렸다. 무료로 소스코드까지 제공되는 제로보드 4를 설치하고 진짜 KMS라는 게 어떤 건지 자료들을 몇 개 찾아보고서는 어설프지만 지식맵Knowledge Map을 구성했다. 지식맵이라고 해봤자 게시판 이름과 카테고리 분류일 따름이었지만 말이다. 2003년도 봄에 이렇게 제로보드라는 공개 게시판 프로그램을 이용해서 미약하지만 전산실만의 KMS가 만들어졌다. 당시에 KMS 붐이 일어날 때이긴 했지만, 실제로 필자가 근무하는 공단에 전자결재를 포함한 EKP(Enterprise Knowledge Portal, 전사적지식관리)를 도입한 것이 2007년인 것을 돌이켜보면 나름 선진 문명을 빨리도 도입한 것이었다. 여러 개의 지식맵 가운데 가장 필요한 것은 '시스템관리'와 'SQL모음' 이었다.

시스템명령어와 장애 시 대처방안을 기존 노트에 정리를 해두긴 했었지만 그건 순전히 커맨드 중심으로 나만 알아볼 수 있는 것일 따름이었다. 내가 부재 시 다른 사람이 알아볼 수 있도록 정리한다는 것이 쉬운 일이 아니었다. 제목, 목적, 내용을 적고 주석을 이용해서 언제, 어떻게 사용하는 것이라는 코멘트를 많이 붙여야만 했다. 그러기 위해서는 내가 알고 있는 게 정말 맞는 건지에 대한 의구심이 생겼고, 업체 엔지니어에게 다시 물어보기도 하며 하나하나 다시 정리해서 올려두었다. 사실, 이렇게 정리하면서 제대로 알게 되고 정리한 것은 이제는 잊어버려도 검색 기능을 이용해서 찾으면 되었다. 이미 몇 년이 지난 '시스템노트'는 이제 너덜너덜하기도 하거니와 너무 많은 것이 적혀 있어 어느 게 어느 건지 찾기도 힘든 형국이었으니 말이다.

IT 운영업무에 있어서는 SW 개발보다 더 많이 하는 일이 데이터베이스에서 원하는 데이터를 가져오도록 하는 SQL[Structured Query Language]이다. 정보시스템에서 상세하게 나오지 못하는 통계자료를 전산실에 요청하게 되고 이러한 자료를 제공하는 것이 전산실의 주요업무이기도 하다. 하지만 이 SQL이라고 하는 것이 협업담당자는 결과만 얘기하지만, 전산담당자의 판단에 따라 많이도 다른 방향의 자료가 나오기도 하는 것이다. 일테면 나이를 구할 때에도 Day를 계산해서 365로 나눌 것인지, Month를 계산해서 12로 나눌 것인지 Year만 계산하고 Month가 지나지 않았으면 −1을 할 것인지가 서로 다르다(물론 이런 건 정해지면 Function을 만들어서 처리하기도 한다). 또는 특정 처방코드의 실시건수를 알고자 할 때도 처방으로 계산할 수도 있고, 처방수납한 걸로 산출할 수도 있고, 해당 처방을 실제 실시한 내역으로 산출할 수도 있게 된다. 미묘한 판단의 차이에 따라 기준이 달라질 수 있는 것이고 세부 조건에 따라 내역이 달라질 수도 있다. 이러한 것들은 매번 새로이 고민하게 될 수 있는데, 한번 쿼리를 짤 때 신중히 고민하고 'SQL모음'에 올려두고 필요시 검색하고 사용할 수 있도록 했다. 그런데, 우리 전산쟁이의 문제가 코멘트에 익숙하지 않다는 것이다. SQL 쿼리는 매우 잘 짰는데, 이게 왜 이렇게 짰는지에 대한 코멘트가 제대로 되지 않으면 '돼지 목에 진주'라고 써먹을 수 없는 쿼리가 되고 말기도 한다. 소스코드든 쿼리든 코멘트가 생활화되어 있어야지 나만 아는 IT가 아니라 함께 아는 IT가 된다.

이외수는 나쁜 놈의 정의에 대해 "어떤 놈이 나쁜 놈일까. 나는 딱 한가지 부류밖에 없다고 생각한다. 바로 나뿐인 부류다. 그러니까 나뿐인 놈이 바로 나쁜 놈이다. 개인적으로는 나뿐인 놈이 음운학적인 변천과정을 거쳐 나쁜 놈이 되었다는 생각이다. 남들이야 죽든 말든 자기만 잘되면 그만이라고 생각하는 부류들은 무조건 나쁜 놈에 속한다." 고 이야기한다.

멋진 로직과 멋진 알고리즘을 나만 알고 있는 나쁜 놈이 되지 말아야겠지만 그것보다도 중요한 것은 모두가 알 수 있도록 알려주려고 노력하는 것이 사실상 나의 공부이다. 알아서 알려주는 것이 아니라 알려주려다 보니 알게 된다.

맛있는 음식점은 음식 노하우를 절대 남에게 알려주지 않는다. 주인장만 음식비법을 알고 있는 채 단골손님에게 맛집으로 평가받는다. 혹시, 음식비법을 매우 잘 정리해서 남에게 잘 알려주면 어떻게 될까? 바로 프랜차이즈가 된다. 혼자만 알면 맛집이지만 여럿이 알면 프랜차이즈가 되어 널리 알려져 더욱 발전할 수 있다.

어느 분야에서든지 전문가라고 하는 사람들은 웹사이트든 책이든 어떠한 형태로든 쉽게 전달하고자 했던 사람임을 알 수 있다. 물론, 아무에게도 알려지지 않은 재야의 고수가 있기는 하겠지만, 그런 사람은 그저 어느 시골 맛있는 백숙집 사장님이랑 별다를 바가 없을 듯 하다. KFC의 샌더슨 할아버지가 치킨 만드는 비법을 혼자만 알고 있었더라면 아마도 미국 어느 작은 마을의 맛있는 치킨집에 그쳤을 테지만 그 비법을 매우 잘 정리해서 널리 알렸기에 이 동방의 작은 나라에까지 KFC 매장들이 있다.

변화와 혁신을 실제로 Enable 하는 IT가 나는 좋다. _ ● 예나 지금이나 사회전반에 변화와 혁신이 화두이다. 병원에서도 예외는 아니어서 혁신서포터즈라는 이름으로 TF팀을 만들어서 매월 업무개선 아이디어 도출을 위한 회의를 하기도 하고, CQI(Continuous Quality Management, 지속품질관리)라는 이름으로 매년 경연대회를 열기도 하였다.

매월 열리는 혁신서포터즈에서 주로 논의되는 업무개선 아이디어는 두 종류였다. 시설분야에서 안내판을 개선하고 휴게시설을 만들고 하는 등의 돈을 들여서 무언가를 바꾸고자 하는 것이 하나였고 다른 하나는 전산분야에서 현재 수작업으로 진행되는 업무를 컴퓨터를 이용해서 개선하고자 하는 것이었다. 시설분야는 일반적으로 돈이 들어가는 일이었고, 전산분야는 전산실의 노가다(?)만으로 충분하다는 생각에 개선시행 아이디어로 받아들여지곤 하였다. 이러다 보니 전산실에서는 혁신서포터즈 경계령(?)이 내려지기도 했다. 업무전반에 정보시스템이 깊이 연관되어 있어서 업무용 PC가 고장이라도 나면 바로 할 일이 없어지는 현업사용자들이지만 정보시스템만으로는 충족되지 못하는 틈새 수작업은 여전히 많았다. 그래서 차세대 시스템이 도입될 때 가장 중요한 요구 기능 중의 하나가 모든 리포트의 엑셀전환 기능이기도 하다. 정보시스템의 자료를 엑셀로만 받게 해주면 다시금 수작업을 통해서 또 다른 자료를 만들겠다는 현업담당자의 의지의 산물인 것이다. 정보시스템 내의 통계 프로그램들은 매우 정형화된 것이어서 그것만으로는 한계가 많은 게 사실이다. 가령 '월별 진료비'라는 통계자료를 '분기별 진료비'로 알고 싶다면 월별통계를 산출하여 분기로 합산하여야 한다. 또는 '월별 진료과별 진료비'를 알고 싶다면 월별통계를 전산실에서 별도로 진료과별로 분류해주어야만 가능하다. 이런 식의 자료의 기준축이나 자료조회 범위를 사용자가 임의대로 변경할 수 있도록 하는 것이 EDWEnterprise Data Warehouse이지만, 실제 기업에서 EDW가 도입되어 있다고 하더라도 제대로 활용되기까지는 데이터품질이라는 커다란 산을 넘어야만 한다.

CQI라는 활동도 수작업을 전산화해서 개선하거나 개선 전 전산통계와 개선 후 전산통계를 가지고 활동 결과를 평가하는 등 좋거나 싫거나 전산은 엮여 들 수밖에 없다. 보건복지부에서 3년마다 병원별로 시행하는 '의료기관 평가'라고 하는 것이 있다. 병원을 평가해서 등수를 매겨보겠다는 의도이다. 의료기관 평가를 잘 받는다고 해서 호텔처럼 무궁화 몇 개를 받고 환자에게 돈을 더 비싸게 받을 수 있는 것도 아니건만 우리병원을 포함한 대부분 병원이 의료기관평가에 매우 열성이다. 2005년도에 우리병원도 의료기관 평가를 받게 되었는데 수십 종의 통계요청이 난무했다. 기존의 개발환경은 3Tier 구조로 되어 있어서 통계 프로그램을 만들고자 하면 요구하는 SQL 쿼리를 만들고, 데이터를 가져오는 컨트롤 영역은 턱시도 기반에서 Pro*C로 작성하고 프리젠테이션 영역은 파워빌더로 개발해야 했다. 파워빌더의 datawindow가 강력하기는 하였으나 레포트를 그리는 일은 여전히 손이 많이 가는 작업이었고 필요한 항목이 추가, 삭제되는 등 수시로 요구사항이 변경될 수 있는 환경이었다. 코딩을 싫어하는 내가 수십 종의 통계프로그램을 개발해서 배포하고 수시로 변경가능 하도록 하려면 기존의 방법이 아닌 무언가 새로운 방법이 필요했다.

KMS로 운영 중인 웹 서버에 오라클 클라이언트를 설치하고 PHP로 데이터베이스를 조회할 수 있도록 환경을 구축했다. 그리고 PHP의 OCI_EXECUTE() 함수를 이용해서 SQL 쿼리만 만들어 넣으면 결과값이 출력될 수 있도록 만들었다. 조회 조건은 일반적으로 날짜 기준이었으므로 달력 형태의 날짜로 조회할 수 있는 모듈을 붙였다. 이렇게 해서 SQL 쿼리만 있으면 조회용 프로그램은 1분만에 만들 수 있는 개발환경을 완성했다. 요구사항이 아무리 변경되어도 SQL 쿼리만 바꾸어 넣으면 프레젠테이션 영역에서는 아무런 변화가 필요하지 않았다. 이른바 OpenAPI를 만들어 낸 것이었다. 필요는 발명의 어머니라고 했던가? 코딩이 귀찮아서 만들었던 SQL 쿼리용 OpenAPI를 이후로도 EMR이 도입되기 이전까지 여러모로 써 먹을 수 있었다.

3년 후 2008년도 의료기관평가 때는 엑셀 다운로드 기능 등을 업그레이드 하고 리포팅 툴까지 연계해서 각 평가항목별로 메뉴를 구성해서 전산실 스스로 CQI 활동에 참가했다. 우리가 언제까지나 혁신서포터즈나 CQI의 뒤치다꺼리나 할 수는 없지 않은가 하며 나선 활동이었고 다른 어느 팀보다 결과물이 확실하고 개선 활동이 명확하다 보니 그 해에 최우수상을 받을 수 있었다. 그저 시키는 일만 하게 되다 보니 업무가 늘어날까 두려워 그저 안티처럼 경계를 하는 역할에서 어차피 해야 할 일이라면 앞장서서 해버렸던 활동이었다. 볼링공과 볼링핀이 결국 만날 운명이라면 볼링핀이 되기보다는 볼링공이 되는 게 훨씬 낫지 않겠는가.

변화와 혁신을 이야기하는 시대에 그 변화와 혁신을 실제로 현실에 가능케 하는 구현자Enabler는 바로 우리네 IT이지 않은가. 그래서 나는 IT가 좋다.

1학년 * 5년 = 5학년?

1학년을 5년간 다니면 5학년일까? 1학년일까?

10만 시간의 법칙 또는 10년 법칙에 따른다면 근속년수가 10년이면 누구나 전문가가 되는 거 아닌가? 그러나, 서글프게도 경력은 실력이 아니다.

기업의 업무는 일반적으로 1년을 사이클로 돌아간다. 그래서 해당업무를 맡고 1년이 있으면 업무의 흐름을 알 수 있다. 기업의 전산실이라고 하여도 업무의 영역은 분장되어 있다. 병원의 경우에도 원무, 진료, 진료지원, 일반관리 등의 업무 도메인으로 나뉘고, 해당 업무는 시무식으로 시작해서 종무식의 연말결산으로 마무리 된다.

1년의 업무 사이클을 끝내면 업무를 어느 정도 알게는 되는데, 또다시 1년을 지내는 데 있어서 이전과 똑같은 방식으로 똑같이 헤매면서 업무를 한다면 어떻게 될까? 그렇게 5년을 지냈다면 나는 과연 5년의 경력이 있는 사람이라고 할 수 있는 것일까?

일테면, 학교에 입학해서 1학년을 다니고 또다시 1학년을 다니고 그렇게 1학년을 5년간 다녔다면 나는 1학년인가? 5학년인가? 학교로 이야기하면 당연히 1학년(물론, 능숙한 1학년)이라고 생각되지만, 사회에서는 그걸 5학년이라고 생각하는 사람들이 많은 데에 그 문제가 있다고 할 수 있겠다. 스스로 1학년인지 5학년인지 아는 방법은 매년 '이력서'를 업데이트해 보면 된다. 1년이 지나고 또다시 1년이 지나도 이력서에 업데이트할 내용이 하나도 없다면 그것은 1년을 그저 시간으로만 허비한 것이 되고 만다. 거꾸로 매달려도 국방부 시계는 돌아간다고 했던가? 사회에서도 어쩌면 거꾸로 매달려도 회사 시계는 돌아갈는지도 모른다.

입사하고 첫해에는 정말 열심히 일했다. OCS라는 차세대 시스템이 도입되면서 입사한 터인지라 프로젝트 오픈을 준비하고 안정화를 하면서 1년여를 매일같이 12시가 넘어서 퇴근하였다. 젊어서이기도 했을 테지만 당시는 일이 재미있고 즐거웠다. 모르는 건 한 바가지이고 모조리 배워야 할 것투성이었다. 사실 학교에서 오라클 교육을 받았으면서도 select를 도대체 왜 하는 것인지에 대한 생각을 못했는데 회사에서는 select가 이렇게나 소중한 것이었다. 그렇게 바쁘던 1년이 지나고 2년 3년이 그저 바쁘게 흘러갔다. 5년여가 되었을 때 즈음 문득 지나온 시간을 돌이켜 보니 내가 입사 1년 차에 배운 지식을 우려먹기만 하는 게 아닌가 하는 의구심이 들었다. 다 아는 것 같지만 실제로는 아는 게 하나도 없는 듯한 공허함이 밀려왔다.

이대로 있다면 앞으로의 5년, 10년도 계속 이렇게 흘러갈 것 같다는 생각에 소름이 끼쳤다. 마치 시지프스처럼 1년을 돌을 굴러 올리고 다시 떨어진 돌을 굴러 올리는 그런 끔찍한 느낌이 들었다. 평생 코딩만 하고 살아야 하는 건가 하는 생각에 많은 시간을 고민하게 만들었다.

그러던 어느 날 "생각대로 살지 않으면 사는 대로 생각하게 된다."는 글귀를 보게 되었다. 무언가 돌파구가 생기지 않으면 지금과 같이 코딩을 계속하며 살 수밖에 없으리라는 자괴감이 들었다. 그러한 계기로 기술사 공부를 시작했다. 기사 위에 기술사인 줄 알았는데, 입사 시 가점을 위해서라면 아무나 한 달 만에도 쉽게 따는 정보처리기사와 정보처리기술사 사이에는 생각보다 심한 격차(!)가 있었다.

대구에서는 함께 공부할 사람도 지도해줄 만한 멘토 기술사도 없었다. 어쩔 수 없이 주말마다 KTX 첫차를 타고 서울로 올라가서 스터디를 하고는 KTX 막차를 타고 내려왔다. 그러기를 1년여 만에 필기시험에서 합격점수 60점에서 59.5점을 받아서 아깝게 불합격했는데 그러고는 2년여를 56점 근처의 늪에 빠져서 한참을 헤매었다. 첫 아이의 임신소식을 들으며 시작한 공부였는데 그 와중에 둘째까지 태어나게 되었다. 포기하기는 억울하고 더 나아갈 힘도 없던 그 시절에 누군가 해준 이야기에 다시 도전할 수 있었다.

> "어떤 화가가 그림을 그렸습니다. 3일만에 그림을 그려서 장에 내다 팔았지만 팔리지가 않았습니다. 3년이 다 되도록 팔리지 않았습니다.
> 또 다른 화가가 그림을 그렸습니다. 3년간 그렸습니다. 장에 내다 팔았는데 3일도 걸리지 않아서 팔렸습니다."

건망증이 워낙 심하고 물건을 잘 챙기지 못하는 편이라 볼펜을 사면 채 절반도 사용하기 전에 잃어버리기 일쑤였다. 그래서 볼펜을 끝까지 다 써보는 게 소원이라고 말하곤 했는데, 기술사 공부를 하면서 볼펜을 100자루나 끝까지 사용했다. 이래저래 소원을 이룬 셈이다.

아무튼 그렇게 공부를 시작한 지 3년이 넘어서야 겨우 정보관리기술사에 합격했다. 기술사라고 하는 것이 변호사나 의사처럼 배타적인 업무영역이 있어서 바로 무슨 금덩이가 떨어진 것은 아니지만 나에게 있어서 1차함수인생에서 2차함수인생으로 변화하게 한 촉매가 된 것은 분명했다. 지식경제부 지정 IT 멘토로 활동하며 IT 학과 학생들에게 멘토링을 하고 대학에서 특강을 할 수 있게 된 것도 기술사가 된 이후에 가능한 일이었다.

그렇게 기술사를 공부하는 과정을 틈틈이 사진으로 찍어서 기록해 두었는데 그걸 〈볼펜 100자루, 그 노력의 결실을 얻다〉(http://vimeo.com/3550788)라는 제목의 동영상으로 국가기록원의 '대한민국 희망기록찾기' 공모전에 입상한 걸 보면 희망을 위한 인고의 세월이긴 했었나 보다.

내가 가장 잘 할 수 있는 일을 하다

● 스티브 맥코넬은 〈Professional 소프트웨어 개발〉에서 '소프트웨어 개발자들의 MBTI 결과는?' 이라는 재미있는 실험을 했다.

MBTI Meyers-Briggs Type Indicator란, Meyers와 Briggs가 만든 유명한 성격유형 검사이다. 우리가 흔히 하는 혈액형별 성격은 선천적인 혈액형을 가지고 단정적으로 사람의 성격을 4가지(A형, B형, O형, AB형)로 분류해 버리는 것이지만, MBTI 검사는 실제 질의 응답한 내용으로 4가지 척도, 외향성(E)/내향성(I), 감각형(S)/직관형(N), 사고형(T)/감정형(F), 판단형(J)/인식형(P) 가운데 개인이 선호하는 4가지 선호지표의 조합으로 16가지의 성격유형을 판단하는 것이다.

ISTJ 세상의 소금형	ISFJ 임금 뒤편의 권력형	INFJ 예언자형	INTJ 과학자형
ISTP 백과사전형	ISFP 성인군자형	INFP 잔다르크형	INTP 아이디어 뱅크형
ESTP 수완좋은 활동가형	ESFP 사교적인 유형	ENFP 스파크형	ENTP 발명가형
ESTJ 사업가형	ESFJ 친선도모형	ENFJ 언변능숙형	ENTJ 지도자형

선천적 혈액형인 4가지 유형만 가지고도 성격에 대한 해설이 가능한 현실에 비추어 본다면 응답자에게 질의 응답한 내용을 바탕으로 유형을 분류하는 MBTI

는 무척이나 정확하고 믿을 만한 성격유형검사라고 하겠다.

스티브 맥코넬이 책에서 이야기하는 바에 따르면 '세상의 소금형'이라는 ISTJ(내향/감각/사고/판단)가 소프트웨어 개발자에게 가장 흔하게 발견되는 성격유형이라고 한다. 이 유형은 진지하고 과묵하며, 실리를 중요시하고 원리 원칙, 정리 정돈을 우선으로 한다. 예전에 MBTI라는 것이 무언지 모르고 이 책을 읽었을 때에는 그냥 그렇구나 하며 지나쳤었다. 그런데 근래에 MBTI가 무언지 알고 나의 MBTI 결과를 보니 나는 '스파크형'이라는 ENFP(외향/직관/감정/인식)인 것이었다. 다시 말하면 프로그래머에게 가장 흔하게 발견된다는 ISTJ형과는 완전히 반대되는 성격유형이다. 아마도 이런 성향 탓에 코딩을 싫어했던 모양이다.

원리원칙을 따지고 if-else를 써가며 코딩하는 건 나의 성향에 맞지 않는 일이었지만 새로운 세상을 가장 먼저 접하게 해주는 IT라는 게 원래부터 좋았고 IT를 기반으로 다른 분야와 컨버전스할 수 있는 아이디어를 창안하고 접근해나가는 건 ENFP인 나의 성격에도 맞는 일이고 내가 잘 할 수 있는 일이었다.

이런저런 딴 짓에 열성적인 나였다. 프리젠테이션에 관심을 가지면서 키노트(Apple의 프리젠테이션 SW)를 사용해보고자 맥북을 구입하고, 프레지Prezi를 배워서는 일주일 만에 강의에 써먹기도 하고, 마인드맵에 관심을 가지면서 Thinkwise SW를 사용해서 절대고수로 선정되고, 부잔코리아의 마인드맵지도사 과정을 듣기도 하고, 아이폰을 애타게 기다려 구입하고, 아이패드가 나오자 잽싸게 구입해서 어떤 식으로 써먹을지 고민하며 주간기술동향에 〈의료분야에 아이패드 등의 스마트패드 활용방안〉이라는 글을 기고하는 ENFP 스파크형 같은 나였다.

U-헬스케어 서비스를 추진하다 _ ● 기술사를 준비 과정에서 IT 신기술을 공부하면서 다양한 분야의 신기술을 접하고 고민하다 보니 U-헬스케어라는 기술이 우리병원에 접목하면 정말 유용한 서비스가 될 것 같다는 생각이 들었다. 이러한 생각을 글로 정리하여 2008년에 〈U-헬스케어 서비스 기반의 보훈대상자 의료복지 증진방안〉이라는 논문으로 보훈학술논문에 입상하였다. 하지만, 이걸 실제로 병원이 직접 서비스하기에는 인프라 구축 및 장비 구입 등 투입되는 비용은 감당할 수 없었고 서비스를 제공한다 해도 직접적인 수익조차 없었다. 아직 의료법에서 원격진료가 허용되고 있지 않아서 수익모델이 마련되지 못했던 탓이었다. 우리 돈을 들이지 않고 서비스를 제공할 수 있는 좋은 방법은 정부 시범서비스에 참여하는 방법이었다. 마침 대구시에서 U-헬스케어를 추진하고 있다는 것을 알고는 무슨 용기에서인지 나는 직접 대구시 담당자에게 연락을 하고 대구시를 홀로 방문해서 논문을 소개하고 우리병원의 장점과 U-헬스케어 서비스의 가치를 알렸고, 그렇게 우리병원에 U-헬스케어 시범서비스를 할 수 있었다.

U-헬스케어란 IT 기술을 기반으로 언제 어디서나 사용자의 건강 상태를 모니터링하고 건강상 문제가 생겼을 때 병원이 환자를 직접 찾아가거나 환자가 병원으로 올 수 있도록 하는 의료체계이다.

기존의 의료체계는 사용자가 아프다는 것을 느끼고 나서야 병원을 찾아가게 되고, 그때는 이미 병세가 많이 진행되어 돌이킬 수 없는 경우가 발생하는 사후 헬스케어After Healthcare이다. 그래서, 미리 건강검진을 하도록 정부에서는 권장하고 있고 매년 건강보험공단에서는 무상이나 최소의 금액으로 건강검진을 받을 수 있도록 한다. 미리 예방하는 것이 아프고 난 이후에 치료하는 것보다 훨씬 비용이 적게 든다는 이유에서다. U-헬스케어는 건강검진을 늘 하고 있는 거라 볼 수 있다. 늘 건강을 모니터링 하고 있다가 이상증세가 발생하면 병원이 미리 알려주는 사전 헬스케어Before Healthcare인 것이다.

이론적으로는 참 좋은데, 정말 좋은데 현실에서는 어떻게 활성화가 안 되고 있는 U-헬스케어 서비스이다. U-헬스케어 도입을 추진하면서 나는 U-헬스케어의 기반기술은 이미 충분히 성숙되어 있고, 다만 의료법에서의 원격진료 금지 등의 정책적인 문제만 있다고 생각했다. 그래서 써먹을 수 있는 곳만 제대로 찾는다면 바로 꽃 피울 수 있으리라고 생각한 것이다. 국가유공자 무상진료를 책임지고 내원환자의 70% 이상이 65세 이상의 고령환자인 보훈병원이 U-헬스케어를 적용하기엔 최적이라고 생각했다. 고령환자일수록 진료비는 많이 들 수밖에 없고, 사실상 환자가 돈을 내기란 쉽지 않은 것인데 국가유공자는 어차피 국가에서 무상진료를 제공하고 있는 특수한 의료체계이니 말이다.

지식경제부, IT서비스산업협회ITSA, 한국전자통신연구원ETRI, 대구광역시, 대구테크노파크 등 여러 정부부처 및 산하단체 등과 연계된 시범서비스는 MOU 체결 등의 과정을 거쳐서 병원에 시범서비스를 제공하게 되었다.

U-헬스케어 시범서비스는 여러모로 자랑스러운 프로젝트였다. 신문과 TV 언론을 통해 병원이 홍보되기도 하고 공단 본사에 변화와 혁신 우수사례로 알려지기도 하였다. 서울의 대학병원에서 일부 실시하던 U-헬스케어 서비스를 일개 지

방의 공공병원에서 주도적으로 추진되었다는 것 자체가 획기적인 일이었다. 개인적으로도 10여 년 의료분야에 일했던 경험을 U-헬스케어로 승화시키며 나름 의료 IT 분야의 전문가로 자리매김할 수 있는 계기가 되었다. 덕분에 이와 관련한 특강을 서울 산업교육연구소와 지역대학에서도 할 수 있었다.

시범서비스 측면에서는 매우 성공적인 프로젝트였으나 실제 서비스를 한다고 생각해보면 부족한 점이 많았다. 일단, 환자들이 직접 사용하기에 무척이나 불편했다. ETRI가 원천 개발한 낙상인식이나 약복용인식 등의 원천기술을 지역 IT 융합기기 업체들이 상용서비스로 개발한 것인데, 기능의 구현 관점에 충실하다 보니 그것을 사용하는 사용자의 편의성의 측면에서는 전혀 고려되지 못했다. 서비스의 주 이용자가 고령자임을 감안한다면 일반적인 기기보다도 더욱 간편하고 사용하기 쉬워야 할 터인데, 사용하기가 워낙 복잡한 탓에 보호자가 챙겨주지 않으면 사용하기 힘든 기기가 되어 버렸다. 그러다 보니 당연히 직접적으로 서비스를 제공하는 간호사 등의 의료진에 업무부하가 많아지게 되고 사용하는 환자나 제공하는 의료진이나 불만이 가중될 수밖에 없었다. 시범서비스이고 한정된 기간 내였으니 그나마 서비스를 무사히 종료할 수 있었던 것이지 실제 서비스였다면 스티브 잡스의 말처럼 'DOA dead on arrival'할지도 모를 일이다. 기능 스펙에 포함된 요구사항은 충족하는 U-헬스케어 기기이지만 그것을 사용하는 사용자에 대한 고려는 없었다. 개발자가 의도한 절차대로만 사용하면 문제가 없지만, 조금만 비정상(?)으로 사용하면 바로 문제가 발생하는 그런 상황이었다.

마치 MP3 플레이어는 MP3 파일을 휴대형 기기에서 들려주기만 하면 되는 줄 알고 마구잡이 덤벼들었다가 지금은 모두 망해버린 MP3 플레이어 제조 중소기업들처럼 말이다. 세계 최초의 MP3 플레이어는 알다시피 우리나라의 새한미디어가 만든 MPMan이다. 그렇지만 오늘날 사람들의 손에 들려진 MP3 플레이어는 대부분 사용자 경험UX, User eXperience의 사용자 편의성에 집중한 애플의 iPod이다.

MP3 파일을 휴대형 기기에서 들려주는 똑 같은 기능이지만, 사용자 경험적인 측면의 미묘한 차이들이 선택받는 기기와 그러지 못한 기기로 나뉘게 되었다.

2010년 말 제빵왕 김탁구라는 드라마가 시청률 50%를 넘어서며 국민드라마로 종영했다. 드라마를 즐겨보는 내내 나의 뇌리를 떠나지 않았던 생각은 불과 몇 천 원의 빵을 만드는 데도 재료의 선택과 방법의 선택, 그리고 먹는 사람의 식감까지 고려해서 만드는데, 우리네 IT에서의 소프트웨어는 왜 도구의 선택과 방법의 선택, 그리고 사용자의 입맛에 맞는 소프트웨어를 내지를 못하고 그저 기능만 하면 되는 그런 소프트웨어만을 만드는 걸까? 라는 의문이었다.

제빵왕 김탁구에서 주인공 김탁구는 상대역과 맛있는 빵을 만들기 위한 경합을 벌인다. 상대역은 화려한 도핑의 빵을 만들고, 김탁구는 평범해 보이는 보리빵을 만들게 된다. 하지만, 이 경합에서의 승자는 화려하지는 않지만 맛과 식감이 뛰어났던 보리빵의 손을 들어주게 된다. 사실, 우리도 베이커리에서 빵을 고를 때 화려한 피자 빵보다는 간편하고 맛난 모닝 빵을 선택하곤 하지 않는가?

빵에 대해서 소프트웨어 관점에서 이야기해 보자면 기능 스펙은 단순하기 짝이 없다. 배가 고플 때 배가 부르도록 밀과 이스트를 사용해서 부풀리도록 하는 것이 빵이니 말이다. 이 단순한 기능 스펙을 구현하는 데 반죽이니 온도니 발효니 도핑이니 하는 요소들로서 품질이 결정된다. 제빵왕 김탁구가 만드는 빵은 복잡하고 화려한 빵이 아니라 먹기 좋고 맛난 빵이다. 우리가 진정 만들어야 할 좋은 소프트웨어는 기능 많고 화려한 것이 아니라 사용자는 쓰기 쉽고 개발자는 수정하기 쉬운 소프트웨어이다.

하지만, 지금도 프로젝트에서는 그저 배만 부르면 되고 보기에만 화려한 빵을 빨리 구워내기만 하는 게 아닌가 하는 반성을 한다.

우리네 IT도 전사적인 SW 아키텍처를 구축하고 디테일한 알고리즘에 최선을 다하고 변수명 하나에도 정성을 기울이고 loop문마다 코멘트를 붙이는 코딩을 한다면 우리도 제빵명장처럼 SW명장이라는 호칭을 들을 수 있지 않을까? 라는 생각을 해본다.

SNS를 타고 우물 안을 넘어서

● 사람들은 인터넷을 시작하면서 인터넷상에서 사용할 자신의 또 다른 이름인 아이디IDentification를 만든다. 다른 사람의 명함이나 이메일을 받으면 아이디를 눈여겨 보고는 하는데, 그 이유는 주민등록상의 이름은 어른들이 지어주신 것이지만, 아이디라고 하는 것은 스스로 고민해서 의미를 만들어낸 자신의 고유한 이름이어서 그 사람의 마음을 알 수 있다는 생각 때문이다. 그래서 사람들을 만나서 명함을 주고받곤 하면 이메일 아이디의 의미가 무엇인지를 묻곤 한다. 나의 아이디는 영어로는 'jentshin'이고 한글로는 '하늘걸음'이다.

'jentshin'은 젠틀gentle과 비슷한 어감으로 영어이름 겸 만든 것이고, '하늘걸음'은 스타워즈의 '스카이워커'를 한글이름으로 만든 것이다. 예전 아이디규칙인 8bit 규칙을 준수하면서도 꽤나 유니크Unique한 아이디라서 무척 만족한다. 아이디의 유니크함을 지키기 위함과 다양한 관심의 표현의 결과로 새로운 인터넷 서비스가 나오면 일단 가입을 한다. 네이버, 다음은 물론이고 티스토리, 이글루 등의 블로그 서비스를 비롯해서 구글, 트위터, 페이스북 등의 유명한 서비스는 'jentshin'이라는 아이디로 일단 가입을 하고 보는 편이다. 트위터도 전자신문에 간혹 이름이 나올 때부터 도대체 뭔가 하고 가입했었던 때가 2009년 4월경이었으니 꽤나 빨리 시작한 편이다.

사실 트위터는 가입만 하고 왠지 낯설어 제대로 사용은 하지 않다가 2009년 12월 기다리고 기다리던 아이폰이 우리나라에 출시되면서 아이폰을 통해 트위터를 활발하게 사용하게 되었는데 나로서는 놀라운 경험이었다. 기존의 홈페이지나 블로그와는 또 다른 매력과 영향력이 있었다.

트위터로 나의 관심사인 IT 분야와 의료분야에 대해서 이야기하다 보니 자연스럽게 관련된 사람들과 커뮤니케이션이 이루어졌다. 오프라인이라면 지역적, 시간적, 연령적, 신분적의 물리적인 제약으로 이야기 나누기 힘들 사람들과 자연스럽게 서로의 관심사를 나눌 수 있었다. 물리적으로 가까이 있는 사람과는 새삼 몰랐던 그 사람의 관심사를 알게 되며 더욱 친하게 되는 계기도 될 수 있었다. 그저 친목도모의 활동이 아니라, 관심사항에 대해서 지속적으로 피드백할 수 있는 활동이 되었다. 이 때문에 드넓은 인터넷 세상에서 수많은 사람들을 알게 되고 그 사람들에게 나라는 존재를 알릴 수 있었다. 페이스북에 기술사들이 많이 있어서 페이스북도 사용하면서 지금은 오히려 트위터보다 페이스북을 더 많이 사용하곤 하는데, 트위터는 정보 흐름이 너무 빠르고, 페이스북은 좀 더 여유있게 관계되는 느낌이라서 그렇다. 페이스북을 통해서 특히나 기술사들과의 교류가 많이 이루어졌다. 그러다 보니 대구에 사는 일개 젊은 기술사임에도 서울에 있는 다양한 분야의 기술사와 함께 SW아키텍트 대회 참여 및 IT 멘토링 등의 새로운 기회를 얻을 수 있는 발판이 되기도 했다.

급변하는 IT 분야를 일컬어 도그이어Dog Year라고 한다. 개의 1년 수명이 인간의 7년과 같다는 연구 결과를 바탕으로 IT 분야에서의 1년 간 변화가 다른 분야에서의 7년 간 변화와 비슷하다는 의미에서다. 최근에 SNSSocial Networking Service가 유행이다. 단순한 유행이 아니라 TGIFTwitter, Google, IPhone, Facebook라는 이름으로 경제와 산업, 사회와 문화를 통째로 뒤바꾸고 있는 스나미다. 그럼에도 나의 주변을 돌아보면 프로그래머들의 SNS 활용도가 일반인들의 그것에 비해 떨어지는 느낌이다. 워낙에 소통에 익숙하지 않기도 하거니와 그저 자신의 본업인 "프로그래밍에만 충실하고 은둔하고 살어리랏다."라는, 그리고 SNS를 하는 게 그저 딴짓하는 것으로만 생각하는 영향도 있을 듯 하다.

참으로 좋은 세상이다. 이외수님은 강원도 화천의 감성마을이라는 곳에서 트위터를 통해 77만명(2011년 5월 현재)의 팔로워와 실시간으로 상호 커뮤니케이션을 하고 있다. 2009년 허드슨강에 추락한 항공기 사고를 트위터의 한 사용자가 CNN 등의 주요 언론보다 더 빨리 알렸던 사건은 나비효과처럼 작은 날개짓 하나로 전세계로 일파만파 알릴 수 있는 세상이 되었다는 것을 의미한다.

나 역시 "말은 나면 제주로 보내고 사람은 나면 서울로 보내라."고 했음에도 현재 대구라는 지역 변방에 살고 있으며, 삼성, LG 같은 대기업에 근무하는 것도 아니고 어느 공공기관 소속의 지방종합병원 전산실에 근무할 따름이다. 말하자면 그다지 내세울 것 없는 나비 한 마리일 뿐이다.

현실의 안주를 극복하고자 오랜 고생 끝에 기술사라는 자격을 취득하기는 했지만 대부분 IT 생태계가 서울 중심으로 이루어지는 현실에서 지역에서 할 수 있는 일이란 그다지 많지 않았다. 그렇다고 서울로 옮겨서 어떤 일을 한다는 것도 가족이 모두 있는 연고지를 옮긴다는 것이 그다지 좋은 선택은 아니었다.

그럼에도 아직 책 한 권 써보지 못한 지역의 한 개발자인 내가 이미 책을 한 권 이상씩 출간한 적이 있는 서울에 사는 쟁쟁한 분들과 함께 이렇게 책을 써 볼 수 있는 기회를 얻은 것은 바로 SNS의 힘 때문이라고 할 수 있다. 나 혼자 잘났네 하고 지역에 틀어박혀 있었던들 누가 나를 알아줬겠는가? 꾸준히 나의 관심사를 트위터와 페이스북 등의 SNS를 통해서 세상에 알리고 지속적으로 세상과 소통하려 했던 노력이 긍정의 연결고리가 되어 이렇게 집필에 참여할 수 있게 되었다. 이렇게 나의 소중한 꿈의 하나였던 책을 쓸 수 있도록 도와준 분들께 깊이 감사 드린다.

낭중지추(囊中之推)라는 말이 있다. 주머니 속의 송곳이란 뜻으로 인재는 어디서나 눈에 띈다는 의미인데, 오늘날처럼 세상은 넓고 인재는 많은 시대에서는 바로 SNS에서의 글이 송곳이 되어 세상에 나를 알리고 나를 필요로 하는 세상과 나를 연결해 준다.

10년 후에 되돌아 본 10대 풍광

● "생각대로 살지 않으면 사는대로 생각하게 된다."

지금까지 살아온 10년을 생각해봤다면 지금부터 살아갈 10년을 생각해보려 한다. 생각대로 살아가기 위해서 말이다. 지금부터 10년 후로 날아가서 행복감에 충만한 느낌으로 지나온 10년을 되돌아 보며 기억에 남는 10대 풍광을 그려 보았다.

오늘은 바로 2020년이다.

풍광 1, 책을 쓰기 시작했다

〈SW왕 김탁구〉(2015년)라는 IT 프로젝트 관리에 대한 소설을 썼다. 그동안 의사나 변호사 등의 전문직 이야기는 많았지만 IT 강국의 주역인 소프트웨어 프로그래머에 대한 제대로 된 이야기가 없었는데 IT 프로젝트의 현실을 생동감 있게 잘 표현해주었다는 평가와 함께 프로그래머의 중요한 역할에 대해서 재조명 할 수 있는 계기가 되었다는 이야기를 들으며 그 해에 세계문학상을 수상했다. 이후 소설은 드라마로도 만들어져 시청률 40%의 좋은 반응을 받았다. 의사들이 주인공인 드라마를 볼 때마다 왜 우리네 IT는 고작 해커 정도로 등장해서 컴퓨터로 해킹하는 정도가 고작일까? IT 프로젝트에서 사람들의 애환을 다룬 드라마로 만들어질 수 없을까? 라는 생각을 했었는데 그 아쉬움을 모두 씻어낼 수 있었다. 덕분에 대학마다 IT 학과의 경쟁률이 급상승했다는 기쁜 이야기가 들려왔다.

그리고, 의료정보 20년의 경험을 녹여낸 〈의료정보시스템 이론과 실제〉(2019

년)의 책을 썼다. 현장감이 물씬 풍기는 책으로 인정되어 의료정보학과에서 전공 수업 교재로도 사용되었다.

풍광 2, 압정형 전문가

다방면의 지식을 바탕으로 나의 전문분야를 깊게 이해하는 압정형 전문가가 되고자 노력을 해왔다. 내 특유의 기질은 호기심을 기반으로 세상사 다양한 관심을 가지며 나의 전문분야인 IT를 기반으로 현실에 접목하고자 하였고 또한 IT 분야 중에서도 의료 IT 분야에서는 특히나 독보적인 전문지식을 가질 수 있었다.

이러한 IT 전문지식, 의료전문지식을 가지고 나는 1인 창조기업의 IT 등대가 되기를 자처했다. 1인 창조기업가를 꿈꾸는 사람들이 어두운 정보의 바다에서 헤맬 때 내가 바로 등대가 되어주기로 한 것이었다.

풍광 3, 후학을 길러내다

IT 전문가로서 IT 발전을 위한 후학을 키우기 위해 노력해 온 나날들이었다. New 3D 업종 또는 Dreamless까지 포함해서 4D라고 불리는 IT 업계에서 꿈을 키워주고 진정한 가능성을 찾을 수 있도록 하는 일에 매진했다.

그것이 결국은 사람을 남기는 일이었다. 대구에서 시작한 이 일은 대구를 지나 영남권을 넘어 한강이남까지 물들어 갔다. 그동안 소외 당해왔던 서울 이외의 곳에서 IT 전문가를 양성할 수 있었던 것은 또 다른 블루오션이 되어 주었고 나는 그 중심에 있었다.

풍광 4, 나는 경제 자유인

어릴 적부터 넉넉지 않은 집안형편이긴 했지만, 지금까지도 부자가 되고 싶다는 생각은 없다. 다만, 내가 하고 싶거나 가고 싶은데, 경제적인 이유로 마음을 접어야 하는 일이 생기지 않을 정도의 경제 자유인이 되고자 하였고 지금은 그렇게 되었다. 넉넉하지는 않아도 부족하지 않은 삶 가운데 50세에 만들 내 삶의 쉼터를 위해 저축하는 삶이 너무나 행복하다.

풍광 5, 유쾌한 가족

아파트를 벗어나 마당이 넓은 큰집으로 이사를 했다.

2층은 온전히 서재로 만들었다. 남쪽으로 창을 크게 내고 책 속에 온전히 파묻힐 수 있도록 했다. 비 오는 날에 보는 창 밖 풍경은 일품이다.

어머니는 일흔이 다되어 가시는데도 여전히 정정하시다. 어느덧 세 명의 딸아이가 모두 초등학생이다. 세상의 사소한 것에도 감사함을 느낄 줄 아는 아이들로 자라나는 것이 너무나 기특하다. 문득 아버지가 떠오른다. 이번 주말에는 식구들과 함께 아버지 산소에나 가 봐야겠다. 아버지 산소 주변을 좋은 잔디로 새로 깔아놓았더니 소풍 가기에 안성맞춤이다

풍광 6, 여행을 가다

10년을 넘게 다니던 회사를 그만두고는 가족에게 양해를 구하고 호주로 홀로 3개월 동안 여행을 다녀왔다. 가장 작은 대륙이자, 가장 큰 섬인 호주. 나는 그저

넓은 땅에서 지내보고 싶었다. 3개월의 시간이었지만 많은 외국인친구를 사귈 수 있었고 영어에 대한 자신감이 생겼다. 그때의 자신감으로 지금은 Native Speaker 수준으로 말할 수 있게 된 것은 또 하나의 수확이었다.

그리고 결혼 10주년이 되던 해에는 아내와 둘이서 그리스 여행을 다녀왔다. 그리스 지중해의 산토리니 섬. 그 에메랄드 빛 바다와 언덕 가의 새하얀 집들은 너무나 아름다웠다. 카메라만 들이대면 작품이요, 사람만 들어오면 모델이었다.

풍광 7, 사람이 좋다

가지기 위해서보다는 나누기 위해서 노력했다. 나누고자 노력한 삶은 사람이 되어 돌아왔다. 누군가의 멘티가 되어서 배우고 누군가에게는 멘토가 되어 알려줬다. 사람과 살아가는 삶에서 진정한 행복을 알 수 있었다. 지난주에는 오랜 친구들을 만나고 다녔다. 술 한잔에 우리의 지난 10년과 20년을 이야기했다. 몇 년 만에 보아도 어제 본 듯한 친구 녀석들이 내 삶을 더 풍요롭게 해준다.

풍광 8, 내 삶의 청량제

춘천마라톤에서 Sub4를 달성했다. 매일 새벽마다 1시간씩 연습하면서 노력한 결과 3시간 57분의 기록으로 풀코스를 완주할 수 있었다.

매년 가을이면 이렇게 춘천에서 가을의 전설을 만들고, 대구마라톤 10km는 아내와 함께 달리고 경주 벚꽃 마라톤 하프코스는 친구 녀석과 함께 달리며 평생 함께 할 운동이 되어 줄 마라톤이 나의 건강을 지켜준다.

늘 카메라를 가지고 다니며 사진을 찍은 결과, 지난해에는 아내와 내가 찍은 사진이 내셔널 지오그래픽 사진전에 나란히 전시되었다.

풍광 9, 내 삶의 쉼터를 준비하다

10년 전 아니 20년 전부터 생각했던 나의 꿈 하나.

수익을 목적으로 하지 않는 카페를 만들기 위한 준비를 하고 있다. 바닷가 가까운 곳 2층에서 바다를 벗삼아 좋아하는 비오는 날에는 특별할인을 해주고 좋아하는 벗들을 기분 좋게 맞이 할 수 있는 그곳을 생각하면 지금도 마음이 들뜬다.

풍광 10, 그리운 성산포

홀로 성산포를 찾았다.

이생진님의 시집 〈그리운 성산포〉 한 권을 들고 다시 찾은 성산포는 여전한 모습으로 외로이 높다랗다. 아침 일출을 보고 성산포 주변을 달렸다. 해와 함께 성산포가 내 주위를 따라온다. 앞으로도 이대로 열심히 달리라고 나에게 속삭인다. 달리기를 멈추면 그건 살아도 산 삶이 아니라고 말이다.

그래! 내 삶을 마감하기 전에 내 삶을 이야기 할 시(詩)를 쓰고 시집을 만들어야겠다.

그리고, 다시 10년

IT 프로그래머로서, IT 작가로서, IT 멘토로서, IT 등대로서 생각한대로 살아온 삶이다.

시키는 대로 코딩만 하는 프로그래머의 지루한 일상에서 하고 싶고 할 수 있는 것을 끊임없이 찾고 실천했기에 가능한 일이었다.

오늘 나는 다시 10년 후 풍광을 적어 봐야겠다.

에필로그_

도박 빚보다 무서운 게 글 빚이라는 말이 있다. 그만큼 창작의 고통을 누구보다 잘 알기에 편집자로서 항상 가슴으로 써낸 원고를 보면 경외감이 들곤 한다. 각자 짧은 글이었지만 프로그래머로서 "솔직해야 한다, 진솔해야 한다, 진정성이 있어야 한다."라며 들볶는 나의 요청에 많이 당황했을 것이다.

편집자로서 십수 년 동안 프로그래머만을 위한 책을 만들어왔기 때문인지 이때다 싶어 많은 얘기를 쓰고 싶지만, 이 책의 주인공들에게 누가 될까 조용히 짧게 원고의 한구석을 빌어 에피소드 하나만 소개하고자 한다.

이것을 소개하는 이유는 이 세상 글 쓰는 이들의 강도 높은 정신노동을 한 번 더 강조하고 싶은 마음에서다. 이 책을 진행하면서 원고를 통째로 다시 쓴 분이 있다. 주고받은 메일 하나를 소개하면서 미안한 마음과 특별한 감사를 드리고자 기록한다.

"원고 리뷰를 해보았는데요. 기획의도와 너무 많이 어긋나 있습니다. 그리고 무엇보다 원고에서 주고자 하는 메시지가 어떤 건지도 전혀 파악되지 않습니다.

프로그래머로서 비전을 치열하게 고민했던 시기, 방황했던 내용, 왜 프로그래머로 살아가야 하지? 과연 내가 언제까지 이 일을 계속할 수 있지? 지금까지는 잘 해왔나? 힘들었던 점은? 보람 있었던 순간은? 그냥 프로그래머로 남고 싶나? 아니면 은퇴를 하고 다른 일을 해볼까? 이런 고민이 진솔하게 들어가 있어야 하고 이를 어떻게 극복해가고 있는지(당연히 진행형일 수밖에 없겠죠?) 그리고 앞으로 40대 인생을 어떻게 살기 위해 지금 어떤 준비를 하고 있는지 등등이 드러나야 합니다. 하지만 원고를 보면 그냥 삼자로서 국내 소프트웨어 개발 현황에 대해 이것저것 두서없이 언급해놓은 것뿐입니다.

이 책은 독자에게 무엇을 가르치려고 하는 게 결코 아닙니다.

나는 이렇게 살고 있습니다. 나는 이렇게 프로그래머로서 제2의 인생을 준비하고 있습니다. 이런 거면 충분합니다. 설계 자체부터 다시 잡고 새로 쓰셔야 할 것 같습니다. 책 쓰는 것에 대해 너무 부담을 갖고 계셔서 그럴 수도 있습니다. 이 책의 저자들은 전문작가가 아닙니다. 전문작가는 아니지만, 이 분야에서 누구보다 뜨거운 삶을 살고 계시는 분들입니다. 그 뜨거운 삶이 원고에 그대로 드러난다면, 그것은 전문작가보다 더 아름답고 공감 가는 글로 태어날 수 있을 거라고 믿습니다.
자신의 얘기를 해주십시오. 어떻게 생각하는가의 얘기가 아니라 실제로 경험하고 치열하게 고민하고 실천했던 그런 얘기를 해주십시오.
이 책은 대단한 분들의 이야기가 아닙니다. 대단한 분들의 얘기라면 더 명망 있는 분들을 섭외했죠. 모두 평범한 분들입니다. 선배 같고 동료 같고. 그 선배와 동료 같은 분들이 어떻게 프로그래머로서 살아왔고 어떻게 인생의 나머지를 준비하고 있는지를 보여주는 책입니다.
누구에게나 뜨거웠던 순간은 있습니다. 그 순간을 뜨겁게 써내시면 됩니다."

며칠이 지나 정말 뜨거운 원고를 보내왔다. 문진도 안 하고 막 들이대는 돌팔이 의사 같은 편집자의 처방전이었는데도, 상처받았을 법도 하지만 이해해주고 가슴으로 다시 쓴 글을 받았을 때는 나도 모르게 가슴 저 깊은 곳에서 솟구치는 감동의 찌릿함을 느꼈다.

짧은 글이지만 온 힘을 다해 이 땅의 프로그래머에게 "나는 프로그래머다."라고 외칠 수 있는 희망의 메시지를 준 프로그래머 6인에게 다시 한번 깊은 감사를 드린다. 당신이 최고입니다!

코드가 가득 담긴 기술서적에도 사람의 향기가 날 수 있다는 믿음으로,

임성춘(로드북 편집장)